단체급식
사례로 이해를 돕는 임상 영양학
생애주기 영양학
생애주기영양학
식사요법
식품위생관계법규
CLINICAL NUTRITION
식사요법을 포함한 임상영양학
지역사회 영양학
식품재료학
FOOD MATERIALS
식생활관리
FOOD SAFETY PRINCIPLE & PRACTICE
식품위생학 원리와 실제
COMMUNITY NUTRITION
지역사회영양학
향토음식

2판

쉽게 풀어 쓴

식품가공저장학

저자 소개

이경애
일본 동경대학교 농학박사
순천향대학교 식품영양학과 명예교수

김미정
서울대학교 대학원 이학박사
동국대학교 가정교육학과 겸임교수

윤혜현
미국 일리노이주립대학교 농학박사
경희대학교 조리&푸드디자인학과 교수

이선미
서울대학교 대학원 이학박사
대전대학교 식품영양학과 교수

황자영
서울대학교 대학원 이학박사
동남보건대학교 식품영양학과 교수

2판

쉽게 풀어 쓴 **식품가공저장학**

초판 발행 2015년 9월 1일
2판 발행 2025년 12월 10일

지은이 이경애, 김미정, 윤혜현, 이선미, 황자영
펴낸이 류원식
펴낸곳 **교문사**

편집팀장 성혜진 | **책임진행** 윤정선 | **디자인·본문편집** 신나리

주소 10881, 경기도 파주시 문발로 116
대표전화 031-955-6111 | **팩스** 031-955-0955
홈페이지 www.gyomoon.com | **이메일** genie@gyomoon.com
등록번호 1968.10.28. 제406-2006-000035호

ISBN 978-89-363-2703-3(93590)
정가 26,000원

FOOD PROCESSING & PRESERVATION

2판

쉽게 풀어 쓴

식품가공저장학

이경애 · 김미정 · 윤혜현 · 이선미 · 황자영 지음

교문사

머리말

건강과 장수에 대한 높은 관심, 노인 인구나 싱글족의 증가는 고품질의 가공식품, 고부가가치 맞춤형 식품, 고급화된 편의식품을 요구하고 있으며, 이러한 시대적 흐름 속에서 새로운 식품가공기술의 지속적인 개발과 도입이 이루어져 왔다.

국내외에서 생산되는 수많은 가공식품의 홍수 속에서 올바른 선택과 활용을 위해 과학적인 지식과 정보를 습득하고 그 원리를 이해하는 것이 매우 중요하다.

이 책은 식품가공과 저장에 영향을 주는 인자와 기초 공정, 식품의 품질 변화를 최소화할 수 있는 식품저장 원리, 마지막으로 다양한 식품의 가공공정 등을 다루어 식품가공과 저장에 대한 이해를 돕고자 하였다.

이 책이 식품가공저장 분야를 공부하는 학생과 일반인들에게 좋은 지침서가 되길 소망하며, 아울러 가공식품의 개발과 연구에 필요한 기본 지식을 제공할 수 있을 것으로 기대한다.

한 권의 책에 모든 정보를 담아낼 수는 없지만 식품가공 및 저장 전공 강의를 담당하는 교수들이 집필에 참여하여 식품가공저장에 관한 새로운 정보와 최신 연구 동향 등을 빠짐없이 다루고자 하였다. 저자들은 새로운 지식과 정보를 수록하고 더 유익한 교재가 되도록 수정·보완하는 노력을 계속해 나가려 한다.

이 책이 완성되기까지 자료의 사용을 허락해 주신 분들과 출간이 순조롭게 진행되도록 도움을 주신 교문사의 임직원분들께 감사드린다.

저자 일동

차례

PART 2 식품저장 원리

PART 3 주요 식품군의 가공

PART 1

FOOD PROCESSING AND PRESERVATION

식품가공 및 저장의 기초

CHAPTER 1

식품가공 및 저장의 기초

학습 목표

1. 식품과 식품가공의 정의를 이해한다.
2. 식품가공과 저장의 목적을 설명할 수 있다.
3. 식품가공과 저장의 분류 체계를 구분한다.
4. 식품가공과 저장 기술의 발달과정을 이해한다.
5. 현대와 미래 식품가공의 발전 방향을 인식한다.

1. 식품가공의 정의

식품은 인간이 생명 유지를 위해 필요로 하는 영양소와 감각적인 기능을 만족시키고 더욱 더 건강하며 장수할 수 있도록 생리활성의 기능을 가진 물질을 말한다. 즉, 식품이란 어느 정도의 조리와 가공을 거쳐서 먹을 수 있는 조건을 가진 것을 의미한다. 또한 식품으로서 섭취할 수 있는 조건을 가지고 있지만 조리 및 가공되지 않은 것은 식품재료 또는 식료품이라고 한다. 우리나라에서 식품의 정의는 「식품위생법」 제1장 총칙에서 식품이란 '의약으로 섭취하는 것을 제외한 모든 음식물을 말한다'고 규정하고 있다. 그러나 국제연합식량농업기구(FAO)와 세계보건기구(WHO)에서는 '인간이 섭취할 수 있도록 완전가공 또는 일부 가공한 것 또는 가공하지 않아도 먹을 수 있는 모든 것'으로 규정하고 있다.

일반적으로 식품가공이라 함은 식품재료를 물리·화학적 또는 생물학적인 변화를 주어 저장성을 부여하거나 영양가나 기호도, 편의성, 수송성 등을 향상시키기 위하여 식품을 가공·제조하는 것을 말한다.

우리나라의 '식품의 기준 및 규격'에서 정한 가공식품이라 함은 농·임·축·수산물 등 식품원료에 식품첨가물을 가하거나, 그 원형을 알아볼 수 없도록 분쇄·절단 등의 방법으로 변형시킨 것 또는 이와 같이 변형시킨 것을 서로 혼합하거나 서로 혼합한 것에 다른 식품이나 식품첨가물을 사용하여 제조, 가공, 포장한 식품을 말한다.

식품가공학을 영어로 'Food processing', 'Food technology', 'Food manufacture'라고 하는데, 이들은 약간씩 다른 의미를 가지고 있다. 'Food processing'은 식품의 제조과정을 수치화하는 공학적 개념으로 설명하고, 단위조작을 주요 공정 이론으로 응용하는 공학적인 의미를 갖는다. 'Food technology'는 비공학적인 개념에서 가공공정을 설명할 때 주로 사용한다. 'Food manufacture'는 일반적이고 광범위한 개념으로, 식품제조를 넓은 의미에서 지칭하며 가공공정의 순서를 중시하고 최종 품질의 생산을 목표로 하는 산업체에서 통용되는 용어이다.

식품의 저장은 식품의 원재료를 그대로 또는 적절히 가공한 상태로 보존하여 식품의 변질과 부패를 막는 것이다. 따라서 식품의 가공과 저장은 서로 전환될 수 있다.

2. 식품가공의 목적

식품의 가공은 각종 식량자원, 식품소재, 식품재료를 사용하여 업무용 또는 가정에서 조리를 목적으로 그대로 식용에 공급되는 것을 만드는 것이다. 따라서 식품가공은 조리적인 것과 공장 규모의 처리공정을 모두 포함한다.

식품을 가공함으로써 다음과 같은 효과를 기대할 수 있다.

- 소화흡수가 용이해져 영양가치를 높인다.
- 식품의 부재료는 가공을 통해 새로운 자원으로 이용된다.
- 적당한 가공처리로 저장성, 운반성, 유통성이 향상된다.
- 원재료의 맛뿐만 아니라 새로운 맛이 생겨 기호성을 높인다.
- 식품재료의 가공과정은 미생물과 효소의 작용을 조절하기 때문에 위생적 안전을 보장받을 수 있다.

따라서 식품의 가공과 저장의 목적은 식품에 저장성, 영양가치, 기호성, 편의성, 수송성 등을 향상시켜 상품가치를 높이고, 여러 가지 식품재료들의 가격 안정과 부산물의 이용으로 경제성 향상을 얻도록 하는 것이다(그림 1-1).

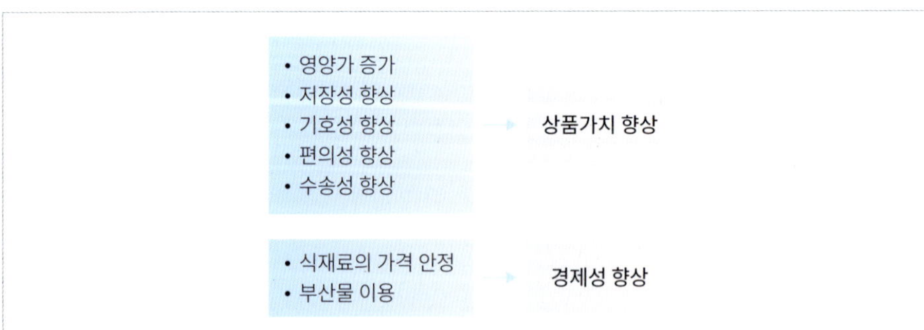

그림 1-1 가공의 효과

3. 식품가공·저장의 분류

식품의 가공과 저장은 여러 가지 관점에서 분류할 수 있는데, 식품가공은 재료에 따라 크게 동물성 가공식품과 식물성 가공식품으로 분류할 수 있다.

1) 주재료에 따른 분류

주재료에 따라 농산식품가공, 축산식품가공, 수산식품가공으로 분류할 수 있다. 이들을 세분하면 그림 1-2와 같다.

2) 제품의 성질에 따른 분류

제품의 성질에 따라 분류하면 그림 1-3과 같이 분류할 수 있다.

3) 가공 정도에 따른 분류

가공 정도에 따른 분류로 1차, 2차, 3차, 4차 가공식품이 있다(표 1-1).

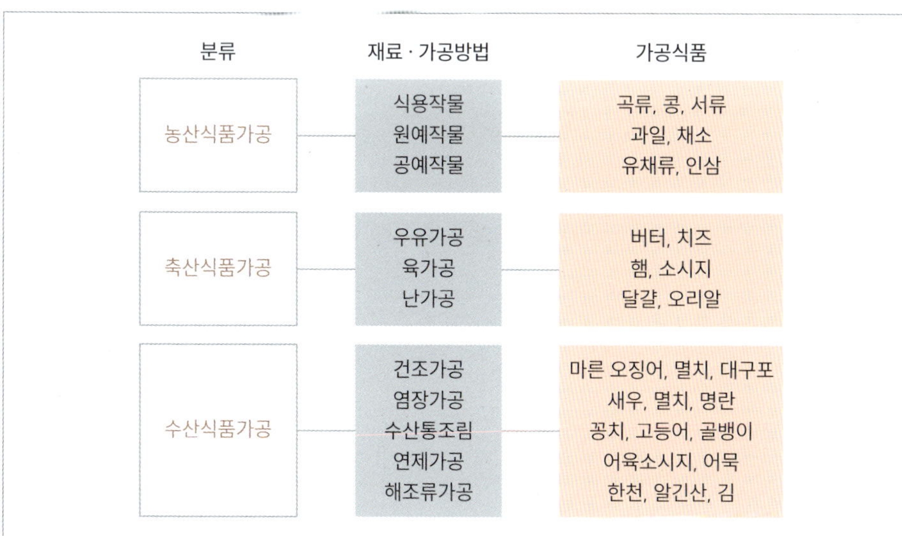

그림 1-2 재료에 따른 식품가공의 분류

전분질 원료	전분, 덱스트린
유지	면실유, 채종유
양조품	알코올, 장류, 식초
기호품	커피, 차
감미료	설탕, 물엿, 녹말당
향료 및 약용료	박하류, 천연향료
공예료	대마, 저마, 창호지
과실제품	건과, 주스, 넥타
유제품, 육제품	버터, 치즈, 햄, 소시지

그림 1-3 제품의 성질에 따른 가공식품의 분류

표 1-1 가공 정도에 따른 가공식품의 분류

가공 정도	특징	예
1차 가공식품	재료를 골라 세척하고 잘라 포장하여 상품으로서의 가치를 가진 것	
2차 가공식품	1차 가공식품을 다시 자르고 양념을 버무리고 발효 등의 과정을 거친 것	
3차 가공식품	2차 가공식품을 용기에 담아 통조림이나 병조림의 과정을 거친 것	
4차 가공식품	통조림이나 병조림 식품을 다른 육류 등의 식품과 혼합하여 레토르트 식품 등으로 만든 것	

4. 식품가공의 발달사

1) 원시시대

선사시대의 원시인들은 동물이나 식물의 열매와 뿌리를 채취하여 생활하다가 우연히 불을 발견하여 식물을 저장하는 법을 알게 되었다. 불은 약 40만 년 전 북경원인이 발견한 것으로 보이며, 우리나라에서도 구석기시대의 화덕자리나 숯이 발견되고 있다. BC 7000년경에는 농경과 목축이 행해졌고, BC 5000년경에는 지중해안 유적지에서 곡물저장용 창고가 발굴된 일이 있다.

2) 역사시대에서 근대까지

건조, 굽기, 찌기, 훈제, 염장, 발효법 등의 식품저장법은 선사시대부터 역사시대 초기까지 이미 그 원형이 존재하였으며, 특히 천일건조, 훈연, 염장은 19세기 전반까지 중요한 위치를 차지하였다. 역사시대 초기에서 19세기 전반까지의 저장기술은 선사시대의 기술을 이어받았고, 한대·아한대·온대 등 각지의 기후와 풍토, 유통사정의 영향을 받아 서로 다르게 발전하였다. 지역에 따라 수확되는 식재료와 미생물의 분포가 달라 발효식품의 종류와 양상도 다양해졌으며, 이는 각 시방의 수요 식량과 결합하여 각양각색의 특색 있는 식생활 형태를 만들어냈다.

3) 19세기 이후

19세기 후반에 이르러 통조림, 인공건조, 냉동기술이 개발되어 가공기술이 혁명적으로 발전하게 되었다.

통조림은 프랑스인 니콜라스 아페르(Nicolas Appert)가 1804년에 고안하였다. 그의 통조림법은 계속 개량되어 1810년에는 주석을 이용한 통조림 제조가 이루어졌고, 1874년에는 살균솥이 발명되어 대량생산이 가능해졌다.

1600년경 초보적인 열풍건조기에 의해 열풍건조법이 고안되었지만, 현재와 같은 기술적 기초가 확립된 것은 1880년대였다. 1875년 독일의 칼 폰 린데(Carl von Linde)는 암모니아를 이용한 성능이 우수한 가스압축식 냉동기를 발명하여 획기적인 식품가공 및 저장기술이 탄생하게 되었다. 이와 같은 저장기술의 진보로 자연조건에 지배받지 않고, 대규모로 식품을 가공·저장하는 일이 가능해져 생산과 소비의 근대화가 이루어졌다.

4) 현대

20세기에 들어와서 냉동기술은 과거의 완만냉동에서 급속냉동으로 발전하였고, 해동기술면에서도 급속한 발전을 이룩하였다. 1929년 냉동 사상 대표적인 급속동결 장치인 다단접촉식 동결장치가 미국의 버드아이(Birdseye)에 의해 고안되었다. 이로 인해 포장동결방식이 발전하였다. 한편 해동법에 있어서도 여러 가지 방법이 비교·검토되었다.

동결건조는 19세기 말에 알트만(Altmann)에 의해 고안된 것으로, 피건조물을 진공에 가까운 상태로 건조시키는 원리를 근거로 하여 1950년대 개발되기 시작하였고, 1960년대 이후에는 기업화의 시대로 접어들었다. 1922년 영국의 키드(Kidd)에 의해 가스저장의 연구가 시작되었으며, 1965년 미국에서는 1,300만 개 상자의 사과에 기체조절(CA)저장을 실시하였다.

석유화학의 발달로 플라스틱 필름을 식품포장재로 이용하게 되었고, 1933년 포세트(Fawcett)는 폴리에틸렌 필름을 발명하고, 브랜든베르거(Brandenberger)는 셀로판 필름을 발명하여 식품저장 발전에 기여하였다(표 1-2).

1954년 미국에서 식품의 방사선처리 연구가 대규모로 개시된 이래 많은 연구가 진행되고 있다. 당시 이 방법은 냉살균이라 하여 열살균보다도 이상적인 것으로 믿어 다소 큰 기대를 하였으나, 실제 유기방사능 발암물질의 생성 여부 외에 몇 가지 문제점이 해결되지 못한 채 남아 있다.

현재와 미래 식품의 가치는 크게 간편성과 건강성, 특수성을 목표로 가공되는데, 즉석면, 햄버거, 냉동만두 등은 간편성을, 유기농 식품, 기능성 물질 첨가제품 등은 건강을 고려한 식품의 예이며, 환자식, 노인식, 우주식 등은 특정 대상을 위해 만들어진 식품이다(그림 1-4). 앞으로 식품가공의 발달 추이는 식량자원의 개발과 전통식품의 가공화, 가공원료의 합성과 천연물질을 이용한 기능성 식품의 개발, 포장식품의 다양화, 간편식품 및 특수식품의 개발에 역점이 주어질 것으로 예상된다.

표 1-2 근현대의 식품가공과 저장의 역사

연도	역사
1804	통조림 고안(프랑스·아페르)
1810	주석을 이용한 통조림 제조
1874	살균솥 발명
1875	가스압축식 냉동기 발명(독일·린데)
1880년대	열풍건조법의 기술적 기초 확립
19세기 말	동결건조 고안(알트만)
1922	가스저장 연구 시작
1929	다단접촉식 동결장치 고안(미국·버드아이)
1933	폴리에틸렌필름 발명(포세트), 셀로판 필름 발명(브랜든베르거)
1950년대	동결건조 개발
1954	방사선 연구 시작
1960년대	동결건조 기업화
1965	CA저장 실시(미국)

그림 1-4 현재와 미래 식품의 가치와 종류

CHAPTER 2

식품가공 및 저장에 영향을 주는 인자

학습 목표

1. 식품가공과 저장에 영향을 주는 주요 요인을 이해한다.
2. 환경 인자와 미생물·효소 작용이 식품 품질과 안전성에 미치는 영향을 설명한다.
3. 여러 인자의 상호작용을 종합적으로 파악한다.

수분, 미생물, 효소, 산소, pH 등은 식품을 가공·저장하는 과정에서 다양한 변화에 영향을 준다. 식품의 가공·저장 시 일어나는 일부 바람직하지 못한 변화는 품질 저하의 원인이 되므로 이들의 특성을 잘 이해하고 올바르게 활용하면 식품의 변질을 막고 저장 수명을 연장할 수 있다.

1. 수분

1) 자유수와 결합수

식품 중에 존재하는 물은 자유롭게 움직이는 자유수와 식품 성분인 탄수화물, 단백질 등에 강하게 결합하여 움직임이 자유롭지 못한 결합수로 나누어진다(표 2-1). 자유수는 대기압하에서 100℃ 이상 가열하거나 건조시키면 쉽게 제거되고, 0℃ 이하에서 동결하며 염류·당류 등을 녹이는 용매로 작용하는 일반적인 물이다. 결합수는 자유수보다 밀도가 높고 수증기압이 일반적인 물보다 낮아서 대기압하에서 100℃ 이상 가열하거나 건조해도 제거되지 않는다. 또한 당류 등을 용해시키는 용매로 작용할 수 없으며, 미생물의 증식이나 효소작용에 이용될 수 없다.

표 2-1 자유수와 결합수의 성질

구분	성질
자유수	• 용매로 작용할 수 있다. • 미생물의 생육에 이용된다. • 효소작용에 이용된다. • 대기압하에서 0℃ 이하에서 어는 물이다. • 대기압하에서 100℃ 이상 가열하거나 건조하면 쉽게 제거된다.
결합수	• 용매로 작용할 수 없다. • 미생물의 생육에 이용될 수 없다. • 효소작용에 이용될 수 없다. • 대기압하에서 0℃ 이하에서 얼지 않는 물이다. • 대기압하에서 100℃ 이상 가열하거나 건조해도 제거되지 않는다. • 밀도가 높고 수증기압이 낮다.

2) 수분활성

식품에 존재하는 물의 상태는 미생물의 생육, 효소활성, 화학반응 속도 등에 영향을 주므로 식품의 안정성은 수분함량보다는 수분활성(Aw)의 영향을 받는다. 수분활성이 높을수록 효소반응과 화학반응이 잘 일어나고, 미생물이 잘 생육하므로 수분활성이 높은 식품은 수분활성이 낮은 식품에 비해 쉽게 변질된다.

수분활성은 일정한 온도에서 식품이 나타내는 수증기압(P)과 순수한 물의 수증기압(P_0)의 비로 나타내며, 식품 중 물에 용해된 용질의 종류와 양에 따라 다른 값을 나타낸다.

식품 중에 존재하는 물은 순수한 물보다 수증기압이 낮으므로 식품의 수분활성은 1보다 작은 값을 나타내며, 같은 종류의 식품은 조성이 크게 다르지 않은 한 비슷한 수분활성을 보인다. 어패류, 과일, 채소와 같이 수분이 많은 식품은 0.98~0.99이고, 곡류와 같이 수분이 적은 건조식품은 0.60~0.64 정도이다(표 2-2).

표 2-2 식품의 수분활성

식품	수분활성
과일, 채소	0.98~0.99
어류	0.98~0.99
육류	0.96~0.98
달걀	0.96~0.98
치즈	0.95~0.96
햄, 소시지	0.90~0.92
잼	0.82~0.94
건조과일	0.72~0.80
쌀, 두류	0.60~0.64
과자	0.25~0.26

$$\text{수분활성(Aw)} = \frac{\text{식품 중 물의 수증기압}\,(P)}{\text{순수한 물의 수증기압}\,(P_0)}$$

(1) 등온흡습곡선

등온흡습곡선은 식품의 수분함량과 수분활성의 관계를 나타낸 곡선이며, 역 S자 모양을 나타낸다(그림 2-1). 등온흡습곡선은 기울기가 다른 세 영역으로 나눌 수 있는데, 각 영역의 물은 매우 다른 특성을 보인다. A영역에서 식품 중의 수분은 단분자층을 형성한다. B영역에서는 히드록실기, 아미드기와 결합하여 수분이 다분자층 물을 형성하며 거의 용매작용을 할 수 없다. C영역의 물은 물질의 표면과 약하게 결합되어 있어 자유롭게 이동할 수 있고 용매로 작용할 수 있는 물로서 여러 화학반응, 효소반응을 촉진하고 미생물 생육 및 증식에 이용될 수 있다. 식품 중 수분의 95% 이상이 C영역에 해당한다.

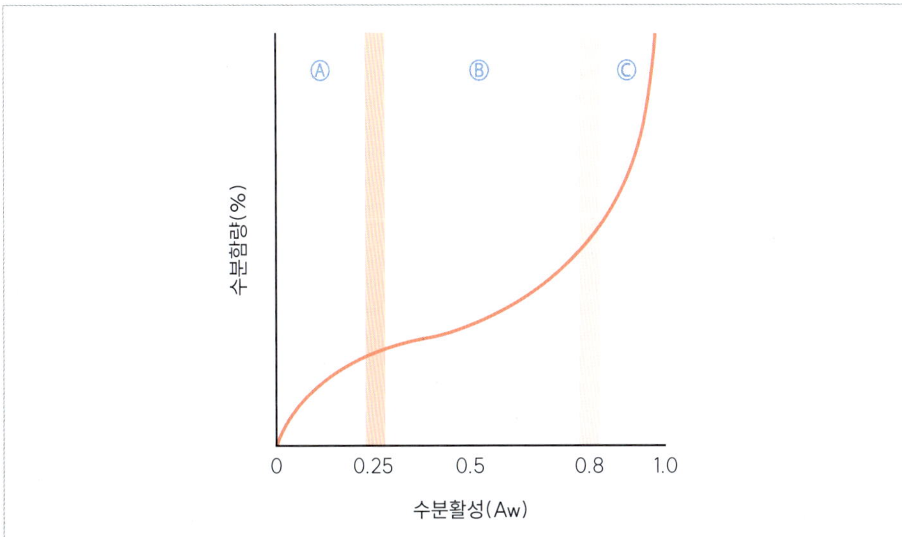

그림 2-1 등온흡습곡선

(2) 수분활성과 식품의 안정성

식품의 수분활성은 미생물의 생육, 효소반응, 유지의 산화반응, 비효소적 갈변반응, 가수분해반응 등의 속도에 영향을 준다. 그림 2-2에 각종 반응속도와 수분활성의 관계를 나타내었다. 대부분의 효소작용은 단분자층 영역에서는 거의 정지되나, 리파제는 수분활성 0.1~0.3 범위에서도 활성을 보인다. 비효소적 갈변반응은 수분활성 0.6~0.7 범위에서 가장 잘 일어나며, 수분활성이 이보다 높거나 낮으면 반응속도가 낮아진다. 유지의 산화반응은 다른 화학반응과 다른 특성을 보인다. 즉, 단분자층 영역인 수분활성 0.2~0.3 범위에서 반응속도가 가장 낮고 수분활성이 가장 낮을 때 가장 높은 반응속도를 보인다.

MINI QUIZ 수분활성이 식품 반응 속도에 어떤 영향을 줄까?

효소반응은 대부분 정지하지만 리파제는 0.1~0.3에서도 활성을 보인다. 비효소적 갈변은 0.6~0.7에서 가장 활발히 일어난다. 유지 산화는 0.2~0.3에서 가장 느리고, 오히려 수분활성이 낮을수록 빠르다.

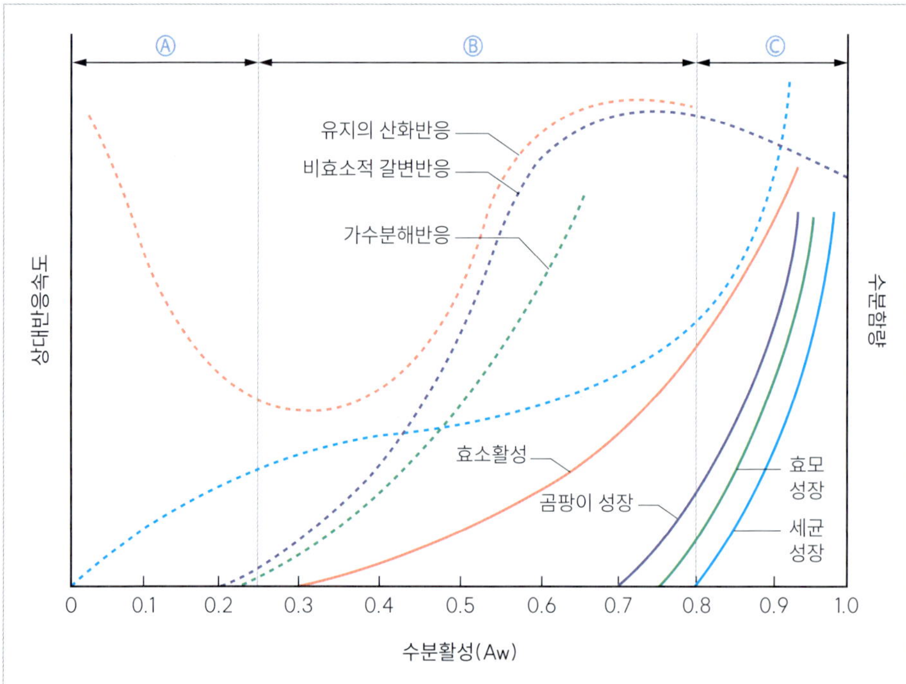

그림 2-2 수분활성과 각종 반응속도

2. 미생물

1) 미생물의 생육곡선

생육곡선은 미생물의 증식과 사멸을 잘 나타내는 곡선이다(그림 2-3). 미생물의 증식속도는 초기에는 매우 느리지만 유도기를 지나면 미생물 수가 기하급수적으로 증가되고, 이후 생균 수가 일정한 수준을 유지하다 감소된다. 이는 미생물의 사멸속도가 증가하기 때문이다.

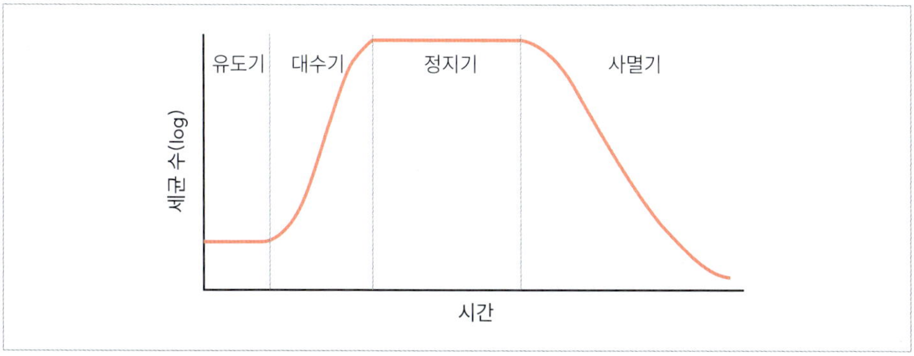

그림 2-3 미생물의 생육곡선

2) 미생물의 생육에 영향을 주는 요인

(1) 수분

수분활성은 미생물 생육에 영향을 주어 세균은 수분활성도 0.9 이하에서, 대부분의 효모는 0.78 이하에서 생육할 수 없다. 곰팡이는 세균이나 효모에 비해 건조한 조건인 수분활성 0.7~0.75 범위에서 잘 자라며, 내건성 곰팡이는 0.65에서도 생육할 수 있다(그림 2-4).

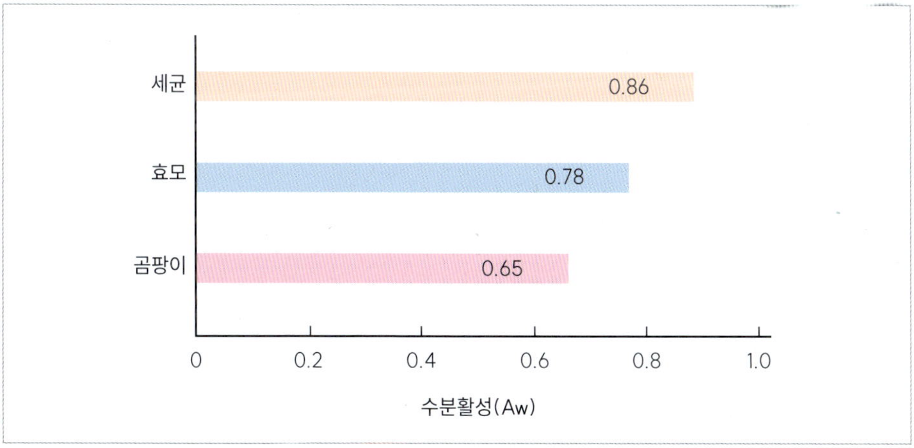

그림 2-4 미생물의 생육과 수분활성

(2) 온도

미생물은 생육 가능 온도에 따라 고온균, 중온균, 저온균으로 나누어진다(표 2-3). 대부분의 미생물은 10~50℃에서 잘 자라는 중온균에 속한다. 저온균은 0℃ 정도에서, 고온균은 60~70℃ 정도에서도 잘 자란다. 장염 비브리오나 살모넬라균은 열에 약하여 60℃ 정도로 가열하면 쉽게 파괴된다. 통조림 부패균인 클로스트리디움 보툴리눔균의 포자와 포도상구균은 내열성이 크지만 클로스트리디움 보툴리눔균이 생산하는 독소는 열에 약하다.

표 2-3 미생물의 생육온도 범위

미생물	생육온도(℃)			예
	최저	최적	최고	
저온균	–10~5	10~20	20~40	냉장 생선이나 우유의 부패균, 수생균, 일부 곰팡이
중온균	5~10	25~40	40~50	곰팡이, 효모, 일반 세균, 대부분의 병원균
고온균	40~45	55~75	60~80	바실러스 속, 클로스트리디움 속의 일부

(3) pH

각 미생물은 일정한 pH 범위에서 생육할 수 있으며, 최적 pH에서 가장 잘 자란다(그림 2-5). 대부분의 세균은 pH 4~8 정도에서 잘 자라고, pH 4 이하가 되면 생육하지 못하지만 젖산균, 초산균과 같은 일부 세균은 pH 3.5 정도에서도 잘 자란다. 따라서 pH를 낮추어 미생물의 생육을 억제하면 저장기간을 연장할 수 있다. 마늘장아찌, 오이피클 등은 pH를 조절하여 저장성을 부여한 대표적 식품이다. 곰팡이와 효모는 세균보다 낮은 pH에서도 잘 자라기 때문에, pH가 낮은 과일과 채소에서 곰팡이가 흔히 발견된다.

MINI QUIZ **왜 마늘장아찌나 오이피클은 쉽게 상하지 않을까?**

pH를 인위적으로 낮추면 대부분의 세균이 자라지 못한다. 산도가 높은 환경은 부패균의 증식을 막아 저장성을 높인다. 그래서 장아찌 · 피클류는 오랫동안 안전하게 보관된다.

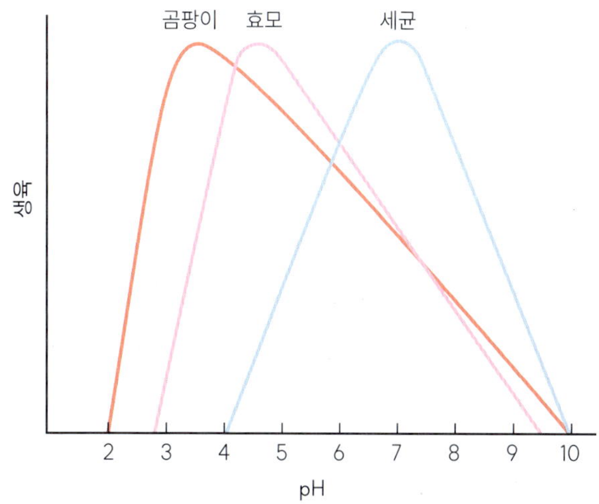

그림 2-5 미생물의 생육과 pH

(4) 산소

미생물은 산소요구도에 따라 호기성균, 통성 혐기성균, 혐기성균 등으로 나누어진다(표 2-4). 호기성균은 산소가 있어야 잘 자라는 미생물로서 곰팡이, 초산균, 고초균 등이 대표적이다. 통성 혐기성균은 산소의 존재 유무와 관계없이 잘 자라며 대부분의 세균과 효모가 여기에 속한다. 혐기성균은 산소가 없는 조건에서 잘 자라며 클로스트리디움, 낙산균 등이 여기에 속한다.

표 2-4 산소요구도에 따른 미생물의 분류

미생물 분류	산소요구도	예
호기성	대기 중 산소 약 20%가 필요	각종 곰팡이, 초산균
미호기성	대기 중 산소 약 5~15%가 필요	헬리코박터 파일로리, 캠필로박터 속
내 산소성 혐기성	산소 존재하에 생육 가능하지만 ATP 생성이나 발효에 사용하지 않음	젖산균, 메탄균
통성 혐기성	호기성 또는 혐기성 환경에서 잘 자람	대장균, 황색포도상구균
편성 혐기성	산소가 있으면 생육할 수 없음	클로스트리디움 보툴리눔, 낙산균

(5) 광선

가시광선보다 파장이 긴 광선은 살균력이 없지만 400nm 이하의 자외선은 미생물에 대한 살균력이 강하며, 특히 265nm 부근의 광선이 가장 큰 살균력을 보인다. X선, γ선도 조사선량에 따라 사멸 또는 변이주를 형성시킨다. 일반적으로 그람 양성균은 그람 음성균보다 방사선에 대한 저항성이 크고, 비포자형성균은 포자형성균에 비해 방사선에 의해 쉽게 사멸된다.

(6) 삼투압

대부분의 미생물은 식품의 삼투압이 높아지면 수분이 밖으로 빠져나가 세포가 파괴되고 수분활성이 낮아져 사멸하지만, 호염성 미생물은 반대로 세포 내로 수분이 들어가 사멸하게 된다(그림 2-6). 식품을 고삼투압 상태로 만들어 미생물의 증식을 억제하는 대표적 저장방법에는 염장과 당장이 있다. 일반적으로 그람 양성균은 그람 음성균보다 삼투압에 대한 저항성이 크며, 비브리오균은 호염세균이므로 염장해도 사멸되지 않는다.

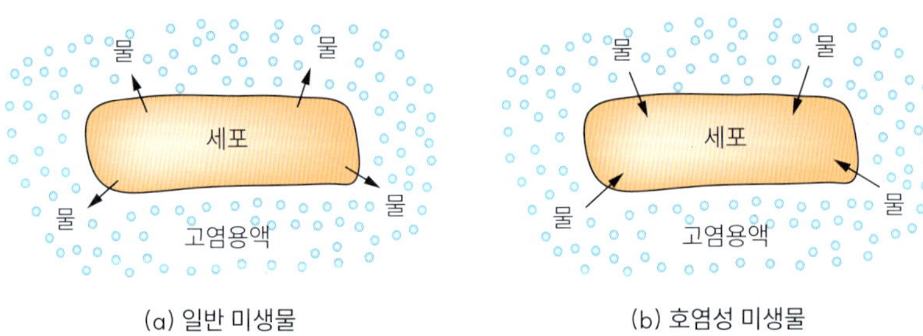

그림 2-6 미생물의 생육과 삼투압

MINI QUIZ **식품을 소금이나 설탕에 절이면 미생물이 죽는 이유는 무엇일까?**

삼투압이 높아지면 세포 내 수분이 밖으로 빠져나가 미생물이 탈수된다. 이 과정에서 세포가 파괴되어 증식이 억제된다. 이에 염장 · 당장은 오래된 저장법으로 활용된다.

3. 효소

1) 효소 반응에 영향을 주는 요인

(1) 온도

대부분 효소의 최적온도범위는 30~70℃이며, 이 온도범위에서 효소의 반응속도는 온도가 높아지면 증가하지만 온도가 지나치게 높으면 효소의 주성분인 단백질이 변성하여 오히려 반응속도가 감소하거나 활성을 잃게 된다. 아스코르브산 산화효소, 폴리페놀 산화효소 및 리폭시게나제 등 많은 식품 효소는 100℃ 정도에서 활성을 잃게 되므로 과일, 채소 가공 시 본래의 색을 보존하고 비타민 C의 손실을 줄이기 위해 전처리 과정인 데치기를 한다.

(2) pH

효소가 가장 잘 작용하는 최적 pH 범위는 효소의 종류에 따라 다르다. 펩신은 pH 1~2, α-글루코시다제는 pH 7.0, 트립신은 pH 7~8의 최적 pH 범위를 나타낸다. 최적 pH보다 높거나 낮은 pH에서는 효소의 반응속도가 낮아진다.

(3) 특이성

효소는 특정한 화합물(기질)에만 작용하고, 정해진 반응에만 촉매하는 특이성을 갖는다. 특이성에는 특정한 기질에만 작용하는 기질 특이성, 정해진 입체 구조에만 작용하는 입체 특이성, 정해진 반응만 촉매하는 반응 특이성 등이 있다.

(4) 기질 및 효소 농도

기질 농도가 일정할 때, 반응속도는 효소 농도에 비례한다. 효소 농도가 일정할 때, 처음에 반응속도는 기질 농도에 비례하지만 효소 농도가 높아지면 포화되어 반응속도는 일정하게 된다.

(5) 촉진제 및 억제제

효소의 작용을 촉진하는 물질을 촉진제라고 한다. 촉진제에는 칼슘, 철, 마그네슘, 아연, 구리, 망간 등이 있다. 폴리페놀 산화효소는 Cu^{2+}에 의해 촉진되고, 카복실라제는 Mg^{2+}에 의해 촉진된다. 반대로 효소의 작용을 억제하는 물질을 저해제라 하며, 이는 가역적 또는 비가역적인 저해반응을 일으킨다. 아비산, 모노요오드초산 등은 대표적인 강력 저해제이다.

2) 식품가공에 관련된 효소

(1) 탄수화물 분해효소

α-아밀라제와 β-아밀라제 α-아밀라제는 발아곡류에 많이 존재하며 전분의 α-1,4 결합을 무작위적으로 가수분해하여 저분자량의 덱스트린을 생성한다. 이 효소는 전분 현탁액을 맑고 묽은 용액으로 변화시키는 액화 효소로서 포도당 제조 시 전분을 액화시킴으로써 당화효소인 글루코아밀라제가 잘 작용할 수 있도록 한다.

β-아밀라제는 서류, 곡류, 두류, 엿기름 등에 널리 분포되어 있으며, 전분의 α-1,4 결합을 비환원성 말단에서부터 맥아당의 단위로 가수분해하는 당화효소로 맥아당 제조에 이용된다. 이 외에 제빵, 맥주 제조, 주정 제조에도 이용된다. 엿기름에는 두 종류의 아밀라제가 함유되어 있어 전분을 맥아로 당화한 물엿인 맥아엿 제조에 이용된다.

글루코아밀라제와 풀루란가수분해효소 글루코아밀라제는 주로 곰팡이가 생산하는 효소로 α-1,4 결합과 α-1,6 결합을 가수분해하여 포도당을 생산하며, 고순도의 결정 포도당 제조에 널리 이용된다. 풀루란가수분해효소는 α-1,6 결합을 가수분해하는 분지 효소로, 한계 덱스트린에도 작용한다.

셀룰라제와 펙틴분해효소 셀룰라제는 섬유소의 β-1,4 결합을 가수분해하는 효소로, 사과주스, 오렌지주스의 섬유소를 가수분해하여 맑은 주스를 생산하는 데 이용된다. 펙틴분해효소는 과일 및 채소 조직의 연화에 관여하므로, 이 효소의 활성이 높은 과일을 사용하여 잼이나 젤리를 만들면 잘 응고되지 않는다. 또한 과즙과 포도주의 청징(clarification)에 이용되는데, 과육 펄프가 현탁되어 있어야 하는 과즙의 경우에는 가공·저장 중 펙틴분해효소가 작용하지 못하도록 주의해야 한다.

헤스페리디나제 미숙한 감귤류 껍질에 있는 헤스페리딘은 과즙을 혼탁하게 하는데, 헤스페리디나제를 이용하면 헤스페리딘을 가수분해하여 과즙의 혼탁을 막을 수 있다.

(2) 지방질 분해효소

리파제 유지 식품은 가공·저장 중 리파제에 의한 가수분해로 저급 유리지방산이 생성되어 불쾌한 냄새가 발생한다. 특히 부티르산과 같은 저급 지방산을 많이 함유한 우유는 리파제에 의한 산패가 일어나면 불쾌취를 나타낸다. 한편 치즈나 초콜릿에서는 리파제를 이용하여 향미를 증진시키기도 한다.

MINI QUIZ **로크포르 치즈란?**

대표적인 블루치즈로, 숙성 시 페니실리움 로크포르티(*Penicillium roqueforti*)가 분비하는 리파제에 의해 카프르산, 카프릴산, 카프론산 등이 생성되어 특유의 강한 자극적 향미를 낸다.

리폭시게나제 지방 산화를 촉진하는 리폭시게나제는 두류, 곡류 등에 널리 존재하며 이들 식품의 이취 생성에 관여한다. 대표적으로 대두 가공식품 특유의 콩 비린내 생성이 이에 해당한다. 또한 카로틴, 엽록소 등과 같은 색소를 산화시켜 퇴색시키기도 하는데, 이 효소는 가열하면 불활성화되므로 데치기와 같은 전처리 후 가공하도록 한다. 그러나 밀가루 제조 시 밀가루를 표백하고, 제빵성을 향상시키기도 한다. 밀가루에 생대두가루를 넣어주면 대두가루의 리폭시게나제가 카로티노이드 색소를 산화·표백하고, 일부 –SH를 산화시켜 –S–S– 결합을 형성함으로써 제빵성이 좋아진다.

(3) 단백질 분해효소

카텝신 카텝신은 육류 조직에 존재하는 효소로, 사후강직된 육류의 육질 연화에 관여한다. 카텝신에는 펩신과 비슷한 기질 특이성을 보이는 카텝신 A와, 트립신과 유사한 기질 특이성을 나타내는 카텝신 B 등이 있다.

레닌 레닌은 우유의 카제인을 부분적으로 가수분해하여 불용성인 파라-κ-카제인을 생성한다. 파라-κ-카제인은 우유 내 다른 카제인과 함께 응고하여 커드(curd)를 형성하며, 이를 이용해 치즈를 만들 수 있다.

파파인 파파야에 함유되어 있는 파파인은 고기의 연육제, 맥주의 혼탁 제거제, 소화제 등으로 이용한다.

(4) 뉴클레오티드가수분해효소

뉴클레오티드가수분해효소(nucleotidase)는 고기 및 생선의 구수한 맛 성분인 5′-IMP, 5′-GMP와 같은 5′-모노뉴클레오티드를 분해하는 효소이다. 그림 2-7과 같이 5′-IMP는 뉴클레오티드가수분해효소에 의해 이노신으로 분해되고, 이노신은 다시 하이포잔틴으로 분해된다. 5′-IMP는 구수한 맛을 내지만, 분해산물인 이노신과 하이포잔틴은 쓴맛을 낸다. 따라서 고기나 생선을 오래 저장하면 구수한 맛이 감소되는 것은 5′-IMP가 분해되기 때문이다.

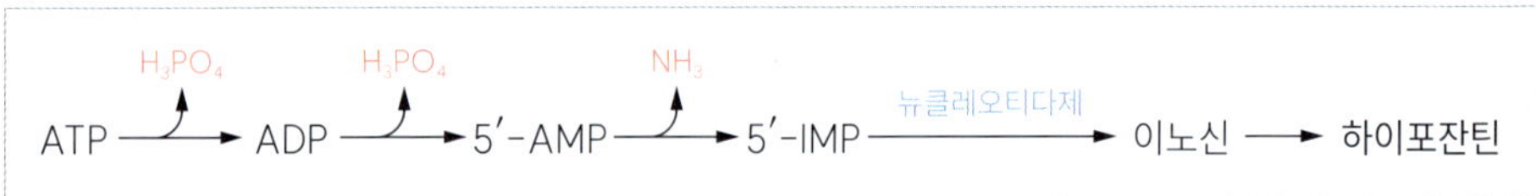

그림 2-7 5′-IMP의 생성과 뉴클레오티다제에 의한 분해

(5) 향미효소

마늘, 고추냉이(와사비)와 같은 식품 특유의 강한 매운맛과 향은 조직을 파괴할 때 효소작용에 의해 생성되는 휘발성 황화합물 때문이다(그림 2-8).

TIP & NOTE **향미효소(Flavor Enzyme)**

향미효소는 식품이 가진 잠재적 향 성분을 '깨우는 스위치' 역할을 한다. 마늘을 다질 때 알리나제가 작동해 알리신이라는 황화합물을 만들고, 고추냉이를 갈면 이소티오시안산염이 생겨 톡 쏘는 향이 퍼진다. 이런 과정은 본래 세포가 손상되지 않으면 일어나지 않는다. 따라서 향미효소는 단순히 맛을 내는 성분이 아니라, 조리법 · 가공법에 따라 맛이 극적으로 달라지는 이유를 설명하는 핵심 개념이다.

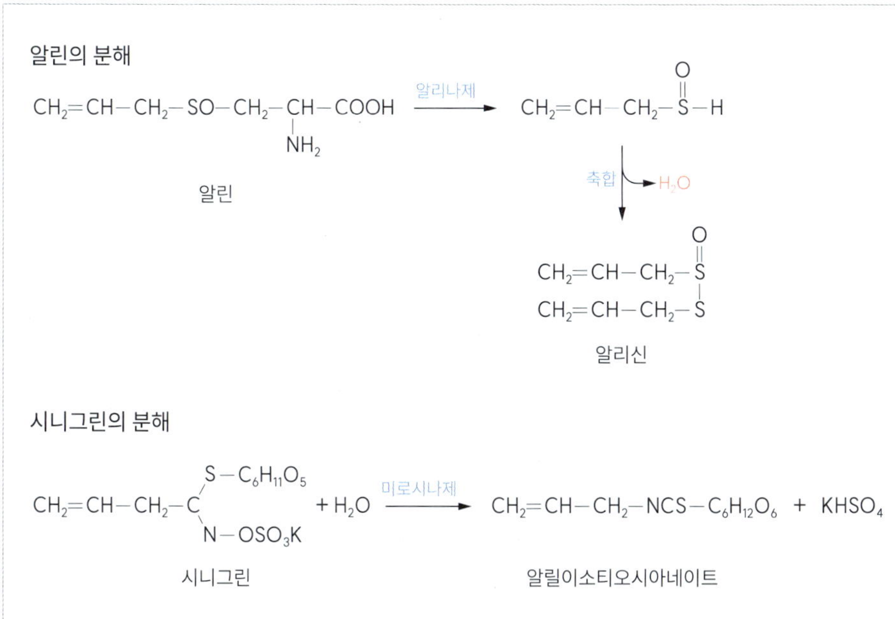

그림 2-8 알린 및 시니그린의 분해

마늘 마늘을 썰거나 다지면 알린이 알리나제에 의해 강한 향미를 내는 알리신으로 분해된다(그림 2-8). 알리나제의 최적 온도는 37℃이며, 50℃ 이상이면 활성을 잃게 되므로 가공·저장 시 온도에 주의해야 한다.

MINI QUIZ **다진 마늘을 오래 보관하면 불쾌한 냄새가 나는 이유는?**

알리신은 마늘의 주된 매운맛 성분으로 불쾌한 냄새는 없지만 매우 불안정하여 강한 냄새를 내는 디알릴 디설파이드로 전환되어 마늘 특유의 냄새가 발생한다. 이 물질은 시간이 지나면 다시 저분자 물질로 분해되어 불쾌한 냄새가 강해지므로 마늘은 다진 즉시 사용하는 것이 좋고, 장기간 보관할 때는 냉장 또는 냉동 상태로 보관해야 한다.

고추냉이 고추냉이의 근경을 마쇄하면 시니그린이 미로시나제에 의해 분해되어 매운 향미 성분인 알릴 이소티오시아네이트를 생성한다(그림 2-8, 그림 2-9). 분말 형태의 고추냉이는 저장 중에 효소반응이 일어나지 않도록 온도와 수분함량을 잘 조절해야 한다. 수분함량이 1% 이하인 것은 오랫동안 저장할 수 있으나, 약 5%인 경우 2~3개월 저장하면 물을 넣어 페이스트 상태로 만들어도 매운맛이 나지 않는다.

그림 2-9 고추냉이

(6) 폴리페놀 산화효소

폴리페놀 산화효소에 의한 갈변은 과일과 채소에서 흔하게 일어난다. 이러한 갈변은 과일과 채소의 품질을 저하시키는 주된 요인이지만, 우롱차나 홍차를 제조할 때는 의도적으로 이 반응을 일으켜 녹색 찻잎이 특유의 갈색을 띠도록 한다(그림 2-10).

그림 2-10 갈변된 사과 슬라이스와 우롱차

MINI QUIZ **홍차를 끓이면 주황색을 띠는 이유는?**

녹색 찻잎을 시들게 하여 흠집을 낸 후 둥글게 말아 발효시키면, 폴리페놀 산화효소의 작용으로 찻잎 속 카테킨이 산화되어 홍차 특유의 오렌지색을 띠는 테아플라빈(theaflavin)이 형성된다. 홍차를 끓였을 때 어두운 주황색을 띠는 것은, 테아플라빈이 다시 테아루비겐(thearubigen)으로 산화되었기 때문이다.

4. 산소

1) 지질 산화

식용유, 견과류, 육류와 같은 지방질 식품과 튀김류는 산소에 노출되면 과산화물이 생성되고 이후 다시 알데히드, 케톤 등으로 분해되어 불쾌한 냄새와 맛을 나타낸다. 또한 산소는 비타민 A, E 등을 산화시켜 영양소 감소를 일으킨다.

2) 색 변화

산소는 카로티노이드와 같은 색소를 산화시켜 식품의 색을 변화시킨다. 예를 들어, 특히 고온에서 빛과 산소가 존재할 때 고춧가루의 탈색이 촉진된다. 과일의 껍질을 벗기거나 절단하여 공기 중에 놓아두면 산소·폴리페놀물질·폴리페놀 산화효소가 작용하여 갈변반응을 일으킨다. 육류에 존재하는 미오글로빈 색소를 산화시켜 변색을 초래할 수도 있다.

3) 채소와 과일의 호흡

채소와 과일은 수확한 후에도 호흡, 추숙(after-ripening), 생장 등 생리작용을 한다. 특히 호흡을 통해 산소를 흡수하여 이산화탄소를 방출하고 에너지를 얻어 품온이 상승하고, 중량 감소, 영양소 손실, 선도 저하 등이 일어난다. 따라서 환경기체의 조성을 대기 중의 공기와 다르게 조절하여 산소함량을 줄이고 이를 질소·이산화탄소 같은 불활성 기체로 대체하면 호흡이 억제되어 저장기간을 늘일 수 있다. 이러한 저장법을 가스저장, 즉 CA저장(controlled atmosphere storage)이라고 한다.

환경기체의 조성은 식품에 따라 차이가 있으나 일반적으로 산소의 농도는 1~10%로 감소시키고 이산화탄소의 농도는 1~20%로 증가시킨다. 또한 온도가 10℃ 증가하면 호흡량은 2~3배 증가하므로 CA저장은 저온저장(1~10℃)을 겸하는 것이 좋다. 사과·배와 같은 과일은 CA저장으로 9개월까지 저장기간을 연장할 수 있다. 한편 CA저장과 유사한 방법으로 플라스틱 필름으로 식품을 밀봉하여 식품의 호흡과 필름류의 선택적 가스투과성을 이용해 포장 내부의 환경가스 조성을 조절하는 MA저장(modified atmosphere storage)이 있다.

MA저장은 CA저장과 같이 공기보다 산소 농도를 낮추고 이산화탄소 농도를 높게 하며, 질소를 충전하기도 한다.

4) 미생물 번식

산소가 풍부한 환경에서는 곰팡이나 특정 세균과 같은 호기성 부패 미생물(예: *Pseudomonas* 속)의 성장을 촉진한다. 산소가 부족한 환경에서는 특히 밀봉이 불완전하거나 통조림 식품에서 클로스트리디움 보툴리눔(*Clostridium botulinum*)과 같은 혐기성 병원균의 성장을 유리하게 할 수 있다. 식품의 가공·저장 중에 산소로 인한 품질 저하를 최소화하기 위해 식품 중 공기 제거, 산화방지제 사용, 탈산소제 함입 포장, 불활성 기체(질소·이산화탄소) 치환 충전, 진공 포장, 산소 차단 포장재 사용 등 다양한 방법을 사용하고 있다.

5. pH

1) 식품의 완충효과

채소즙에 레몬즙을 혼합하면 pH가 급격히 감소하지만 우유에 레몬즙을 혼합하면 채소즙에 비해 pH 감소가 완만하게 일어난다. 우유를 젖산 발효시켜 요구르트를 만들 수 있는 것은 바로 우유의 완충효과 때문이다. 완충효과가 큰 식품에는 단백질, 아미노산, 인산염 등의 성분이 있으며, 단백질이나 아미노산은 등전점 부근에서 완충효과가 가장 크다.

2) 식품 성분의 변화

우유에 산을 첨가하여 카제인의 등전점인 pH 4.6으로 조절하면 카제인이 응고·침전하는데, 이 원리를 이용하여 코티지 치즈(cottage cheese)를 제조한다(그림 2-11). 한편 식품에 함유된 색소인 안토시아닌, 안토잔틴, 엽록소 등은 pH에 따라 색이 변하므로 가공할 때 주의해야 한다. 특히 엽록소는 가공·저장 중에 산에 의해 비가역적으로 페오피틴이 생성되어 황색을 띠게 된다.

그림 2-11 코티지 치즈와 오이 피클

3) 보존효과

pH가 낮아지면 미생물 생육이 억제되는데, 산장법(pickling)은 이를 이용한 식품저장법이다. 식품에 식초를 첨가하거나, 소금물에 담가 발효시키면 젖산을 비롯한 각종 유기산이 생성되면서 식품의 pH를 낮춰 저장성을 증대시킨다. 당장법(sugaring)에서는 당만 사용하는 경우보다 유기산을 첨가하는 경우 당의 사용량을 낮춰 식품을 보존할 수 있다.

CHAPTER 3

식품가공의 기초 공정

학습 목표

1. 식품가공의 기본 단위조작과 원리를 이해한다.
2. 세척, 절단, 가열, 냉각 등 주요 기초 공정을 설명할 수 있다.
3. 각 공정이 식품의 품질, 영양, 저장성에 미치는 영향을 파악한다.
4. 기초 공정 간의 연계성과 중요성을 이해한다.

식품가공에서 사용되는 여러 처리 조작 단위들을 단위공정(unit operation)이라고 하며, 식품가공 공정은 단위공정들을 각 식품에 맞게 순서대로 거치면서 가공 목적에 맞는 제품으로 제조한다. 기초 공정은 단위공정 중 대부분의 모든 식품가공 공정에 활용되는 기본적인 공정들로서, 선별 및 정선, 수송, 세정, 분쇄, 혼합, 증류, 추출, 흡착, 성형 등이다.

1. 선별 및 정선

식품가공의 원료는 크기, 무게, 모양, 비중, 성분 조성, 전자기적 성질, 색깔 등 물리적 성질이 다르고 또한 불필요한 이물질(돌, 모래, 흙, 금속, 배설물, 털, 잎, 나뭇가지 등)이 혼재되어 있다. 이물질을 제거하고 건전한 원료만 가려내는 조작을 선별이라고 하며, 일정한 크기나 품질의 것만 취하는 조작을 정선이라고 한다. 대체로 크기, 무게, 모양, 비중, 성분 조성, 전자기적 성질, 색깔 등 물리적 성질의 차이에 의해 이물질을 분리하고 제거한다.

선별과 정선의 대표적인 기준에는 무게, 크기, 모양, 광학 특성 등이 있다.

1) 무게

식품재료를 무게에 따라 선별하는 것은 가장 일반적인 방법으로 육류, 생선 필렛, 일부 과일류와 채소류, 달걀 등은 대부분 무게에 따라 선별되어 가공원료로 사용된다. 무게에 따른 선별방법은 실제 무게를 측정하여 분류하게 되는데, 크기 선별보다 더 정확하게 분리할 수 있다.

2) 크기

크기를 선별하는 가장 일반적인 방법은 체(sieve)를 사용하는 것으로 보통 진동 또는 회전용 체를 사용한다. 체질에 사용하는 체는 다양한 고체입자 혼합을 2개 이상 분획으로 분리하는 데 사용하며, 분획된 것은 보다 균일한 크기의 재료들로 구성되어 있다. 체는 다양한 크기의 구멍(체눈)을 가지고 있는데, 덩어리나 가루로 된 가공재료를 크기별로 분리하는 데에 주로 이용되고 있다. 가장 보편적으로 사용되고 있는 체는 미국의 타일러 표준체이며, 일본표준체, 독일표준체가 있다.

체눈 크기의 단위는 메시(mesh)인데, 1메시란 그림 3-1과 같이 1인치 체의 길이(2.54cm) 안에 들어 있는 체눈의 수를 의미한다. 즉, 30메시 체는 1인치 내에 체눈의 수가 30개 있는 체로, 메시가 클수록 가는 체를 의미한다.

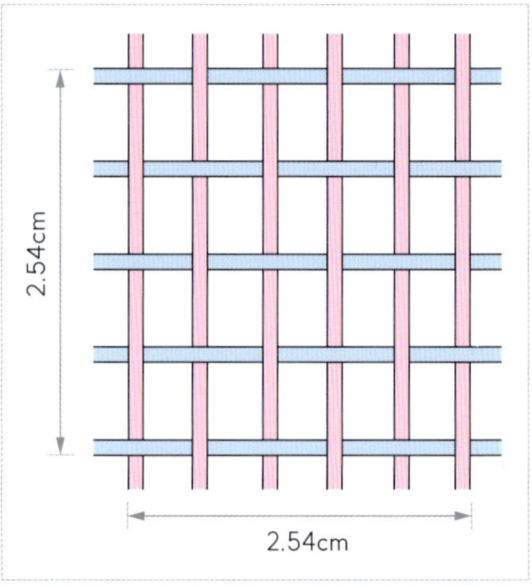

그림 3-1 메시 체의 크기

크기 선별기는 원료 크기에 따라 구멍을 통과하여 선별되는 방법으로 평판체, 회전원통체, 롤러 컨베이어로 구성된 선별장치로 구분된다. 평판체는 곡류, 밀가루, 향신료, 소금 등의 선별에 사용되고, 회전원통체는 콩 등과 같이 회전운동에 잘 견디는 원료의 선별에 이용된다.

3) 모양

같은 모양의 재료를 한데 모아 두면 가공할 때 편리한 점이 많아 가공효율이 높아진다. 크기와 무게로 분류한 이후에도 다른 모양을 가진 경우가 많으며, 이 경우에는 길이와 직경의 차이에 따라 모양 선별기를 사용하여 분류한다. 모양 선별기 중 가장 일반적인 디스크형은 특정 디스크를 회전시키며 수직 진동을 주어 같은 모양의 재료를 한데 모을 수 있는 장점이 있다. 실린더형은 디스크형과 원리는 비슷하지만, 회전하는 수평 실린더 속을 통과하면서 모양이 비슷한 것끼리 모이게 된다. 밀, 보리, 귀리, 쌀 등의 비슷한 곡류는 무게 선별기와 크기 선별기로는 분류하기 어렵기 때문에, 디스크와 실린더를 이용한 모양 선별기로 선별할 수 있다.

4) 광학 특성

빛을 이용하여 원료를 분류할 수 있는데, 주로 사용되는 광학 선별기에는 반사 선별기와 투과 선별기가 있다. 반사 선별기는 빛을 원료의 표면에 비추어 그 반사 정도에 따라서 과일이나 채소의 착색 정도 또는 표면의 상처 등을 판단하는 장치이다. 투과 선별기는 빛의 투과율에 따라 과일이나 채소의 내부 품질을 확인하도록 고안된 장치이다.

2. 수송

식품가공 공장 내 수송은 분립체의 수송과 액체의 수송으로 대별할 수 있다. 분립체 수송에는 기계식 수송기와 공기 수송기가 사용된다. 기계식 수송기에는 상승 수송에 적합한 승강식 운반기(bucket elevator)나 수평 수송에 적합한 체인, 컨베이어 벨트, 스크루 컨베이어, 벨트 컨베이어 등이 있다. 공기 수송기에는 상승 수송이나 수평 수송 모두 적합한 진공흡인식, 저압흡인식, 고압압송식 및 흡인압송식이 있다. 액체 수송은 파이프라인 수송에 의해 주로 이루어지며 유가공 공장, 양조 공장, 청량음료 제조 공장 및 전분 공업에서 특히 중요한 수송 수단이 된다.

3. 세정

세정은 식품 원료에서 불순물을 분리하거나 가공식품의 용기 또는 제품 중에 함유되어 있는 이물질 및 미생물을 제거하는 조작이다. 건식세정법과 습식세정법으로 나눌 수 있는데, 건식세정법에는 체질, 사별, 흡인, 연마 및 자력선별법 등이 있고, 습식세정법에는 침지, 분무, 부유, 초음파, 여과 및 정치침강분리 세정법 등이 있다.

1) 분무 세척법

다량의 식품을 세척하려고 할 때 식품 위에 물을 세게 뿌려 줌으로써 세척하는 방법으로서, 식품을 컨베이어에 실어 이동시키면서 이용하면 편리하다(그림 3-2). 여기서 물은 분무기나 노즐을 통하여 비교적 높은 압력으로 분사되어 불순물을 떼어 낼 수 있는 힘을 가져야 한다.

세척원료를 손상시키지 않으면서 세척의 효과를 최대로 하기 위해서는 물의 분사압력과 분사거리, 사용량, 온도 등을 적당하게 조절하여야 한다.

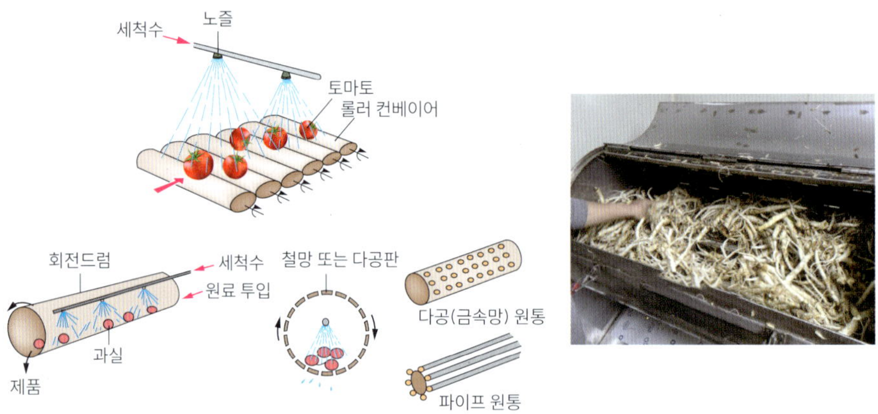

그림 3-2 **분무 세척기**

2) 부유 세척법

식품에 묻은 이물질을 물속에 담가 협잡물을 분리시켜 세척하는 방법(그림 3-3)으로, 저어주거나 세제와 같이 사용하면 더욱 효과적이다. 부유 세척기는 원료를 물속에 담그면 밀도와 부력의 차이로 인해 밀도가 높은 협잡물은 가라앉고, 밀도가 낮은 협잡물은 떠올라 각각 분리해 낼 수 있다.

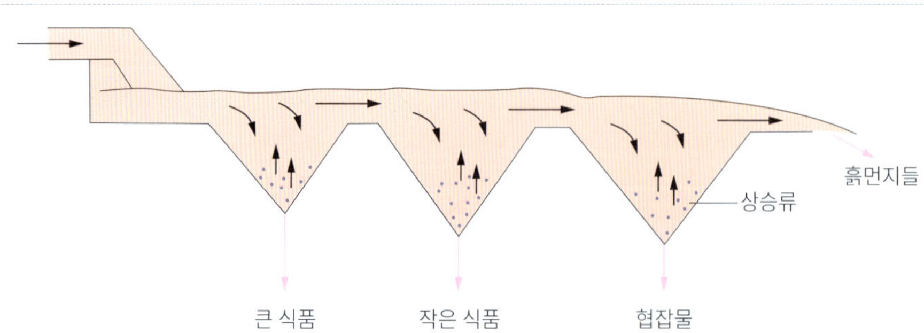

그림 3-3 **부유 세척기**

3) 초음파 세척법

초음파 세척법(ultrasonic washing)은 교반에너지로 초음파(16kHz 이상)를 사용함으로써 음압에 의하여 압력이 교대로 고압 ↔ 저압으로 변하여 기포가 급격히 생겼다가 없어지는 것이 반복되면서 원료 표면에 붙어 있는 불순물이 제거되는 방법이다. 분무 세척이나 브러시 세척으로도 잘 세척되지 않는 병이나 식기류의 불순물을 빠른 시간에 세척할 수 있다. 더러운 달걀의 세척이나 채소 내부의 모래, 과일 표면의 왁스, 포크 등의 식기류 세척에 이용된다.

4. 분쇄

식품원료를 기계적으로 작게 부수는 조작을 분쇄라고 한다. 고체 식품의 원료를 작게 만드는 것으로 절단, 파쇄, 제분이 있으며, 특히 제분은 곡류의 입자 크기를 작게 하여 가루로 만드는 공정이다. 유화는 액체를 분쇄하여 섞이지 않는 액체를 미립자 상태로 분산시키는 의미가 포함된다. 분쇄할 때 식품에 가해지는 힘은 충격력, 압축력, 전단력으로 한 가지 힘의 작용으로 분쇄되는 경우는 드물고 대부분 여러 가지 힘이 복합적으로 작용한다. 제조공정 중 분쇄를 하는 가공식품을 그 목적 및 효과에 따라 살펴보면 다음과 같다.

- 조직의 파괴로 유용 성분의 추출과 분리가 용이(예: 밀가루 분리, 커피의 추출, 식용유 추출)
- 일정한 입자로 세분화하여 이용가치 상승(예: 초콜릿의 정제, 각종 향신료의 제조, 분말 음료용 설탕입자의 조정)
- 표면적의 증가로 화학반응, 열전달, 물질 이동을 촉진시켜 건조, 추출, 용해, 증자 등의 시간 단축(예: 대두, 땅콩, 과일, 감자 등의 분쇄)
- 다른 재료와 혼합 또는 조합시키는 경우의 제품 균일화(예: 조제식품, 케이크 믹스, 분말 수프, 향신료, 커피)

1) 분쇄기의 종류

분쇄기는 인류가 분립시대(곡류가루 위주), 분식시대(곡분으로 식품을 만드는 것을 위주), 발효시대, 복합가공시대를 거치면서 발달하였다. 오늘날 분쇄기의 종류는 거친 분쇄를 목적으로 하는 파쇄기에서부터 미세 분쇄를 목적으로 하는 미분쇄기에 이르기까지 다양하며, 방식에 따라서도 건식·습식, 연속식·회분식 등이 있다.

(1) 해머밀

해머밀(hammer mill)에는 1개의 회전축의 원판 둘레에 여러 개의 해머(hammer)가 부착되어 있는 고정해머와, 원판에 매달려 회전속도에 따라 움직일 수 있는 스윙해머가 있다[그림 3-4(a)]. 해머는 막대 모양, 칼날 모양, T자 모양 등 여러 형태가 있으며, 원료의 성질에 따라 교환하여 사용할 수 있다.

원료는 고속 회전하는 해머에 부딪히는 강한 충격으로 분쇄되고 또 분쇄판에 충돌하여 더욱 작게 분쇄되며, 분쇄된 입자는 분쇄실 아래의 체를 통과하게 된다.

해머밀은 다목적 분쇄기로 결정성 고체, 섬유질, 설탕, 식염, 카제인, 마른 채소, 옥수수 전분, 곡류 등의 원료를 분쇄하는 데 널리 사용되고 있다.

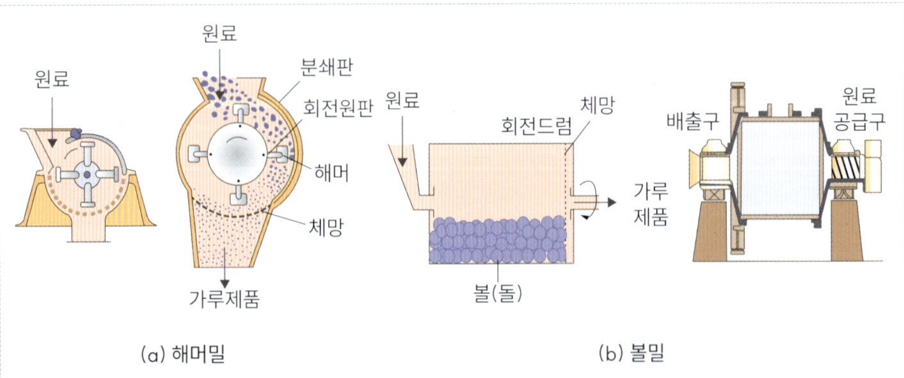

그림 3-4 해머밀과 볼밀

(2) 볼밀

볼밀(ball mill)은 그림 3-4(b)와 같이 수평원통 속에 2~15cm 직경의 금속이나 돌 같은 단단한 볼을 넣어 원료와 함께 회전시켜 분쇄하는 장치이다. 원료와 볼이 회전하다가 낙하될 때 볼과 볼 사이의 충돌과 볼과 원통 벽과의 마찰에 의하여 식품이 분쇄된다. 원통의 회전속도가 너무 느리면 충돌이 안 일어나 분쇄가 잘 안 되고, 반대로 지나치게 빠르면 원심력으로 볼이 원통 벽에 붙어 회전하게 되어 분쇄가 안 되므로 회전 속도의 조절이 중요하다. 주로 곡류와 향신료의 분쇄에 이용되고 있다.

(3) 핀밀

그림 3-5 핀밀

핀밀(pin mill)은 그림 3-5와 같이 고정 원판이나 고속 회전 원판에 작은 막대 모양의 핀이 여러 개 붙어 있어서 고정핀 사이에서 고속 회전하는 핀의 충격에 의하여 원료가 분쇄되며 원판 주위에 링 모양의 체가 있어 분쇄된 가루가 통과하게 된다. 고속 회전에 의해 높은 마찰열이 발생하게 되고, 이 마찰열에 의하여 부착성의 원료가 핀에 붙을 염려가 있다. 또한 마찰열 때문에 저융점의 열에 민감한 원료를 분쇄할 때는 주의해야 한다. 설탕, 전분, 곡류, 콩 등의 선식 분쇄와 습식으로 콩, 감자의 분쇄 그리고 고구마의 2차 분쇄에 사용되고 있다.

(4) 롤밀

롤밀(roll mill)은 그림 3-6과 같이 2개의 간격을 조절할 수 있는 금속 또는 돌 롤이 회전하면서 압축력과 전단력에 의하여 식품이 분쇄되는 장치이다. 표면에 홈이 파여 있는 조쇄롤(break roll)은 거칠게 분쇄하고, 표면이 매끈한 활면롤(smooth roll)은 연한 재료를 곱게 분쇄하는 데 이용된다. 옥수수, 콩, 커피, 면실, 유박, 밀가루, 쌀가루 등의 분쇄에 널리 사용되고 있다.

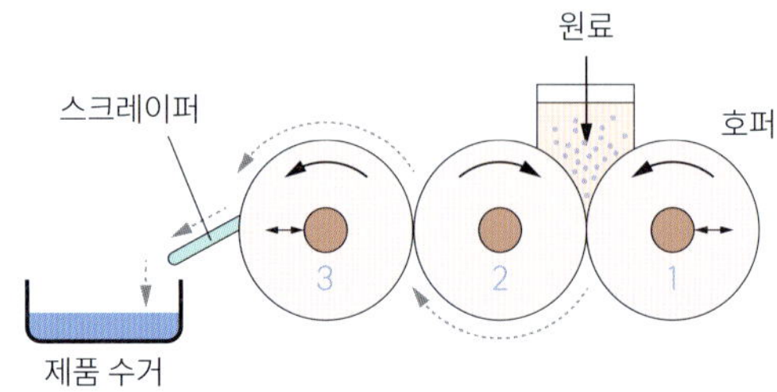

그림 3-6 롤밀

(5) 디스크밀

디스크밀(disc mill)은 홈이 파여 있는 2개의 원판(디스크) 사이에 식품을 넣고 원판 사이의 간격을 적당히 조절하여 회전하면 마찰력과 전단력에 의하여 분쇄가 일어나는 장치이다. 곡류의 분말제품, 섬유질의 미분쇄 또는 옥수수, 쌀의 분쇄에 널리 이용된다.

2) 분쇄기의 선정

분쇄기는 원료의 특성, 수분함량과 온도 조건 등을 고려하여 선택한다.

(1) 원료의 특성

원료의 크기, 이화학적 특성, 분쇄 후의 입자 크기, 입도 분포, 재료의 양, 습·건식의 구별 등을 고려하여야 한다. 또한 분쇄 온도와 열에 민감한 식품의 경우에는 분쇄 중에 식품 성분의 열분해, 변색, 향기의 발산 등이 품질을 저하시키므로 냉각 효율이 높은 분쇄기를 선정하여 온도를 일정 범위 내에서 유지할 수 있도록 하여야 한다. 특히 열에 민감한 식품은 드라이아이스나 액체질소를 사용하여 동결분쇄하는 것이 좋다.

(2) 수분과 온도 조건

건조한 고체를 분쇄할 때 많은 먼지가 생겨 호흡기 질환을 야기하거나 경우에 따라서 인화성과 폭발성의 우려가 있으므로 원료에 적당한 수분이 있는 것이 좋다. 밀 제분 시 밀의 수분함량을 조절한다든가 옥수수 제분에서 습식방식을 채택하는 것도 이러한 이유 때문이다. 분쇄과정에서의 마찰열이 온도를 상승시켜 재료를 변하게 하거나 연화시키는데, 특히 열에 민감한 재료일 경우에는 재료가 서로 엉겨 붙거나 분쇄기에 붙으므로 가공 효율이 나빠진다.

(3) 동결분쇄

원료 품질의 열화를 억제하면서 미세하게 분쇄하기 위해 원료식품을 동결 상태로 분쇄할 수 있다. 액체질소를 식품 표면에 분사하여 순간적으로 동결한 후 충격분쇄하는데 상온 분쇄 시 발생하는 발열과 산화에 의한 품질 변화를 최소화하고 물성 변화, 영양 파괴를 막을 수 있다. 또 향미가 중요한 향신료나 조미료의 분쇄에는 매우 유용하다.

5. 혼합 및 유화

1) 혼합

대부분의 가공식품은 두 가지 이상의 원료를 써서 제조되므로 각 원료를 얼마나 잘 혼합해 주느냐에 따라 제품의 질이 좌우된다. 혼합은 고체와 고체의 혼합, 고체와 액체의 혼합, 액체와 액체의 혼합, 액체와 기체의 혼합 유형으로 나눌 수 있다(표 3-1). 혼합에 의해 물리적 성질 및 화학적 변화를 일으켜 반응속도를 촉진시키고, 독특한 물성을 얻을 수 있게 한다.

혼합 조작은 각종 식품에 따라 어떻게, 그리고 어떤 장치를 이용하여 단시간 내에 완료할 수 있는가 하는 것이 매우 중요하다. 고체 식품끼리의 혼합은 회전기나 뒤집기 원리를 이용하여 용기 속에 원료를 넣고 용기를 회전시키거나 여러 가지 텀블러(그림 3-7)를 활용하여 뒤집기를 반복하거나, 리본혼합기(ribbon mixer, 그림 3-8)나 스크루혼합기(screw mixer)를 사용하여 혼합한다. 스크루혼합기는 고체식품들이 스크루의 회전에 따라 아래위로 그리고 앞뒤로 혼합되는 원리이며, 혼합하면서 수송을 겸할 수 있는 장점과 스크루와 식품 사이의 마찰이 많아 혼합 중에 식품이 부서지기 쉬운 단점이 있다.

고체와 액체식품의 혼합은 고체 및 액체의 양에 따라, 그리고 혼합물의 성질과 혼합제품의 특징에 따라 혼합원리가 달라진다. 반죽과 같은 경우 점성이 크고 유동성이 거의 없으므로 반죽기의 기계적인 교반 날개에 의해 혼합하게 된다.

표 3-1 혼합 조작의 종류 및 정의와 예시

종류	혼합 대상	정의 및 특징	식품산업 예시
혼합 (Mixing)	고체+고체	고체 상태의 물질들을 고르게 섞는 일반적인 조작	밀가루와 설탕 섞기, 조미료 혼합, 시리얼 제조 등
교반 (Agitation)	액체+액체 액체+소량의 고체 액체+기체	유체 상태의 물질을 섞는 조작	음료 제조 시 과즙과 물의 혼합, 발효 탱크 내 섞기
반죽 (Kneading)	고체+액체	고점도의 반고체 상태가 되도록 섞는 조작. 점성이 높고 탄성 있는 물질 형성	빵 반죽, 국수 반죽 등
유화 (Emulsification)	액체+액체(서로 섞이기 어려운 경우)	섞이기 어려운 두 액체를 균일하게 분산시켜 유화 상태로 만드는 조작	마요네즈 제조, 드레싱 제조, 아이스크림 제조 등

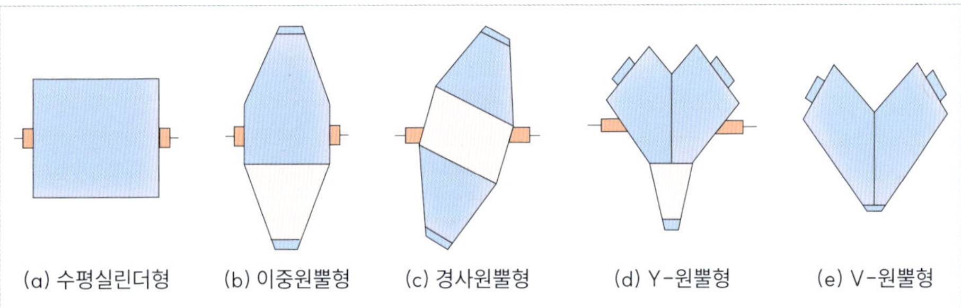

그림 3-7 여러 가지 텀블러 혼합기의 모양

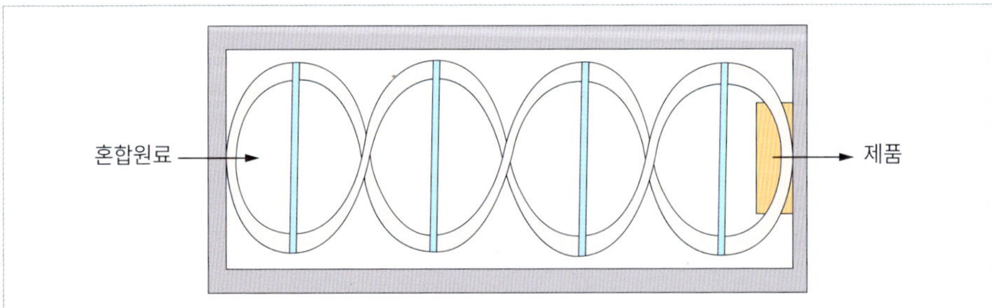

그림 3-8 리본형 혼합기

2) 유화

섞이지 않는 두 종류의 액체를 균일하게 혼합하여 분산질과 분산매가 다 같이 액체인 교질 상태를 유화액이라 하고, 이러한 유화액을 만드는 과정을 유화라 한다. 물과 기름의 혼합물은 서로 섞이지 않지만 여기에 인지질 같은 한 분자 내에 소수기와 친수기(–OH, –CHO, –COOH, $-NH_2$ 등)가 있는 유화제를 소량 넣고 혼합하면 유화가 되어 안정한 유화액을 형성하게 된다.

유화액에는 물속에 기름이 분산된 수중유적형(Oil in Water, O/W)과 이와 반대로 기름 중에 물이 분산된 유중수적형(Water in Oil, W/O) 두 가지가 있다. 예를 들면, 우유, 생크림, 마요네즈, 아이스크림 등은 수중유적형이고, 버터와 마가린은 유중수적형 식품이다. 유화형을 결정하는 조건은 유화제의 성질, 전해질 유무와 그 종류 및 농도, 물과 기름의 비율, 기름의 성질, 물과 기름의 첨가 순서 등이다.

6. 여과 및 막분리

1) 여과

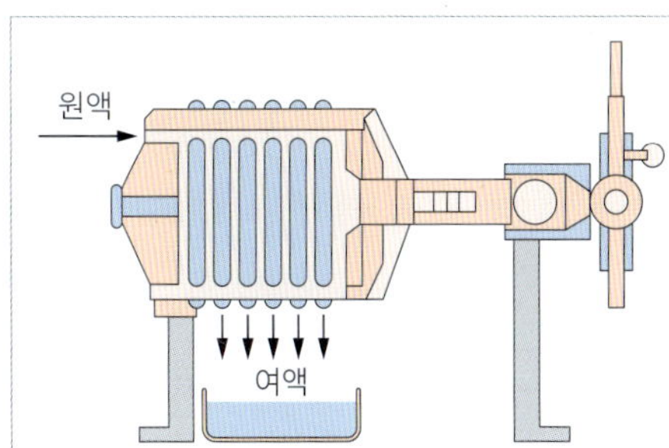

그림 3-9 가압여과기(필터프레스)

다공성 여과제(filter media)를 사용하여 고체-액체 혼합물을 물리적으로 분리하는 조작을 여과(filtration)라고 한다. 여과하고자 하는 고체-액체 혼합물을 현탁액(slurry)이라 하고, 여과제를 통과하여 얻어지는 액을 여액(filtrate)이라고 하며 여과제를 통과하지 못한 고형물을 여과박(filter cake)이라고 한다.

주류와 과일주스 등의 여과조작은 대개 청징한 액체를 얻기 위하여 이용되지만, 경우에 따라 고형물을 얻는 네 사용되기도 한다. 여과기는 여과를 일으키는 압력의 원천에 따라 중

력여과기, 감압여과기 및 가압여과기(필터프레스) 등이 있으며, 식품공업에서 가장 많이 사용되는 것은 압력을 가해 빠른 속도로 여과하는 가압여과기이다(그림 3-9).

2) 막분리

막분리 기술은 분자 수준에서 성분을 분리하는 데 사용되는 여과방법으로 정밀여과, 한외여과, 역삼투를 비롯하여 투석이 있으며, 분리원리와 특징은 그림 3-10 및 표 3-2와 같다. 막분리법은 상변화 없이 물질을 분리하는 기술로 연속조작이 가능하며 열손상이 없고 휘발성 성분의 손실이 적다.

그림 3-10 여과 스펙트럼

표 3-2 여러 가지 막분리의 특징

막분리법	막분리 추진력과 분리원리	투과 가능 물질	활용
확산투석 (dialysis)	확산에 의한 농도 차이	용질분자, 물	용질 상호 간 분리
전기투석 (electrodialysis, ED)	이온 차이(전위차)	이온성 물질, 물	이온과 비전해질 분리
정밀여과 (microfiltration, MF)	압력 차이 및 막 외경 크기	용질분자, 물	제균, 맥주와 와인 여과
한외여과 (ultrafiltration, UF)	압력 차이 및 막 외경 크기	용질분자, 물	생주(무가열살균)의 살균 및 제균
역삼투 (reverse osmosis, RO)	역삼투압력, 용매/용질 분리	물	과즙 농축, 정수기

역삼투는 그림 3-11과 같이 반투막을 사이에 두고 용액의 농도 차이에 의해 생성된 삼투압보다 더 높은 압력을 진한 용액 쪽에 가함으로써 진한 용액의 용매(대체로 물)를 묽은 용액 쪽으로 이동시켜 진한 용액을 더 농축시킬 수 있는 방법으로, 과일주스나 채소주스 농축과 정수기에 활용된다.

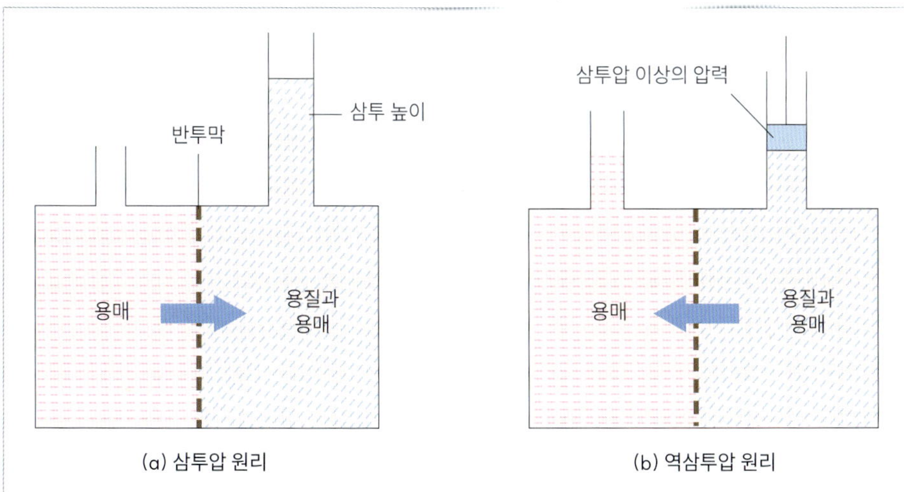

그림 3-11 삼투압과 역삼투압의 원리

7. 증류 및 추출

1) 증류

증류(distillation)는 두 종류 이상의 화합물이 혼합된 용액을 가열하여, 각 성분의 끓는점에 따라 각 성분을 분리하는 조작이다. 증류는 그 방법에 따라 단증류와 분별증류, 수증기증류 등으로 나눌 수 있는데, 단증류는 혼합 성분의 끓는점 차이가 큰 경우에 사용하며, 분별증류는 증류된 성분을 다시 각 온도에서 분리하는 방법이다. 수증기증류는 고온에서 열분해되기 쉽고 물에 잘 녹지 않는 물질은 저온에서 증류하며, 상압진공에서 한다.

식품가공에서의 증류는 주정, 브랜디, 위스키, 소주, 고량주 등의 증류주 제조뿐만 아니라, 과즙 농축, 유지 탈취, 용매 탈취, 용매 회수, 지용성 비타민, 모노글리세리드 증류에도 이용된다.

2) 추출

추출(extraction)은 주로 용해도 차이를 이용하여 원하는 물질을 농축 또는 분리하는 조작으로 추출 후 용질이 풍부하게 존재하는 용액에서 용매를 증발시키면 순수한 용질을 얻을 수 있다.

추출속도는 용질이 한 상에서 다른 상으로 이동되는 속도로 입자의 크기, 용매의 종류, 온도, 액의 교반 정도, 농도 등 여러 가지 요인에 따라 달라지는데, 대체로 농도차가 클수록, 추출온도가 높을수록, 표면적이 넓을수록 증가한다. 사용하는 추출 용제는 가격이 저렴하고, 제품에 나쁜 영향을 미치지 않아야 하며, 융점이 낮고 인화의 위험이 없으며, 원하는 성분을 선택적으로 잘 용해하여야 한다.

추출기는 용매와 원료를 섞는 혼합기와, 추출이 충분히 일어난 후 용액과 잔류물을 분리하는 분리기로 구성되며, 회분식 추출기와 연속식 추출기가 사용된다.

추출공정을 사용하는 대표적인 사례로는 대두·옥수수 등의 종실에서의 유지 추출, 인스턴트커피와 홍차 제조, 원료로부터 엑기스분 추출, 사탕무·사탕수수 등의 원료로부터 설탕 용해 추출 등이 있다.

TIP & NOTE **커피 추출방식의 다양화**

커피를 즐기는 사람이 늘어나면서 인스턴트커피 추출방식이 다양화되고 있다. 인스턴트커피뿐만 아니라 에스프레소나 퍼코레이터 등 다양한 추출방법을 활용한 커피를 볼 수 있다.

디카페인 커피의 경우에도 추출을 이용해서 만든다. 염화메틸렌이나 에틸아세테이트 등을 사용하여 카페인을 용매로 녹이고 용매를 제거하는 방식을 사용한다.

3) 초임계추출

초임계(Supercritical)란 물질이 기체와 액체의 중간 상태가 되는 지점으로, 초임계에 이르기 위해서는 온도와 압력이 임계점을 넘으면 가능하다. 초임계 상태일 때 물질은 기체처럼 확산이 잘 되는 동시에 액체처럼 용해력이 높은 성질을 동시에 가지게 된다. 이러한 특성을 산업에 활용하여 고급 식품 향료를 제조하거나 순수한 오메가-3 지방산을 얻거나 폴리페놀 등을 추출하여 건강기능식품의 원료로 사용하고 있다.

초임계추출법은 유기용매와 달리 잔류물에 대한 우려가 없으며, 압력과 온도의 조절로 원하는 성분만 추출이 가능하고, 비교적 낮은 온도에서 진행되므로 향미나 비타민 등 열에 약한 성분의 파괴가 최소화되는 장점이 있다. 하지만 설비 비용이 매우 높고 고압 조건에서만 가능하므로 산업적 안전관리가 필요하다는 단점도 있다.

8. 흡착

흡착은 기체 또는 액체를 다공질 또는 이온 교환능력을 가진 고체에 접촉시킬 때, 기체 또는 액체 중의 특정한 성분이 고체에 특이적으로 결합되는 성질을 이용하여 특정 성분을 분리하는 조작이다.

흡착에 사용되는 흡착제로는 활성탄, 산성백토, 실리카겔, 골탄, 이온교환수지 등이 있다. 활성탄은 다공질로 되어 있어 내부 표면적이 크므로 유지나 물, 수용액의 탈색과 정제에 널리 이용되고 있다. 숯이 탈취와 탈색의 목적으로 생활에서 사용되고 있는 것은 활성탄 흡착의 한 예라고 할 수 있다. 산성백토는 염화알루미늄이 주성분으로 유지의 탈색과 탈취에 이용되고, 실리카겔은 다공성의 망상구조를 가지므로 공기 중의 수분 제거에 매우 효과적이어서 가공식품의 제습제로 많이 활용되고 있다. 골탄은 인산칼슘이 주성분으로 수용액의 탈색에 이용된다. 이온교환수지는 이온성 물질을 선택적으로 결합할 수 있는 도구로 음이온을 흡착하는 것을 음이온 교환수지, 양이온을 흡착하는 것을 양이온 교환수지라 한다. 염류나 이온성 화합물의 분리에 의한 물과 수용액의 정제에 이용된다.

TIP & NOTE 숯의 활용

숯은 우리 주변에서 볼 수 있는 대표적인 활성탄소이다. 냉장고 속 음식 냄새 탈취나 집안 공기의 정화 등을 위해 가정에서 흔히 숯을 활용하는 것을 볼 수 있다.

조상들도 숯을 활성탄소로서 생활 속에서 활용해 왔는데, 아기가 태어났을 때 아기의 성별과 상관없이 대문 앞에 숯을 매단 금줄을 걸었던 것은 숯의 강한 흡착력과 환원력이 해로운 미생물로부터 산모와 아기를 보호할 수 있다고 믿었기 때문이다. 또한 장을 담글 때에도 숯을 넣어 세균과 오염물질을 제거했다.

9. 압착

식품공업에서 압착(expression)은 식물성 유지의 착유, 치즈 제조, 과일에서 주스의 착즙 등에 널리 이용되는 방법으로, 고체에 압축력을 가해 액체 성분을 짜내는 조작이다. 압착기는 압축력을 주는 기계장치와 액체 성분을 잔류 고체 성분에서 분리하는 여과장치로 구성되어 있다. 회분식의 유압식 압착기와 연속식인 스크루식 압착기(그림 3-12)는 착유 및 과일주스에 널리 사용되고, 연속식 롤러압착기는 사탕수수에서 원당액을 추출하는 데 사용된다.

10. 성형

성형(forming, moulding)은 여러 가지 방법으로 원료의 모양을 바꾸어 가공 식품의 최종 모양과 형태를 만드는 조작이다. 성형방법에는 주조성형, 압출성형, 응괴성형과 과립성형 등이 있다.

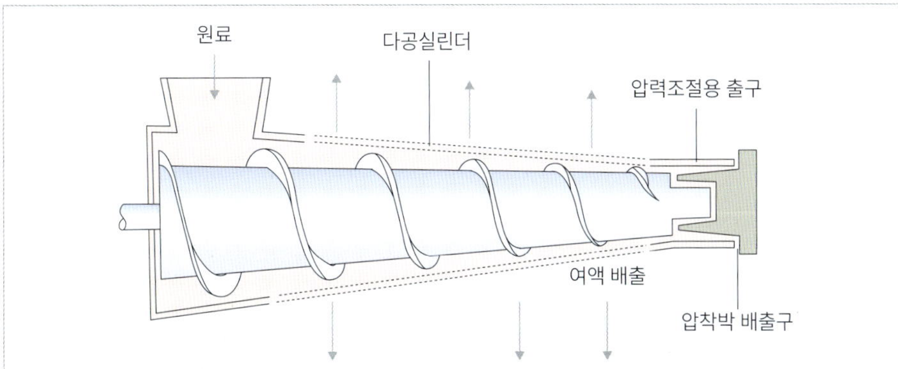

그림 3-12 스크루식 압착기

1) 주조성형

약과, 쿠키, 빙과와 같이 일정한 모양의 틀에 식품 원료를 담아 찍어내어 냉각 또는 가열에 의하여 굳혀서 제품을 만드는 성형을 주조성형이라 한다[그림 3-13(a)]. 병과류, 빵류, 과자류 등의 제조에 이용되고 있다. 또한 국수나 껌 등의 제품 제조에 사용되는 압연 성형은 원료를 반죽하여 2개의 회전하는 롤(roll) 사이로 통과시켜 얇게 늘리면서 면대를 만든 뒤 이를 세절하거나 압인, 압절하는 방법이다.

2) 압출성형

압출성형은 반죽, 반고체 및 액체식품을 노즐 또는 다이와 같은 작은 구멍을 통해서 강한 압력으로 밀어내어 일정한 모양을 가지게 하는 성형법이다[그림 3-13(b)]. 압출성형기는 원료를 성형하는 장치로 원료가 고속 스크류에 의하여 혼합, 전단, 가열 작용을 받아 고압, 고온 상태에서 순간적으로 점탄성 물질로 압출되므로 혼합, 가열, 팽화, 성형이 동시에 이루어진다.

압출방식에는 발열방식과 비발열방식이 있다. 비발열방식은 원료의 조직 및 물성이 변형되지 않고 성형을 주목적으로 하며, 발열방식은 전단과 마찰로 내부 온도와 압력이 높아져서 원료의 물성을 변화시키고 여러 가지 변화를 일으킨다. 압출성형은 전분질 식품의 가공, 호화전분의 제조, 효소의 불활성화, 두류의 저장성 향상, 향미 개선, 소화율 증진 등에 이용된다. 또한 전분질 곡류와 고단백질 곡류를 혼합 가공하여 고단백질 스낵 식품, 팽화 간편 식품을 제조할 수 있으며, 콩 단백질로 육고기와 같은 식감의 인조 단백질을 제조하는 데 사용된다.

3) 응괴성형

응괴성형은 이스트, 인스턴트커피, 각종 인스턴트 차, 분말주스, 조제분유 등의 제품에서 입자가 작은 분말을 응집시켜 응괴 형태로 바꾸는 방법이다. 이렇게 하면 물에 녹일 때 뜨지 않고 가라앉아 쉽게 용해된다[그림 3-13(c)].

예를 들어, 분유는 유당, 지방, 카제인 미셀과 침전된 유청 단백질들이 물에 들어가 수화될 때 서로 뭉쳐서 덩어리져 잘 용해되지 않는데, 건조물에 수분을 분무하여 끈끈하게 만든 후 다시 스펀지 같은 응괴입자로 건조하면 잘 용해된다(그림 3-14).

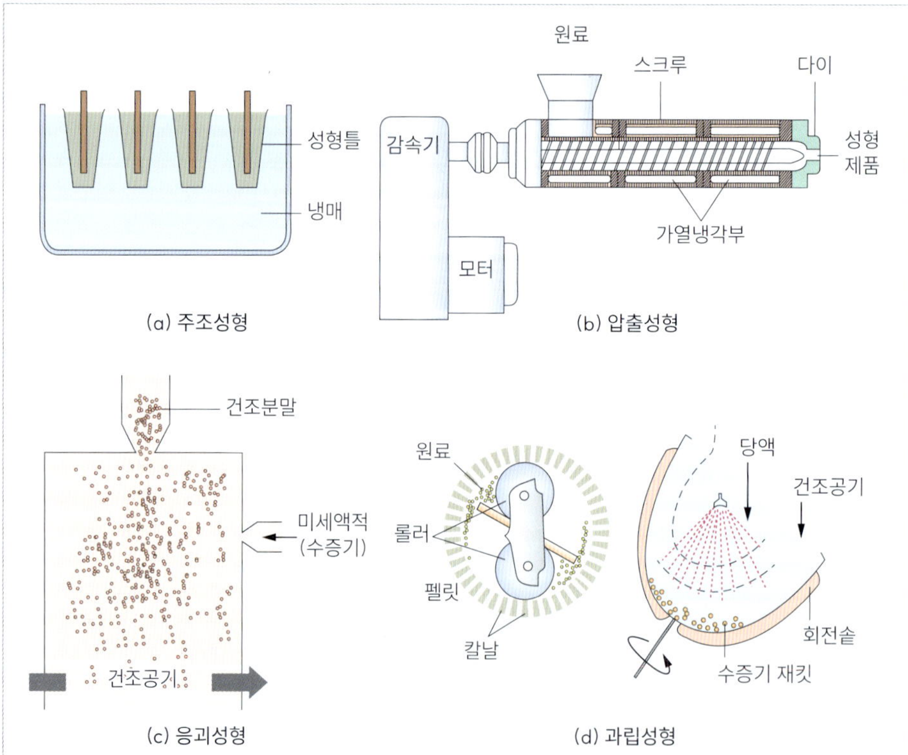

그림 3-13 여러 가지 성형장치

그림 3-14 응괴성형된 조제분유와 이스트 입자

4) 과립성형

과립성형은 젖은 상태의 분체식품이 구멍이 있는 회전드럼 속에서 회전틀에 의해 압출되어 펠릿(pellet)으로 성형되는 원리이다[그림 3-13(d)]. 최근에는 자일리톨과 같은 과립형 껌이나 초콜릿 볼, 당의정 약과 같이 표면에 당액을 분사하여 건조시키는 성형이 활용된다. 이 방식은 회전솥을 사용하여 표면에 반복적으로 당액이나 코팅제를 피복하여 차츰 크기를 키우면서 성형하는데, 이를 피복식 과립성형이라고 한다.

PART 2

FOOD PROCESSING AND PRESERVATION

식품저장 원리

CHAPTER 4 건조와 농축
CHAPTER 5 저온저장
CHAPTER 6 가열살균
CHAPTER 7 기타 저장원리

CHAPTER 4

건조와 농축

학습 목표

1. 건조의 원리와 건조곡선의 특징을 이해한다.
2. 건조에 영향을 미치는 인자와 건조 시 발생하는 이화학적 변화를 이해한다.
3. 다양한 건조방법과 건조기의 특성 및 적용 식품을 파악한다.
4. 농축의 목적과 증발농축 및 동결농축의 원리를 이해한다.
5. 건조·농축 식품의 저장 시 고려해야 할 사항을 이해한다.

1. 건조

수분은 온도와 압력 조건에 따라서 고체, 액체 및 기체의 세 가지 상태로 존재할 수 있다. 고체인 얼음이 녹아서 액체인 물이 되는 변화는 융해라고 하고, 물이 기체인 수증기로 변화하는 현상을 기화라고 한다. 이때 고체 상태에서 액체를 거치지 않고 기체로 변화되기도 하는데 이러한 현상을 승화라고 한다(그림 4-1).

수분은 미생물에 의한 식품의 부패, 효소에 의한 변질, 화학적 변화 등에 영향을 주므로 식품의 수분을 증발시키면 식품의 저장성을 높일 수 있다. 건조는 수분을 증발시키는 공정을 의미하며, 더불어 식품의 무게와 부피를 줄여 운반과 포장이 좋아지는 등의 경제적 효과도 생긴다. 또한 독특한 맛, 향, 색이 형성되어 상품 가치가 증가하는 효과도 있다.

식품 건조는 먼저 식품 내 수분이 식품의 표면으로 이동하고 표면으로 이동한 수분은 증발하게 되어 건조가 일어나게 된다. 식품 표면의 수분이 증발하고 나면 다시 식품 속에 있는 수분이 표면으로 이동하면서 연속적으로 건조가 일어나게 된다.

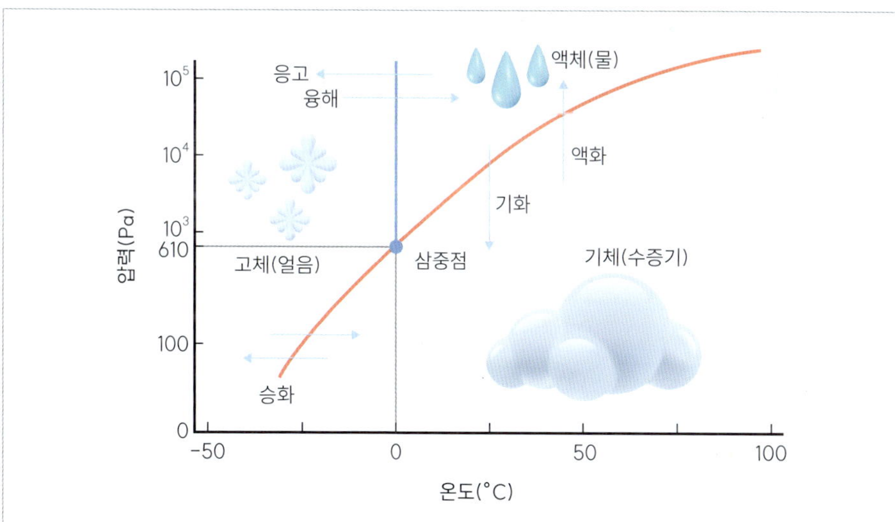

그림 4-1 물의 상태도

1) 건조곡선

식품을 건조하면 수분함량에 변화가 나타나는데, 건조에 따른 수분함량의 변화를 나타낸 곡선을 건조곡선이라 한다. 건조곡선은 수분함량과 건조시간으로 표현하는 경우가 일반적이며, 건조속도와 건조시간의 관계로 표시하기도 한다.

건조곡선은 몇 개의 구간으로 구분할 수 있다. 처음 건조 시 식품의 온도가 상승하는 구간(AB)을 '예열기간'이라 하고, 이후 식품 표면의 수분이 증발하는 단계인 구간 BC는 '항률건조기간'이라 한다. 마지막 세 번째 단계는 구간 CD로, '감률건조기간(감속건조기)'이라 부르며, 이 기간에서는 표면 수분이 모두 증발하고 식품 내부에 있는 수분이 표면으로 이동하는 속도가 감소하여 표면이 건조되는 기간이다.

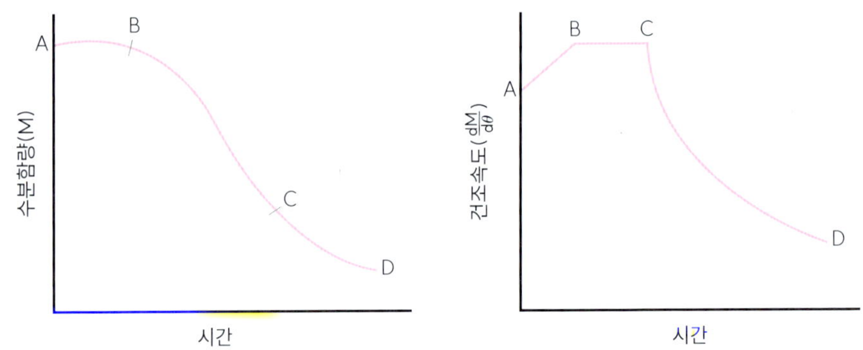

(a) 수분함량 변화곡선　　(b) 건조속도 변화곡선

그림 4-2 건조곡선

2) 건조에 영향을 미치는 인자

식품의 건조는 아래와 같은 인자들에 의해 영향을 받는다.

(1) 식품의 표면적

표면증발속도는 식품의 표면적에 비례하며, 내부확산속도는 식품 두께의 제곱에 반비례한다. 따라서 두께가 얇고 표면적이 넓은 것이 건조에 유리하다.

(2) 식품의 성질

식품 내에 존재하는 성분과 성질에 따라 건조속도가 달라진다. 지방 등을 함유하고 있는 식품의 경우 건조속도가 상대적으로 느리고, 다공성 구조로 되어 있는 경우 건조속도가 상당히 빠르다.

(3) 공기

공기의 흐름이 빠를수록, 온도가 높을수록 건조속도가 증가한다. 그러나 온도가 높아질수록 품질이 저하될 가능성이 높아진다.

(4) 습도

습도가 낮을수록 건조속도는 증가한다. 반대로 습도가 높으면 수분의 증발이 억제되어 건조속도가 현저히 떨어진다.

3) 건조에 의한 이화학적 변화

(1) 물리적 변화

수용성 물질의 이동 식품 내부의 수분이 표면으로 이동할 때 수부에 녹아 있던 용질도 함께 이동하는 현상이 나타난다.

수축현상 식품이 건조되면 수분이 차지했던 부피만큼 수축현상이 생기게 된다.

표면경화 표면경화는 내부에서 표면으로의 확산속도보다 식품 표면에서의 증발속도가 더 클 때 내부의 수용성 물질이 표면으로 이동하며, 표면으로 이동하는 모세관이 막혀 표면에 단단한 막이 생기는 현상이다(그림 4-3).

표면경화가 발생하면 건조속도가 현저히 떨어지고 중단되기도 하는데, 이러한 표면경화 현상은 당류 또는 용질의 농도가 높은 식품에서 심하게 발생한다. 표면경화 현상은 초기 건조속도를 높이고, 후기에서는 건조온도를 낮추고 상대습도를 높이면 내부 수분 확산을 촉진하고, 표면증발을 늦춰 억제할 수 있다.

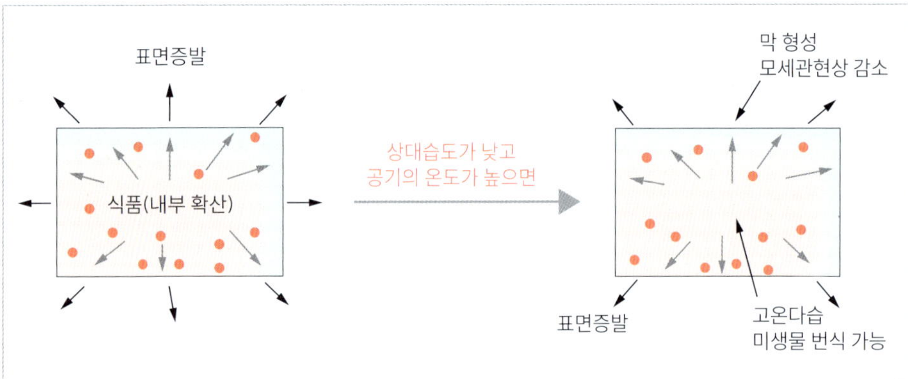

그림 4-3 표면피막경화

성분의 석출 건조 중 수분과 함께 녹아 있던 용질이 식품 표면으로 이동하여, 식품의 표면에 성분이 석출되면서 흰 가루가 관찰되는 경우가 있다. 대표적인 예로, 말린 미역과 다시마 등의 만니톨, 마른 오징어와 전복 등의 타우린 등이 있다.

(2) 화학적 변화

갈변현상 갈변은 수분함량이 1~30%일 때 일어나므로, 식품의 수분함량이 낮은 건조 후기에 심하게 발생한다. 따라서 건조 후기의 온도를 낮추면 갈변을 어느 정도 감소시킬 수 있다.

영양가의 변화 식품이 건조되면 수분함량이 낮아져 상대적으로 영양소의 함량이 증가한다. 그러나 대부분의 영양소는 건조과정 중에 손실되며, 특히 비타민의 손실이 크다. 그러나 동결건조의 경우 고열을 적용하지 않으므로 상대적으로 영양소의 손실이 적다.

단백질의 변성 식품의 수분이 감소함에 따라 단백질들 사이에 결합이 형성되면서 단단한 덩어리가 형성될 수 있다. 또한 수분이 적은 식품은 고온에서 단백질 변성이 일어나 조직감, 보수력, 용해성, 거품성, 수축성 등이 떨어진다.

지방의 산패 고온 건조한 식품에서는 유지가 산패되어 산패취 등의 이취와 떫은맛 등의 이미가 발생할 수 있다. 따라서 건조 시 항산화제를 이용하면 산패를 억제할 수 있다.

4) 건조방법 및 건조기

식품의 건조방법은 크게 자연건조법과 인공건조법으로 나뉜다. 자연건조법은 천일건조, 자연동결건조 등이 있으며, 인공건조법에는 가압건조와 상압건조 그리고 진공건조가 있다. 식품의 건조방식은 식품의 종류나 성상(고체, 분체, 액체), 처리량, 열감수성 등에 따라 달라진다.

(1) 천일건조

천일건조는 태양열이나 바람과 같이 자연조건을 이용하여 건조시키는 방법으로 특별한 설비나 기술을 필요로 하지 않는다. 따라서 경비가 적게 들어 경제적으로 효율적이지만 날씨 등에 의해 영향을 받으며 건조시간이 길고 비위생적이라는 단점이 있다.

(2) 자연동결건조

자연동결건조는 겨울철의 낮은 기온을 이용하여 온도가 0°C 이하로 떨어질 때는 식품 중의 수분이 얼었다가, 다시 온도가 상승하면 녹으면서 동시에 수분이 조금씩 증발하는 현상을 이용한 건조방법이다. 자연동결건조를 이용한 대표적인 식품으로는 한천이나 마른 명태 등이 있다.

(3) 열풍건조

열풍건조는 식품에 열풍을 접촉시켜 건조하는 방법으로 킬른 건조기, 캐비닛 건조기, 터널 건조기, 컨베이어 벨트 건조기, 부상식 건조기, 기송식 건조기, 분무 건조기 등이 있다.

킬른 건조기와 캐비닛 건조기 킬른 건조기(kiln drier)와 캐비닛 건조기(tray drier, cabinet drier)는 그림 4-4와 같이 그 구조가 간단하여 시설비와 운용비가 적게 들며, 사용방법도 간단하다는 장점이 있다. 그러나 자연 순환 상태로 조작하면 위치에 따른 온도차가 크므로 공기 순환팬을 설치하여 이용하는 것이 좋다. 소량건조에 주로 사용되며, 실험건조용으로도 적합하다.

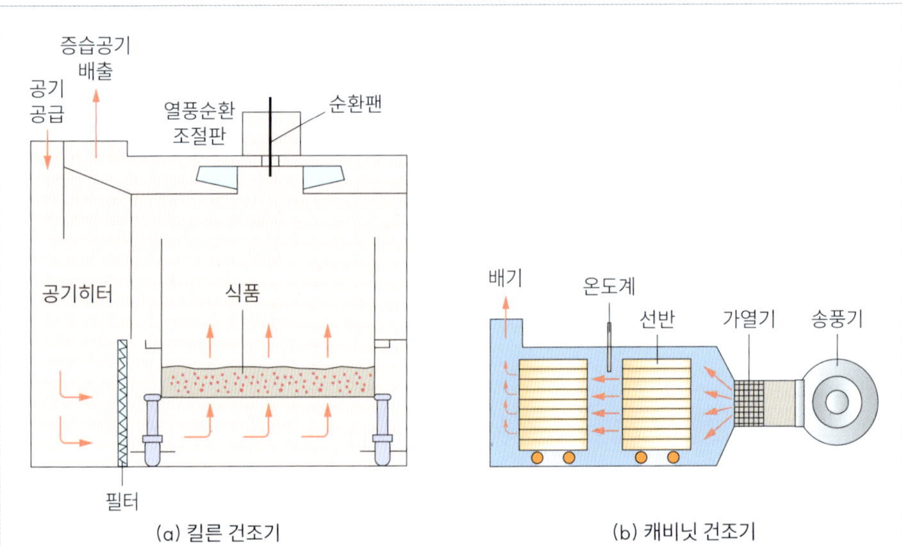

그림 4-4 킬른 건조기와 캐비닛 건조기

터널 건조기 터널 건조기(tunnel drier)는 긴 터널형 구조로 되어 있어 다량의 식품을 건조하는 데 적합하며, 연속적인 건조를 할 수 있다는 장점이 있다. 터널 건조기는 열풍의 방향과 식품의 이동 방향이 같은 병류식 터널 건조기와, 반대 방향인 향류식 터널 건조기로 나뉜다.

- 병류식 터널 건조기(cocurrent tunnel drier)는 초기 건조속도가 빠른 장점이 있다. 초기에 건조한 열풍으로 일찍 표면의 형태가 고정되므로 건조에 의한 수축이 억제되어 밀도가 낮은 건조제품을 얻을 수 있다. 건조 말기에는 저온 다습한 공기와 접촉하게 되므로 건조속도가 느려져 최종 수분함량이 낮은 제품을 얻기는 어렵다.
- 향류식 터널 건조기(countercurrent tunnel drier)는 초기 건조속도는 낮지만 건조효율이 높은 장점이 있다. 초기 건조속도가 낮아 수축이 계속되어 밀도가 높은 건조제품이 되므로, 미생물에 의한 변질이 일어나기 쉽다. 그러나 건조 말기에는 고온 건조한 열풍과 접촉하게 되므로 최종 수분함량이 낮은 제품을 얻을 수 있다.

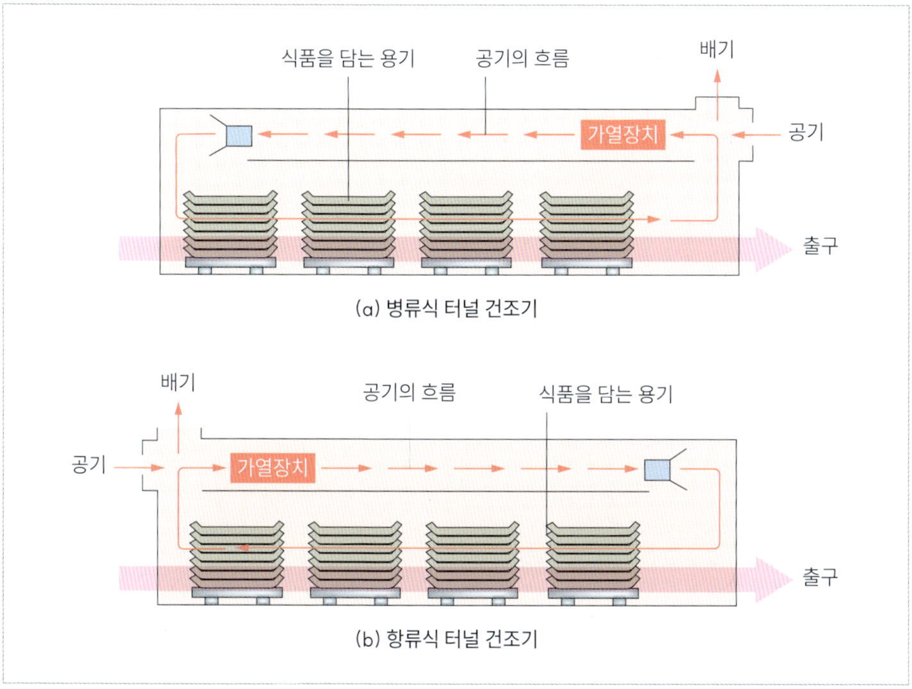

그림 4-5 터널 건조기

컨베이어 벨트 건조기 컨베이어 벨트 건조기(conveyor belt drier)는 터널 건조기와 비슷하나 건조식품의 이동에 금속망 또는 구멍 뚫린 금속판 컨베이어 벨트를 이용한다. 건조속도가 빠르며, 사용되는 범위가 넓어 과일, 채소, 건조만두, 한천, 과자 등의 건조에 이용되고 있다.

부상식 건조기 부상식 건조기(fluidized bed drier)는 식품의 아래쪽으로부터 열풍을 불어 올려주어 부력에 의해 식품이 위로 뜨게 하여 재료와 열풍의 접촉을 향상시킨 건조기로, 부유식 혹은 유동층식 건조기라고도 한다. 곡물이나 분말 상태의 식품건조에 적합하며 건조속도가 빠르고 균일하게 건조되는 장점이 있다. 그러나 열풍에 의해 미세입자의 손실이 발생할 수 있으므로, 사이클론을 설치하여 회수할 수 있게 한다. 사이클론은 공기와 제품의 밀도차를 이용한 분리장치로, 공기를 회전시켜 발생한 원심력에 의해 분말 제품이 사이클론 벽에 부딪쳐 아래로 떨어진 뒤 배출구를 통해 분리되는 장치이다.

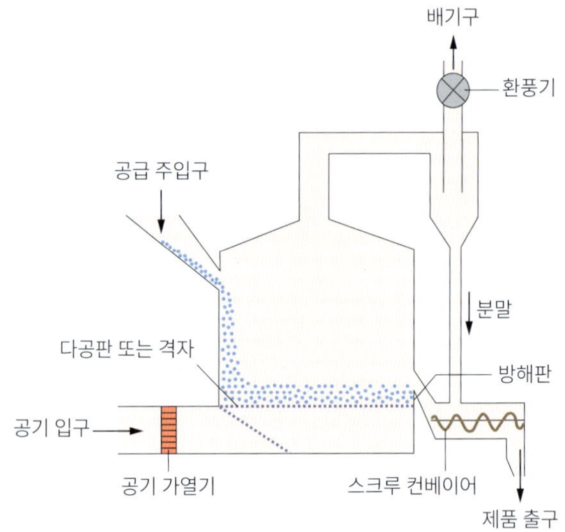

그림 4-6 부상식 건조기

기송식 건조기 기송식 건조기(pneumatic drier, air lift drier)는 식품을 속도가 빠른 열풍 흐름에 투입하여 식품을 열풍과 함께 이동하면서 건조하는 방법이다. 입자 상태의 원료에 적합하고 건조 표면적이 커서 건조속도가 빠르며 균일한 건조제품을 얻을 수 있다. 또한 제품을 건조하면서 동시에 운송할 수 있다는 장점을 갖는다.

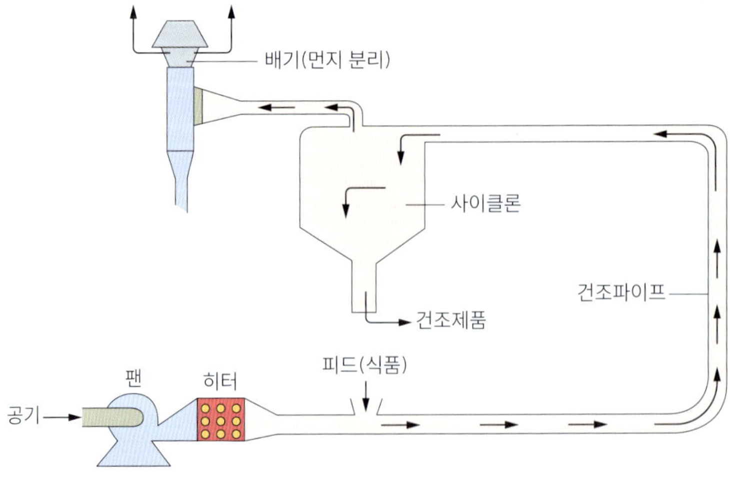

그림 4-7 기송식 건조기

분무 건조기 분무 건조기(spray drier)는 열풍을 이용한 건조방법 중 연속식 건조방식이다. 미세한 액체 입자를 분무하여 열풍과 접촉시켜 순간적으로(1~10초) 건조하므로, 건조시간이 짧아 열변성이 적다는 장점이 있다. 분무 건조 역시 열풍과 식품의 이동 방향에 따라 병류식과 향류식이 가능하다. 제품이 분말 형태라서 손실이 발생할 수 있으므로, 이 경우에도 사이클론을 설치해 제품을 분리하도록 한다.

분무 건조는 분유, 인스턴트커피, 홍차, 달걀, 과일주스, 분말 물엿, 분말 유아식품 등 액상에서 건조분말을 제조할 때 가장 널리 사용하는 방법이다. 또한 단위시간당 제품생산량이 많은 장점도 있다.

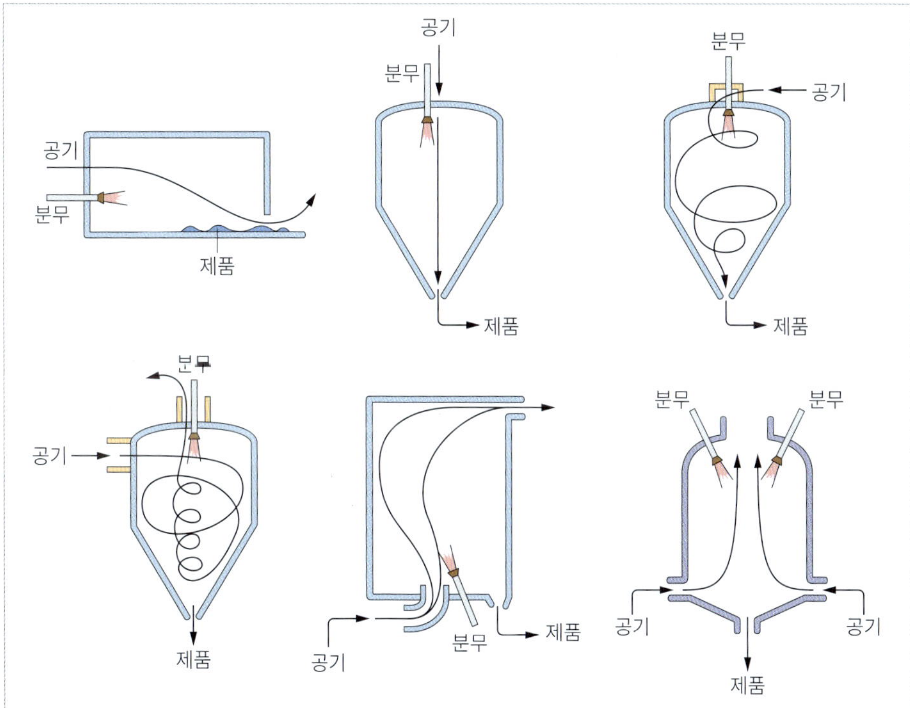

그림 4-8 여러 가지 분무 건조기

(4) 드럼 건조기

드럼 건조기(drum drier)는 회전하는 가열된 원통의 표면에 액체, 퓌레, 페이스트, 반고체형 원료 등을 얇은 피막의 형태로 도포하여 건조하는 장치로, '막 건조', 혹은 '필름 건조'라고 한다. 드럼 건조기는 분무건조를 이용하기에 입자가 너무 큰 경우에 적합하다. 주로 호화 전분, 수프, 유아식품, 효모, 매시드 포테이토, 가용성 전분, 글루텐 등에 이용된다.

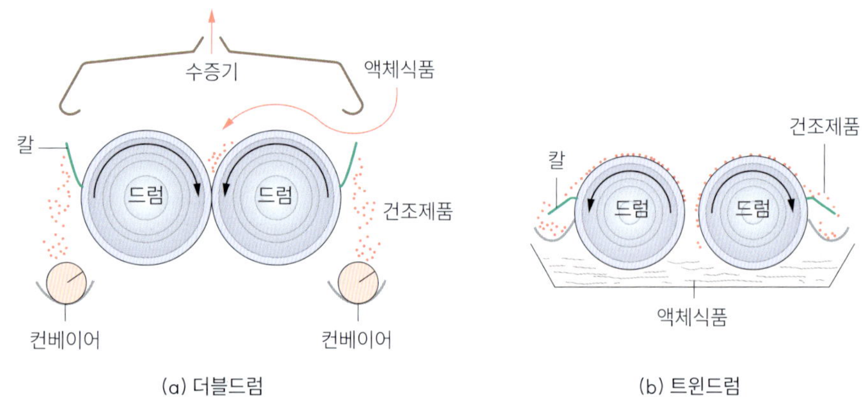

그림 4-9 드럼 건조기

(5) 진공 건조기

진공 건조기(vacuum drier)는 밀폐된 용기 내의 압력을 저압이나 진공 상태로 유지하면서 저온에서 건조하는 방법으로, 열변성이 적게 일어나는 장점이 있다. 동결 건조에 비해서는 시설비가 적지만, 다른 건조기에 비해 시설비가 높다는 단점이 있다. 당이나 산 함량이 높아 가열로 품질 변화가 큰 물엿, 연유, 오렌지 과즙, 토마토 퓌레 등에 사용된다.

(6) 동결 건조기

동결 건조기(freeze drier)는 낮은 압력에서 고체인 얼음이 기체인 수증기로 승화되는 현상을 이용하여 식품을 건조하는 방법이다. 고온을 적용하지 않으므로 열에 의한 변성이 적은 건조방법으로 열에 민감한 액체 또는 고체 식품의 건조에 이용된다. 식품 중 수분을 동결한 뒤 제거하므로 얼음이 있던 부분이 다공성 구조가 되며 가벼운 제품이 되고 물에 넣거나 용해했을 때 복원성이 좋은 제품이 된다. 또한 모양과 크기가 동결 전과 같은 상태를 유지하고, 비타민과 향기 성분의 손실이 적고 열에 의한 단백질 변성, 산화 및 화학반응이 거의 일어나지 않으며, 수축현상·가용성 성분의 이동·표면경화 현상이 일어나지 않는다는 장점이 있다. 그러나 시설비가 매우 높아 육류, 버섯 등 고가 식품이나 커피, 홍차, 과일, 천연조미료 등 향미가 중요한 식품에 주로 사용된다.

5) 건조식품의 저장

건조식품은 저장 중 수분을 흡습하여 식품의 색이나 향미가 변할 가능성이 있으며, 또한 미생물 번식과 효소의 작용이 활발해져 품질의 변화가 생길 수 있다. 동결 건조식품의 경우에는 다공성 구조로 흡습성이 더욱 크고 복원성이 저하되며, 지방함량이 많은 식품은 건조 상태에서 산패 가능성도 높으므로, 건조식품은 건조 후 포장 및 저장이 매우 중요하다. 따라서 건조 후에는 진공포장하거나 산소흡수제, 탈산소제를 함께 밀봉하고 질소가스로 치환하여 포장하는 것이 바람직하다. 또한 흡습을 방지하기 위해 수분이 투과되지 않는 밀봉 가능한 포장재를 사용하고, 건조제(염화칼슘, 오산화인, 실리카겔 등)를 함께 포장하는 것이 좋다.

2. 농축

농축은 용액으로부터 용매를 제거하여 용액 중에 용질의 농도를 높이는 조작을 의미하며, 최종 제품의 상태는 여전히 액체이다. 일반적으로 농축은 용매를 제거하는 방식에 따라 증발농축과 냉동농축으로 나뉜다. 증발농축은 가열을 통해 용매를 증발시키는 방법이고, 냉동농축은 용액을 냉동시켜 생성된 얼음을 제거함으로써 농도를 높이는 방법이다. 연유, 가당 연유, 농축 과즙 등이 대표적 농축 제품이다.

1) 농축 목적

- 건조공정에 앞서 용질 성분을 분리하기 위한 전처리 공정으로 사용된다.
- 잼과 같이 농축에 의해 새로운 물성과 풍미가 부여되어 상품 가치가 높아진다.
- 수분함량과 수분활성도가 낮아지므로, 제품의 보존성이 높아진다.
- 부피가 작아져 상품의 저장과 수송이 편리해진다.

2) 농축방법

(1) 증발농축

태양열 농축 태양열을 이용한 농축방법으로, 염전에서 소금을 분리하는 것이 대표적 예이다. 태양열 농축은 속도가 매우 느리고, 제한적이라는 단점이 있다.

오픈케틀 오픈케틀(open kettles) 방식은 구조가 간단하여 시설비가 저렴하고, 소량의 식품을 농축하는 데 적합한 방식이다. 그러나 증발속도가 낮고, 고온에서 장시간 가열되므로 열변성이 크다는 단점이 있다. 젤리, 잼, 액상 농축 수프 제조에 이용되며, 대표적 예로 메이플 시럽을 들 수 있다. 메이플 시럽은 장시간 가열공정을 통해 제조되므로, 캐러멜화에 의해 갈변이 일어나고 더불어 독특한 향미를 갖게 된다.

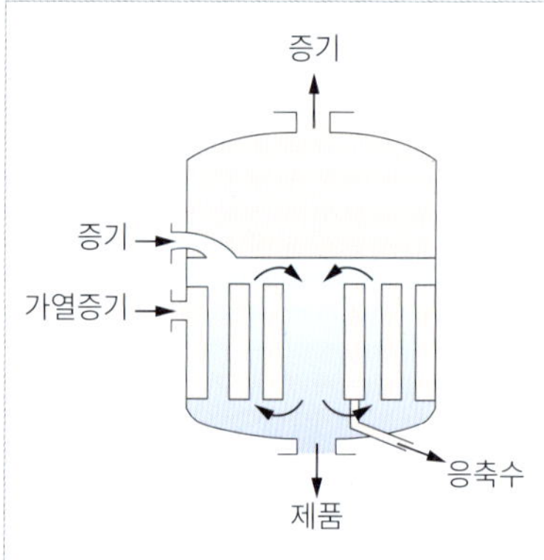

그림 4-10 오픈케틀

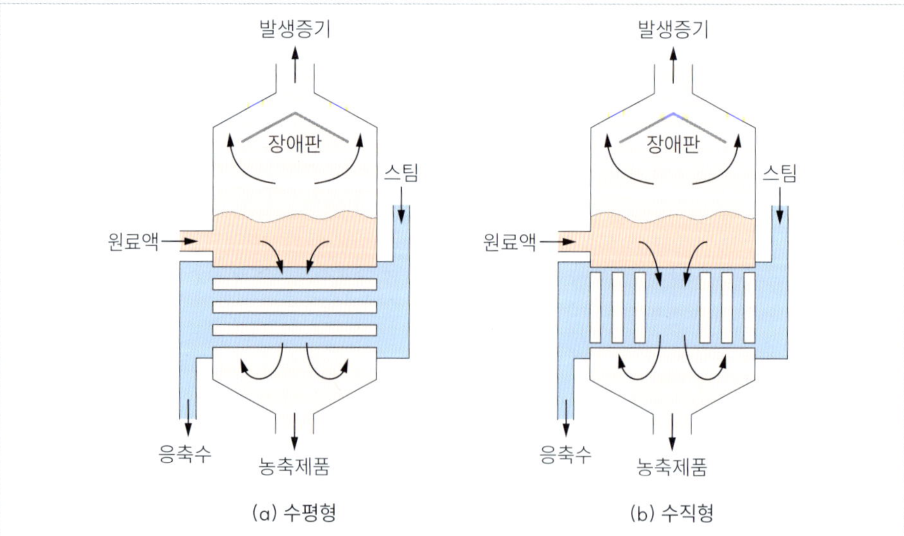

그림 4-11 단관형 농축기

단관형 농축기 단관형 농축기는 농축장치의 가장 대표적인 형태이다. 관에 원료액을 넣어 가열하면 대류에 의해 원료가 순환하고 끓으면서 증기가 발생하며, 발생된 증기는 증기배출구를 통해 배출된다. 이때 원료의 가열매체로 수증기가 사용된다. 이 농축방법은 중간 정도의 점도를 가진 액체의 농축에 주로 이용된다.

(2) 동결농축

동결농축은 용액을 냉동시켜 생성된 얼음을 제거하여 농축하는 방법이다. 동결농축(freeze concentration) 장치는 동결기에서 얼음결정을 형성시키고, 탱크에서 교반 후 원심 분리기를 이용해 얼음을 분리하여 농축액을 만든다. 동결농축은 저온 조작이므로 미생물 오염과 품질 열화를 방지할 수 있고, 휘발성 성분의 손실을 억제하여 고품질 제품으로 농축할 수 있다는 장점이 있다. 그러나 시설비와 조작 비용이 높기 때문에 오렌지주스와 같이 향미와 비타민이 중요한 과즙농축에 주로 사용된다.

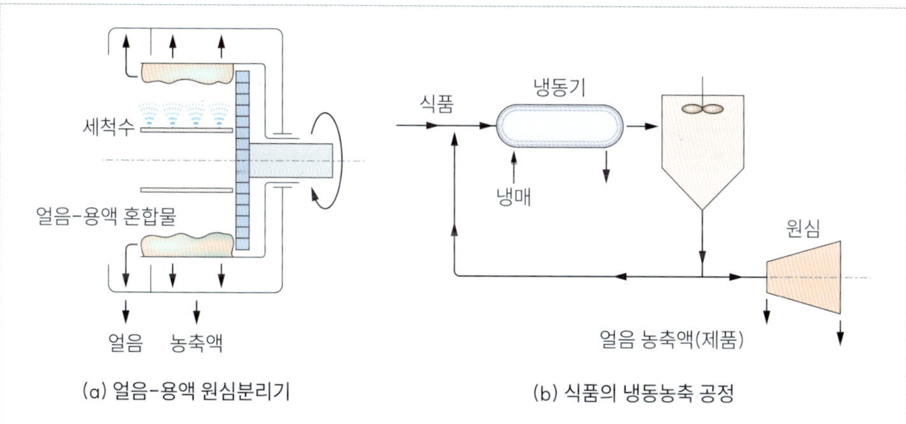

그림 4-12 동결농축 장치

CHAPTER 5

저온저장

학습 목표

1. 저온저장의 원리와 냉장·빙온·동결의 특징을 이해한다.
2. 냉장저장 방법과 품질 변화 요인을 설명할 수 있다.
3. 동결의 원리와 급속·완만동결의 차이를 비교한다.
4. 주요 냉동방법의 특성과 활용을 설명한다.
5. 저장 중 품질 변화와 해동방법을 이해한다.

1. 저온저장의 원리와 종류

저온저장은 식품을 저온에 보관하여 식품의 품질 열화를 방지하는 저장방법이다. 저온저장은 온도 범위에 따라 냉장저장과 동결저장으로 나눌 수 있다. 냉장저장은 빙결점 이상의 온도에서 10℃ 이내의 범위에서 저장하는 것을 의미하며, 이 중 −2~2℃에서 저장하는 것은 '빙온저장'이라고 부른다. 동결저장은 빙결점 이하, 보통 −18℃ 이하의 저장을 의미한다.

식품의 저온저장은 다음과 같은 효과를 얻을 수 있다.

첫째, 미생물의 생육을 억제할 수 있다. 미생물은 생육온도에 따라 호열성(35~55℃), 중온성(10~40℃), 저온성(−5~15℃)으로 나눌 수 있으며, 저온저장을 하면 호열성·중온성 미생물의 생육을 억제할 수 있다. 또한 −10℃ 이하에서는 저온성 미생물도 번식하지 않으므로, 미생물 생육에 따른 식품의 부패와 변질을 방지할 수 있다.

둘째, 저온에서는 효소 활성이 낮아져 수확 후 호흡·증산·발근 및 발아 등의 대사작용을 억제할 수 있다.

셋째, 갈변반응·지방 산화·영양가 손실 등의 반응속도가 저하되므로 식품의 품질 저하를 막을 수 있다.

그러나 저온저장법은 미생물의 번식이나 식품의 화학반응속도를 늦추는 효과는 있으나, 살균효과는 없으므로 가열이나 통조림법 같은 가공·저장의 효과는 없다. 표 5-1은 저장온도에 따른 식품의 저장기간을 나타낸 것이다.

저온 상태를 만드는 방법에는 첫째, 얼음이 녹을 때 열을 흡수하는 융해잠열을 이용하는 방법, 둘째, 액체 암모니아가 1기압, −33℃에서 기화할 때 kg당 326kcal의 열을 흡수하는 증발잠열을 이용하는 방법이 있다. 이때 열을 흡수하여 온도를 내리는 물질을 '냉매'라 하며, 냉매에는 암모니아 가스, 프레온 가스, 염화메틸, 탄산가스 등이 주로 사용된다.

냉매의 조건은 첫째, 액화할 수 있어야 하며, 둘째, 독성이 적고 기포성이나 연소성이 없어야 하며, 셋째 금속에 대한 부식성이 없어야 한다.

냉동장치 내에서 냉매는 압축→액화→기화→압축의 순서로 순환하며, 이를 냉동 사이클이라 한다. 압력이 내려갈 때 냉매가 기화잠열을 흡수하므로 저온을 얻을 수 있다.

표 5-1 저장온도에 따른 식품의 저장기간(일)

식품	0℃	22℃	38℃
육류	6~10	1	1 이하
어류	2~7	1	1 이하
가금류	5~18	1	1 이하
건조육과 생선	1,000 이상	350 이상	100 이상
과일	2~180	1~20	1~7
건조과일	1,000 이상	350 이상	100 이상
잎채소	3~20	1~7	1~3
건조씨앗	1,000 이상	350 이상	100 이상

2. 냉장법

1) 냉장저장의 원리

냉장저장법은 식품을 0~10℃로 저장하며 미생물의 생육을 억제하여 저장성을 얻는 방법이다. 따라서 장기간 저장은 곤란하며, 주로 과일과 채소류 저장에 이용하고 육류 및 어패류는 단기간 저장 시에만 이용한다.

그러나 열대나 아열대 작물인 바나나, 고구마 등은 저온에서 냉해를 일으켜 오히려 품질이 저하되므로, 10℃ 이상의 온도에서 저장하는 것이 바람직하다. 또한 일부 식품은 어는점보다 낮은 온도에서 저장할 경우 얼음 결정이 세포 조직을 파괴하여 변질될 수 있다.

냉장저장 기간을 최대로 유지하려면 온도와 함께 상대습도를 조절해야 한다. 보통 냉해에 약한 과채류는 10℃, 85~90%의 상대습도에서 보관하는 것이 바람직하며, 냉해에 크게 영향을 받지 않는 과채류는 동결점보다 약간 높은 0℃ 부근에서 90%의 상대습도를 유지하여 저장한다.

또한 저온창고를 이용하여 여러 식품을 함께 저장할 경우 어류·양파와 같이 냄새가 있는 식품은 버터 등 냄새를 쉽게 흡수하는 제품과 함께 저장하지 않는 것이 바람직하다.

2) 냉장저장방법

(1) 빙장법

빙장법(icing)은 융해잠열을 이용하여 저온 상태를 만들어 저장하는 방법으로, 식품을 가루 얼음에 넣거나 얼음물에 담가 저장한다. 주로 어류의 단기저장이나 수송에 많이 이용된다.

빙장법은 저온 유지를 위해 특별한 기계나 기구가 필요하지 않고 간편하다. 또한 냉각이 빠르며, 식품이 얼음으로 덮여 있어 식품 표면의 건조를 막을 수 있다. 그러나 자가 소화나 세균의 작용을 완전히 억제할 수 없으므로 단기간 보존에만 쓸 수 있다. 또한 얼음을 사용하므로 부피나 무게가 늘어나고, 얼음이 녹으면 새로운 얼음을 보충해야 하며, 얼음이 무거워 식품이 손상될 수도 있다는 단점이 있다.

얼음은 어종, 크기, 저장 기간에 따라 달라진다. 또한 필요한 저장온도에 따라 얼음을 만드는 방법을 달리한다. 0℃ 이하의 저장온도가 필요한 경우에는 얼음에 소금 등의 염을 함께 얼린 염수빙을 사용한다. 포화식염수를 얼린 얼음은 녹는점이 −21.2℃까지 낮아지는데, 이를 '공융빙(eutectic ice)'이라 한다.

얼음 대신 드라이아이스를 사용하기도 하는데, 드라이아이스는 기화할 때 152kcal/kg의 열을 흡수한다. 따라서 얼음의 융해잠열(80kcal/kg)과 비교하면 냉각력이 약 2배 크다. 또한 드라이아이스는 −80℃에 가까운 저온을 얻을 수 있으며, 녹으면 액화가 되는 것이 아니라 바로 기화한다는 장점이 있다. 더불어 기화 시 생성된 CO_2 가스는 세균 억제효과가 있어 식품의 보존성을 높여준다.

(2) 냉장고 사용

냉장고는 가정에서 가장 흔하게 사용하는 식품저장방법이다. 냉장고는 냉기가 나오는 안쪽의 온도가 낮고, 여닫는 문 쪽은 온도가 높으므로 재료 특성에 맞게 보관하는 것이 좋다. 대부분의 가정에서 사용하는 식품은 냉장보관이 바람직하나 감자와 고구마 등은 냉장보관 시 오히려 맛이 저하되므로 적합하지 않다. 또한 바나나는 냉장보관 시 껍질이 검게 변한다. 식빵은 냉장보관 시 노화가 빨리 진행되므로 냉동보관하는 것이 바람직하다. 냉장고는 다양한 음식을 보관하므로 불쾌한 냄새가 생길 수 있어, 사용 시 자주 닦아주는 것이 필요하다.

(3) 빙온저장법

빙온저장은 수분이 어는 온도에 가깝게 저장하는 방법으로, '반동결 저장'이라고도 한다. 주로 육류와 어패류 저장에 이용되는 방법으로, 과채류보다 더 낮은 온도에서 저장해야 하는 이들 식품의 특성에 적합하다. 빙온저장은 동결이 아니므로, 동결된 식품의 해동 시 나타나는 품질 저하가 나타나지 않는다는 장점이 있다.

3) 냉장저장 중 품질의 변화

(1) 생물학적 변화

저온장해 열대나 아열대 지방이 원산지인 채소와 과일은 냉장저장 시 대사에 장해를 일으키는데, 이것을 저온장해(chilling injury)라고 한다. 이러한 대사 장해는 과피 변색, 육질의 고무화, 반점 생성 등의 형태로 나타나며, 바나나의 변색, 토마토의 연부현상 등이 그 예이다.

선도 저하 과채류는 냉장 중에도 성숙작용이 일어나 성분의 변화와 함께 식품의 선도가 떨어지고, 육류는 저온에서 자가소화작용이 너무 완만하게 진행되어 품질이 떨어진다.

미생물과 효소의 작용 냉장 중에도 미생물의 번식을 완전히 억제할 수 없으므로 장기간의 냉장은 안전하지 않다. 효소 또한 반응속도는 느리지만 어느 정도 활성을 유지하므로 주의해야 한다.

(2) 물리적 변화

수분 증발 냉장 중에도 식품 수분은 증발하여 중량 감소, 위축, 연화, 변색을 일으킨다.

전분의 노화와 단백질의 변성 조리·가공된 전분의 호화 상태는 방치하면 노화되며, 냉장 온도는 전분 노화를 촉진한다. 빙결점 이상의 저온에서 단백질은 가역적으로 변성되는데, 이는 단백질의 소수 결합이 저온에서 불안정하기 때문으로 추정된다. 또한 동결 시 효소 활성, 용해성, 점도, 겔 형성, 기포성 변화가 일어난다. 동결에 의한 변성 기구로는 빙결정에 의한 결합수 이탈, 농축된 무기염류에 의한 염석, 단백질의 상호 접근에 의한 분자 간 결합 형성 등을 들 수 있다.

(3) 화학적 변화

색과 향미의 변화 식물성 색소 대부분은 저온에서도 변화한다. 엽록소는 페오피틴으로, 카로티노이드와 안토시아닌은 산화되어 퇴색한다. 동물성 색소인 헤모글로빈도 산화되어 갈변한다.

3. 동결저장법

1) 동결의 원리

동결은 식품에 함유된 수분을 모두 동결시켜 −18℃ 이하에서 저장하는 방법이다. 동결은 미생물의 성장과 증식을 억제하고, 식품의 효소반응을 저하시켜 화학적 변화를 억제함으로써 식품의 장기저장과 가공을 가능하게 한다.

식품이 동결할 때는 먼저 수분 동결이 일어난다. 용액 동결은 용질이 녹아 있기 때문에 0℃보다 낮은 온도에서 시작한다. 완전한 동결은 식품의 자유수가 모두 어는 상태이며, 이때의 온도를 '공정점'이라 한다.

식품 동결점(빙결점)은 식품에 녹아 있는 구성 성분의 종류와 양이 다르므로 식품에 따라 달라지는데, 농도가 높을수록 동결점은 낮아진다. 식품이 냉각되어 빙결점에 이르면 얼음 결정이 생기고, 얼지 않은 수용액은 농도가 더 높아져 그 결과 빙결점은 더 내려가게 되다. 온도를 계속 낮추면 얼음 결정은 많아지게 되고 얼지 않은 수용액 농도는 더욱 높아진다. 일반적으로 식품의 공정점은 −50℃에 이른다.

2) 냉동곡선

냉동곡선은 식품을 동결시킬 때 시간에 따른 식품 내부 온도의 변화를 나타낸 곡선으로, '동결곡선'이라고도 한다. 식품을 동결하면 빙결점이 나타난다. 대부분의 식품은 −1~−5℃에서 동결이 시작되는데, 이 구간에서는 시간이 경과해도 식품 온도가 거의 내려가지 않으며, 이 기간 식품은 응고잠열을 외부로 방출한다.

식품은 빙결점에서 −5℃ 사이에 얼음결정이 가장 많이 생성되며, 이 구간을 '최대 빙결정 생성대'라고 한다. 식품은 최대 빙결정 생성대를 통과하는 속도에 따라 얼음결정의 수와 크기가 달라진다. 통과시간이 짧은 급속동결의 경우 미세한 얼음결정이 많이 생기고, 통과시간이 긴 완만동결의 경우 큰 얼음결정이 소수 생긴다.

미세한 얼음결정은 조직의 파괴가 적으나, 큰 얼음결정이 생성되는 경우 식품 조직을 손상시키고 단백질을 변성시켜 식품 품질이 저하된다.

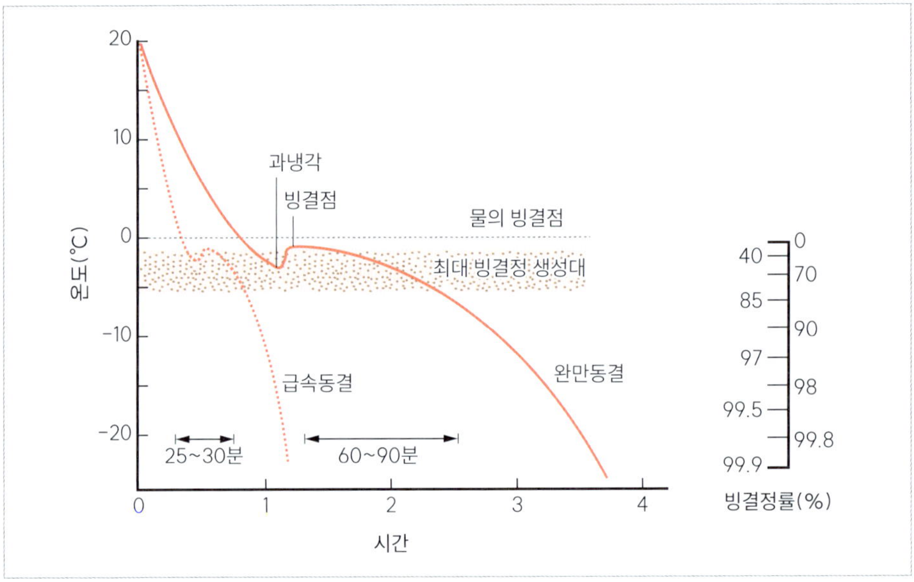

그림 5-1 식품의 동결곡선

표 5-2 급속동결과 완만동결의 차이

차이점	급속동결	완만동결
최대 빙결정 생성대 통과시간	25~35분	35분 이상
얼음결정	결정의 크기가 작고 다수 생성	결정의 크기가 크고 소수 생성
세포의 조직 영향	원형 유지 가능	조직이 파괴됨
드립	드립이 거의 없음	드립이 많음

3) 냉동방법

(1) 공기동결법

공기동결법(air freezing)에는 자연순환식 냉동법과 강제순환식 냉동법이 있다.

자연순환식 냉동법 자연순환식 냉동법은 −18~−40℃로 냉각된 냉동실에 식품을 보관해 동결하는 방법이다. 자연순환식은 냉동효율이 높지 않아 소규모로 주로 사용된다.

강제순환식 냉동법 강제순환식 냉동법은 냉각된 공기를 고속으로 불어넣어 식품을 동결시키는 방법으로, 급속동결이 가능하며 식품냉동에 가장 많이 이용된다.

(2) 침지동결법

침지동결법(brine freezing)은 저온으로 냉각된 부동액이나 염수에 식품을 침지시켜 동결하는 방법이다. 이때 사용되는 액체는 독성이 없고 점도가 낮은 것이 좋다. 침지식은 열전도가 빨라 급속냉동을 할 수 있다는 장점이 있으나, 냉매로 인해 식품이 오염될 가능성이 있으므로 방습성의 포장재로 포장하여 적용해야 한다는 단점이 있다.

(3) 심온동결법

심온동결법(cryogenic freezing)은 액체질소나 고체 이산화탄소 등을 식품에 분무하거나 침지하여 급속동결하는 방법이다. 액체질소의 경우 기화온도가 −196℃로 매우 낮아 일반 급속동결보다 동결속도가 10배 이상 빠르다는 장점이 있지만, 비용이 높다는 단점이 있다.

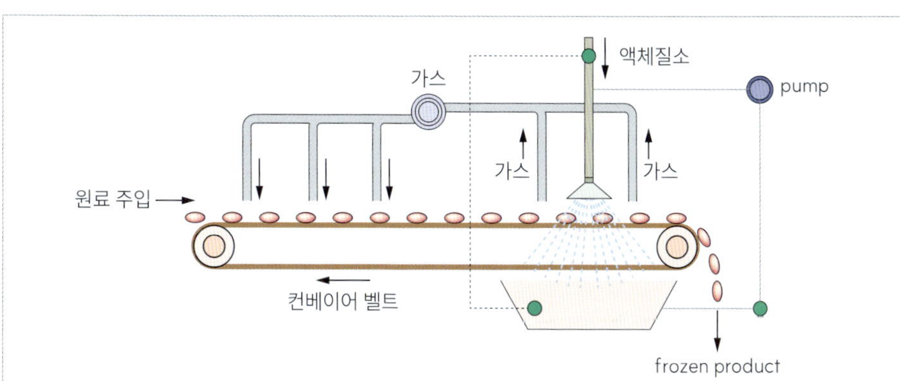

그림 5-2 액체질소를 이용한 냉동장치

(4) 접촉동결법

열전도도가 높은 금속판을 냉매로 냉각시켜 놓고, 여기에 식품을 끼워 넣어 동결시키는 방법으로 금속판접촉법이라고도 한다. 주로 아이스크림이나 수산물 동결에 주로 이용된다.

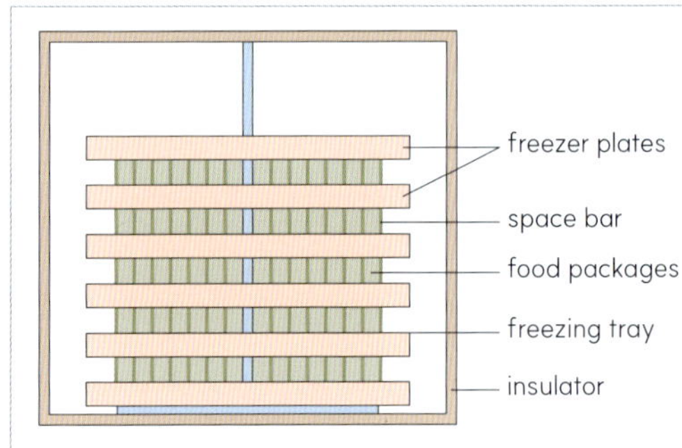

그림 5-3 접촉식 냉동기

(5) 유동층 동결법

유동층 동결법(fluidized-bed freezing)은 식품을 벨트 위에 올려 이동시키면서 냉동장치를 통과하는 동안 동결되도록 하는 장점이 있다.

(6) 프리즈 플로 저장법

동결식품은 장기간 보존할 수 있는 장점이 있으나, 반드시 해동과정이 필요한 단점이 있다. 이러한 단점을 보완하기 위해 미국의 리치사(Rich Product)가 중간 수분식품과 냉동식품을 조합한 저장법을 개발하였는데, 이를 '프리즈 플로 저장법(freeze flo storage method)'이라 한다. 프리즈 플로는 용질을 이용하여 식품 중의 자유수 함량을 낮추어 수분활성도를 감소시키므로, 미생물 생육 억제와 동시에 어는점을 낮춘 제품이다. 따라서 냉동식품과 같이 저온이나 동결되지 않는 특성을 나타내 '동결되지 않는 동결식품'으로 불린다.

4) 동결저장 중 품질의 변화

동결저장은 식품의 품질을 장기간 보존하는 데 효과적인 방법이지만, 동결 상태에서 그 품질이 영구적으로 유지되는 것은 아니다. 냉동식품의 품질은 저장 온도 및 시간에 따라 점진적인 품질의 변화가 발생한다. 이러한 품질 변화의 양상과 속도를 이해하는 데 필수적인 개념이 시간-온도 허용한도(Time Temperature Tolerance, TTT)이다.

시간-온도 허용한도는 특정 식품이 다양한 저장 온도 조건에서 허용 가능한 품질을 얼마나 오랫동안 유지할 수 있는지를 수학적으로 산출한 값이다. 이는 단순한 유통기한을 넘어, 식품이 생산된 순간부터 최종 소비자에게 도달하기까지 겪는 온도 이력이 품질에 미치는 누적 효과를 분석하는 개념이다.

특정 저장온도와 품질유지기간 관계를 나타낸 곡선을 '품질유지 특성곡선'이라 한다(그림 5-4). 예를 들어, 쇠고기의 경우 −20℃에 저장하면 약 600일간 저장할 수 있지만, −10℃에서는 90일밖에 저장되지 않는다. 냉동식품의 초기 품질을 1이라고 했을 때, 1을 품질보존기간으로 나누면 1일당 품질저하량을 구할 수 있다. 즉, 쇠고기는 −20℃에 저장하면 1일당 품질저하량이 1.0/600=0.0017이고, −10℃에 저장하면 1/90=0.0111이 된다.

동결식품의 저장 중 온도 변화는 품질을 변화시키는 요인이 된다. 동결식품을 저장할 때는 가능한 한 낮은 온도를 유지하는 것이 바람직하지만, 비용을 고려할 때 일반적으로 −18~−20℃가 바람직하다고 알려져 있다. 그러나 저장 중 저장실의 온도 변화가 발생하면 얼음결정 재결정화 현상이 일어날 수 있다.

이때 얼음이 승화되면 식품 구조가 다공성 구조가 되어 건조층이 생기고, '냉동화상 현상'이 나타날 수 있다. 이로 인해 식품에 변색이 발생하고, 향미와 영양가가 저하될 수 있다. 이러한 '냉동해'를 막기 위해서는 저장실의 상대습도를 높이고, 어류에는 빙의(ice glaze)를 입히며, 수분 분자가 투과하지 않는 재료로 포장하는 것이 바람직하다.

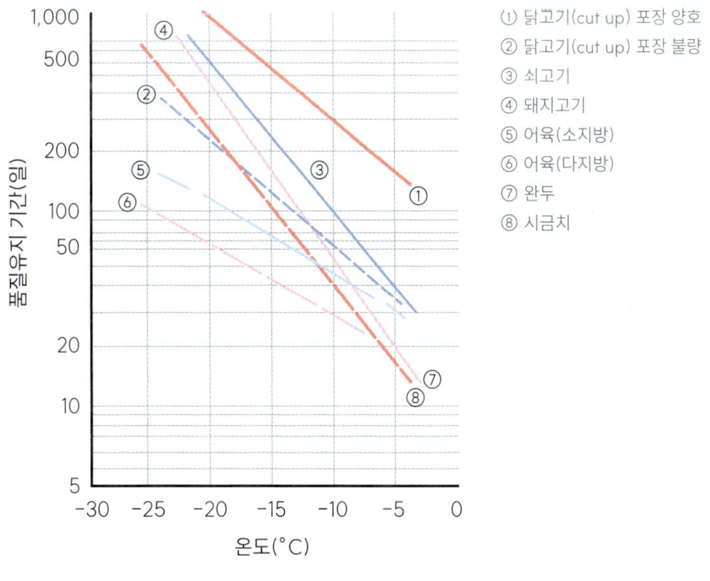

그림 5-4 냉동식품의 품질유지 특성곡선

5) 냉동식품의 해동

(1) 해동원리

해동은 냉동된 식품을 조리하거나 식용하기 위해 생성된 얼음결정을 녹이는 것을 의미한다. 냉동식품을 해동할 때는 융해잠열이 이동하게 되는데, 냉동의 경우 융해 잠열이 동결 부위를 통해 전도에 의해 공급되어야 한다.

이때 해동과정에서 생성된 물은 열전도도가 낮은 반면, 동결과정에서 생성된 얼음층은 열전달이 가속화된다. 따라서 냉동식품 해동에 소요되는 시간은 식품을 냉동시키는 데 소요된 시간보다 길다.

이러한 냉동속도와 해동속도의 차이는 수분함량이 많은 채소와 과일류에서는 현저하게 나타나지만, 수분함량이 낮은 육류의 경우에는 차이가 크지 않다.

(2) 해동방법

해동방법에는 송풍해동, 접촉해동, 전기해동 등이 있으며, 모든 해동법의 공통된 해동 조건은 다음과 같다.

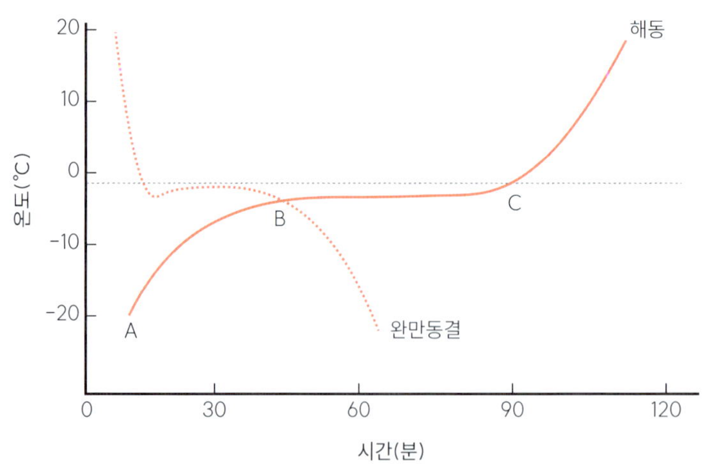

그림 5-5 식품의 냉동과 해동 곡선의 비교

TIP & NOTE **해동 시 공통 조건**

- 내외 온도차에 의한 식품의 품질 변화를 최소화할 것
- 텍스처의 변화를 최소화할 것
- 드립을 최소화할 것
- 단백질의 변성을 최소화할 것
- 해동 중 세균의 번식을 최소화할 것
- 선도 저하를 방지할 것

송풍해동법 먼저 송풍해동은 20℃의 공기를 1,000ft / min의 속도로 송풍하여 해동하거나, 감압 상태에서 20℃ 온수를 분당 1ft의 속도로 흐르게 하여 해동하는 방법이다. 실온에서 해동할 경우 식품 내외 온도차가 커서 변색·건조·미생물의 성장 우려가 있다. 반면, 저온해동은 시간은 오래 걸리지만 위의 문제점을 해결할 수 있는 바람직한 방법이다. 또한 상온의 물이나 소금물은 해동속도가 빠르며, 작은 포장의 육류와 어류는 조리와 해동을 동시에 하기도 한다.

접촉해동법 접촉해동법은 냉동장치의 응축기 냉각수를 이용하여 해동하는 방법이다.

전기해동법 전기해동법은 10~100M 사이클(cycle)의 유전체(dielectric) 또는 마이크로파(micro - wave)를 이용한 방법으로 빠르고 균일하게 해동할 수 있다.

CHAPTER 6

가열살균

학습 목표

1. 가열의 원리와 전도·대류·복사, 냉점을 이해한다.
2. 사멸곡선과 D·Z·F(F_0) 값을 활용해 살균 조건을 설정한다.
3. 내열성 영향 요인과 주요 살균법을 비교한다.
4. 통·병조림·레토르트의 원리·공정과 변패 유형을 설명한다.

1. 가열

1) 가열의 원리

열의 본체는 에너지로 칼로리(cal) 단위를 주로 쓰며, 1칼로리는 물 1g을 14.5°C에서 15.5°C로 올리는 데 필요한 열에너지의 양을 말한다. 또 어떤 물질에 열을 가해 온도가 올라갈 경우의 열을 현열(sensible heat), 가열해도 온도의 변화가 없는 것을 잠열(latent heat)이라고 한다.

물질이 고체 상태에서 액체 상태로 변할 때 소요되는 잠열은 융해열, 그 반대는 응고열, 액체 상태의 물질이 온도 변화 없이 기체 상태로 변할 때의 잠열을 기화열, 그 반대를 응축열이라고 한다.

0°C의 얼음이 100°C의 수증기로 변화할 때에 흡수되거나 발산되는 칼로리의 변화를 보면 그림 6-1과 같다.

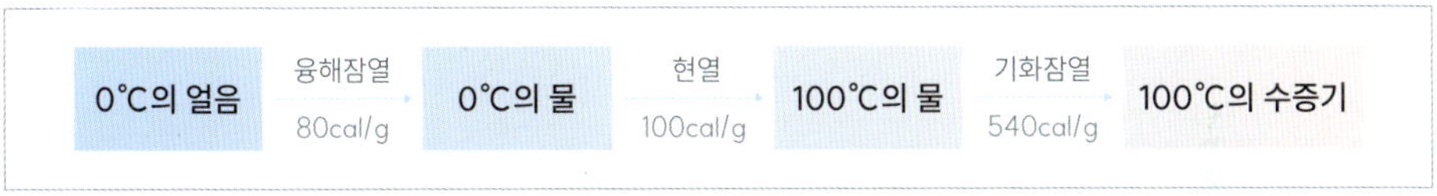

그림 6-1 열에 따른 상태 변화

식품에 열이 전달되는 현상은 에너지 전달 현상인데, 두 물질 간의 온도차가 클수록 열전달 속도가 커진다. 이러한 열전달은 고온에서 저온으로 열이 이동하며 식품재료의 종류, 모양, 크기, 성분 조성, 전달 매체의 종류에 따라 달라진다. 식품가공에서 열은 다양한 열전달 기작에 의해 전달된다. 그 원리는 전도(conduction), 대류(convection), 복사(radiation) 등인데, 가공 시 어떤 원리를 적용할지는 사용될 식품재료의 종류 등 여러 가지 요건을 고려하여 결정하여야 한다.

(1) 전도

전도는 물질의 개개 분자가 가지고 있는 운동에너지가 차차 인접한 분자로 직접 전달되는 현상으로, 그 분자 자신은 진동만 하고 실제 이동하지는 않는다. 열은 고온의 물질로부터 저온의 물질로 흐르며, 그 흐름은 항상 온도 감소 방향으로 진행된다.

열전도도는 한 물질의 열전달 특징을 나타내는 지표인데, 식품의 다공성, 조직, 화학 성분, 상의 변화, 온도, 압력 등에 따라 달라진다. 표 6-1은 열전도를 좌우하는 인자와 각 인자에 따라 열전도도가 달라지는 것을 나타냈는데, 예를 들어 용질의 농도가 낮을수록 높은 농도에 비해 열전도도가 크다.

표 6-1 열전도에 영향을 미치는 인자

인자	열전도도
다공성	다공성 고체 > 미세한 분말고체
물, 공기, 지방	물 > 지방 > 공기
상의 변화	액상 > 냉동
압력	높은 압력 > 낮은 압력
용질의 농도	낮은 농도 > 높은 농도

(2) 대류

대류는 액체나 기체의 분자가 이동하여 혼합함으로써 열전달이 일어나는 현상이다. 액체나 기체에 열을 가하면 전도보다 빨리 열이 모든 곳에 전달된다.

자연대류의 경우, 액체에서 대류가 일어나는 이유는 액체 내의 온도 차이로 인한 밀도차로 부력이 달라지기 때문이다. 즉, 열을 받아 뜨거워진 부분은 밀도가 작아져 가벼워서 위로 올라가게 되고, 상대적으로 무거운 찬 액체는 밑으로 내려오게 된다.

이것은 가열되어 다시 가벼워져 위로 올라가는 과정을 반복하며, 액체는 전체적으로 따뜻해지게 된다. 강제대류의 경우는 자연대류보다 더 빨리 온도 분포가 균일해진다.

(3) 복사

모든 물체는 절대 영도가 아닌 한, 온도에 따라 그 표면에서부터 모든 방향으로 열에너지를 전자파로 복사한다. 이 에너지가 공간을 통과해 물체에 도달하면, 그 일부는 물체에 흡수되어 물체의 온도를 높인다. 이것이 복사현상이다.

복사는 열전달 매체 없이 고온의 물체에서 저온의 물체로 열이 직접 이동하는 현상이다. 이 중에서 흡수된 양만이 열로 바뀌며, 반사 또는 투과된 복사선도 다른 흡수체에 도달하면 열로 변화한다. 만약 어떤 식품의 표면이 그곳에 가해진 모든 복사선을 투과나 반사 없이 모두 흡수한다고 하면, 흡수율은 1이 되며, 대표적인 예가 검은색 표면이다.

2) 냉점

포장식품에서 대류나 전도의 열이 가장 늦게 도달하는 부분을 냉점(cold point)이라고 한다(그림 6-2). 통조림의 살균에서 냉점이 살균되지 않고 남아 있으면 완전살균되지 않은 것이므로 특히 주의해야 한다. 통조림의 최적 살균 조건은 내용물의 성질, 내부 세균의 형태와 수, 내열성 미생물의 치사 시간 등에 의해 결정된다.

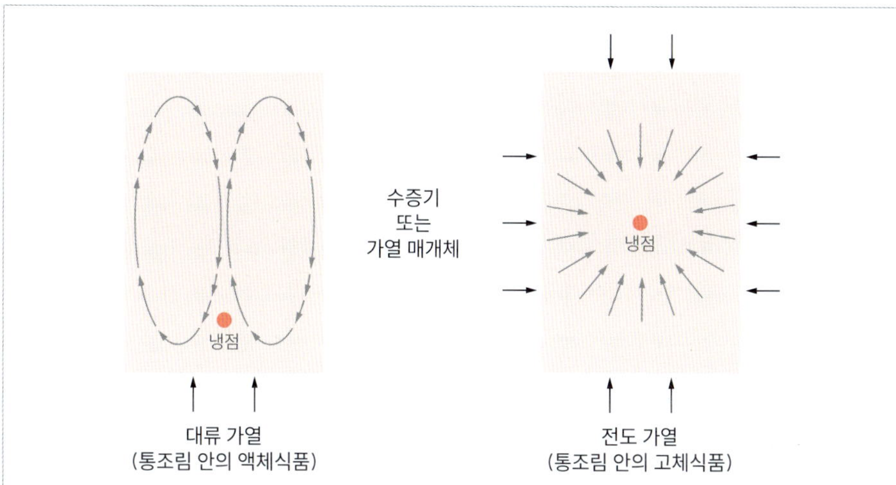

그림 6-2 액체식품과 고체식품의 냉점 위치

3) 살균효과

가열살균효과는 수분 여하에 따라 다른데, 수분이 열전달 매체인 습열은 공기가 열전달 매체인 건열보다 가열효과가 크다. 습열은 균의 세포 내 단백질을 응고시키고, 건열은 세균의 산화에 영향을 미치는 것으로 알려져 있다. 가열온도와 압력도 가열효과에 영향을 미치는 요소이다.

4) 미생물의 가열치사곡선

가열에 의한 미생물의 살균력은 온도에 의존한다. 가열시간과 생존 포자 수의 관계를 나타낸 그래프를 '사멸곡선'이라 한다.

(1) 가열치사곡선

일정한 온도에서 미생물이 사멸하는 시간을 나타내는 대수 그래프를 '가열치사곡선(TDT curve)'이라 한다. 가열치사시간은 주어진 온도에서 포자 수가 1/10로 감소되었을 때의 시간을 말한다.

(2) D값

일정한 온도에서 균의 수를 90% 사멸시키는 데 소요되는 시간을 'D값'이라고 한다. D값은 온도에 따라 달라지므로 반드시 온도를 표시해 준다. 예를 들어, 100°C에서 처음 균 수의 90%가 사멸하는 데 10분이 걸렸다면 D100°C=10이 된다.

(3) F값

일정 온도(온도 표시가 없을 경우 보통 121°C 또는 250°F)에서 일정 농도의 미생물을 완전히 사멸시키는 데 필요한 시간을 'F값'이라고 한다. 이 값은 TDT 곡선에서 찾아낼 수 있다(그림 6-3).

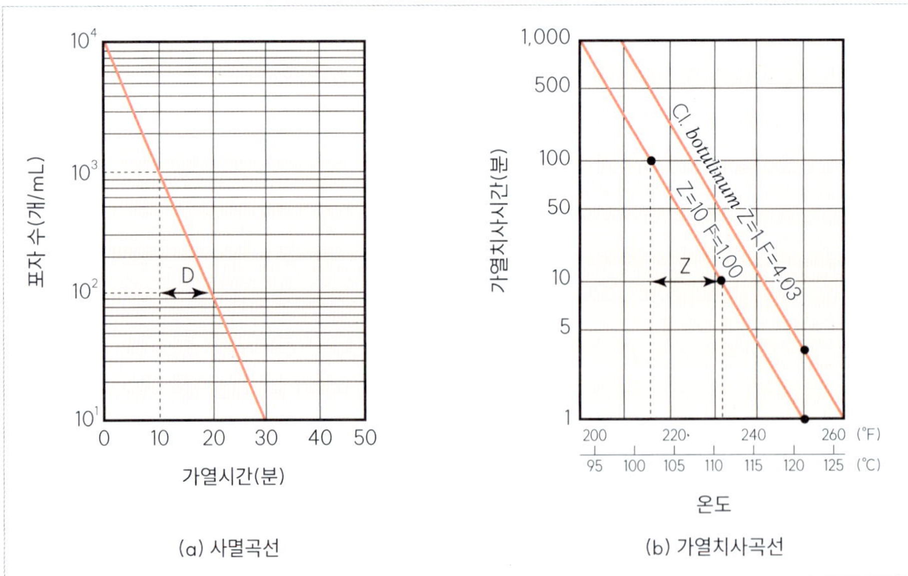

그림 6-3 미생물의 사멸곡선과 가열치사곡선

(4) Z값

Z값은 가열치사시간의 1/10에 대응하는 가열 온도의 변화를 나타내는 값이다. 즉, Z=10이면 살균시간을 1/10로 줄이기 위해서는 온도를 10°C만큼 높여야 한다. 표 6-2는 가열처리 용어를 요약한 것이다.

표 6-2 가열처리 용어

용어	정의	표시(예)	설명
D값	일정한 온도에서 미생물을 90% 감소(사멸)시키는 데 필요한 시간	$D_{110℃}$=10분	110°C에서 미생물을 90% 사멸시키는 데 필요한 시간은 10분이다.
Z값	가열치사시간을 90% 단축하는 데 따른 상승온도	Z=10℃	온도가 10℃ 상승하면 사멸시간이 90% 단축된다.
F값	일정 온도에서 미생물을 100% 사멸시키는 데 필요한 시간	$F_{110℃}$=8분	110°C에서 미생물을 모두 죽이는 데 걸리는 시간은 8분이다.
F_0값	250°F(121°C)에서 미생물을 100% 사멸시키는 데 필요한 시간	$F_{250°F}$=8분	250°F에서 미생물을 모두 죽이는 데 걸리는 시간은 8분이다.

MINI QUIZ D값이 10인 세균과 D값이 50인 세균 중 내열성이 큰 것은?

D값이 50인 세균이 열에 잘 견딘다. 따라서 미생물의 D값을 알면, 얼마나 열을 가해야 세균이 사멸할 수 있을지를 알 수 있으므로, 미생물의 사멸을 위해 사용하는 에너지를 효과적으로 절약할 수 있다.

5) 내열성에 영향을 미치는 인자

(1) pH

미생물은 특정한 식품 내에서 존재를 달리한다. 새우, 게, 알칼리 가공한 콩, 오래 묵은 달걀 같은 알칼리 식품은 세균이 잘 생육할 수 있으므로 주의해야 한다.

pH 7 정도인 달걀, 굴, 우유, 옥수수, 육류와 pH 6인 소금절임 쇠고기, 완두, 아스파라거스, 감자와 pH 5인 무화과와 토마토 수프도 세균 증식이 비교적 쉽다. 이들은 116~121°C에서 고온살균해야 한다. 감자샐러드나 토마토, 배, 살구, 오렌지, 파인애플, 사과, 딸기 같은 식품은 pH 3.7 정도이며, pH 3 정도인 소금절임, 초절임식품은 강산성식품으로 끓는 물로 가열살균하면 된다. 즉, 식품은 산도가 낮을수록(pH가 높을수록) 살균 조건이 커진다.

(2) 미생물

미생물의 종류에 따라 내열성은 다르지만(표 6-3), 미생물의 영양세포는 100°C 정도에서 쉽게 사멸할 수 있다. 그러나 포자의 경우 내열성이 높고 포자의 농도가 높을수록 내열성도 높아진다. 이러한 포자의 내열성에 영향을 주는 것은 pH이다. pH가 중성일수록 가장 내열성이 크고 pH가 낮은 식품은 비교적 살균이 쉽다.

또한 소금은 4%까지는 포자의 내열성을 보호하는데, 8% 이상에서는 내열성을 감소시킨다. 소금은 미생물의 영양세포의 생육도 억제하는 효과도 있다.

전분은 간접적으로 포자의 내열성을 향상시키며, 단백질과 지방도 내열성을 보호하는 작용을 한다.

표 6-3 미생물의 내열성

미생물	내열성		미생물	내열성	
	온도(℃)	시간(분)		온도(℃)	시간(분)
B. cereus	53	4	*Pediococcus cerevisiae*	60	8
B. subtilis	53	4~12	*Asp. niger*	60	10
B. mesentericus	53	22	*Sacch. cerevisiae*	60	10
Ps. fluorescens	53	25	*Staph. aureus*	60	15
A. zylinum	55	10	*Strept. thermophilus*	70~75	5
Can. utilis	55	10	*Lac. bulgaricus*	71	30
Sal. typhi	60	5	*Cl. sporogenes*	105	12
E. coli	60	5~30	*Cl. botulinum*	105	35

(3) 효소

살균과정에서 세균은 멸균되었더라도 효소가 불활성화되지 않고 남아 있다면 식품을 안전하게 저장할 수 없다. 효소의 활성은 온도가 10°C 상승하면 효소반응이 1.4~2배 정도 증가한다. 즉, Q10 = 1.4~2이다. 그러나 온도가 높아지면 효소는 불활성화되고, 80°C로 가열하면 단시간 내 불활성화된다.

효소가 산성식품의 변패에 관여하는 일이 있는데, 피클의 과산화효소는 85°C에서도 활성을 가지므로 효소의 파괴를 위해 식초를 첨가하는 것이 좋다. 토마토 통조림의 효소는 통조림 제조 후에도 내열성을 가지고, 양배추의 과산화효소도 가열 후 활성을 회복하는 것으로 알려져 있다.

따라서 보통의 가열 조건으로 효소의 활성이 남아 있을 수 있으므로, 효소를 불활성화시키는 것을 최종 목표로 가열 조건을 설정하기도 한다.

MINI QUIZ **우유살균의 기준**

우유살균의 기준은 포스파타제 활성 소실로 판정한다. 포스파타제 불활성 온도는 결핵균 같은 병원균의 살균온도와 일치하므로 포스파타제 활성이 남아 있다면 다른 병원균의 살균도 불완전하다고 볼 수 있다.

6) 식품의 가열 살균법

식품을 살균할 때는 그 식품의 특성, 요구되는 보존성, 포장 형태와 수량을 고려하여 방법을 택해야 한다.

(1) 상업적 살균법

이 방법은 영양가의 손실이나 기호적인 손실을 막고 품질을 좋게 하는 살균법이다. 통조림의 가열살균은 반드시 완전살균할 필요가 없으므로 위생상 유해하다고 생각되는 세균을 대상으로 가열하고, 보통 산성의 과일 통조림에 많이 이용된다. 70°C 이상에서 100°C 이하의 온도를 사용한다. 상업적 살균을 할 때는 식품 재료의 종류, 상태, 성질, pH, 가열 후 저장법, 미생물과 포자의 내열성 정도, 산소용해도 등 많은 가열 조건들을 고려해야 한다. 보통 미생물의 오염도가 클수록, 내열성이 클수록 가열시간은 길고 온도는 높아야 한다.

(2) 저온 장시간 살균법

저온살균법(Low Temperature Long Time, LTLT)은 1864년 파스퇴르가 포도주의 이상

발효를 방지하기 위해 고안한 것으로, 살균은 포자 파괴까지를 목표로 하지만 저온살균은 균과 효모, 곰팡이 포자의 파괴를 목적으로 한다. 따라서 저온살균의 목적은 병원성 미생물과 비내열성 부패미생물의 사멸이며, 부패미생물 전체가 사멸되는 것은 아니다. 저온처리가 끝나면 병원성 미생물은 존재하지 않지만, 내열성 부패미생물은 일부가 존재하므로 냉동처리, 방부제 첨가, 포장 시 산소 제거 등으로 살균효과를 높이고 있다. 우유의 경우 63~65°C에서 30분 살균한다.

(3) 고온 순간살균법

보통 HTST(High Temperature Short Time)라고 하며, 비교적 높은 온도에서 단시간 살균하는 방법이다. 우유의 경우 72~75°C에서 15~20초 살균한다.

(4) 초고온 순간살균법

이 방법은 신선함과 영양소의 보존이 우선시되는 식품의 살균을 목적으로 개발된 것으로 75°C에서 15초 처리하면, 미생물의 살균과 품질 변화를 줄이는 두 가지 목적을 이룰 수 있다. 이 방법은 더욱 발전해 초고온 순간살균법(Ultra High Temperature heating method, UHT)이라 하여 130~150°C에서 0.5~5초로 우유살균에 이용되고 있다.

(5) 증기살균법과 건열살균법

증기살균법은 코흐(Koch) 살균솥을 이용하여 물이 끓어서 수증기가 발생할 때 내용물을 넣고 밀폐시켜 100°C로 상승한 후부터 30분 살균한다. 그러나 내열성 포자는 1기압 이상에서 100°C 이상으로 처리해야 한다.

건열살균법은 공기를 가열시켜 미생물을 살균하는 방법으로 140~160°C에서 30~60분 정도 건열기에서 가열시킨다.

(6) 순간살균법과 간헐살균법

순간살균법은 주로 액체식품을 순간적으로 살균하는 방법으로 70~80°C에서 3~5초 처리하거나, 100~150°C로 0.5~2초 처리하는 방법이 있다. 예를 들면, 실온에서 유통되는 과일이나 채소 주스가 여기에 속한다.

간헐살균법은 내열성균의 완전살균을 위해 100°C에서 30분 살균한 후 30°C의 항온기에 1일 두면 포자가 발아하여 영양세포가 되고, 이것을 다시 100°C에서 살균한다. 이 과정을 3회 반복하면 균이 완전살균된다.

(7) 비가열살균: 적외선, 자외선, 방사선, 전자선 살균법

비가열살균은 태양과 인공자외선을 이용하거나 인공적외선, 방사성 동위원소나 인공적 β선을 이용하여 살균하는 방법이다. 자외선 살균은 살균 후 식품에 거의 변화가 없고 간단히 적용할 수 있는 장점이 있고 공기살균에 적합하다. 그러나 공기나 물 이외는 표면에 직접 조사된 부분의 살균에 국한하며 안전상 다소 주의가 필요하다. 방사선 살균은 Co^{60}, Cs^{137}의 γ선을 사용하는데, 살균효과가 양호하지만 설비비가 높고 안전대책이 어려운 문제가 있다. 전자선 살균은 고속전자선을 이용하는 것으로, 고속 라인 처리가 가능하고 조사를 제어할 수 있는 장점이 있으나 투과에 한도가 있고 설비비가 높은 문제점이 있다.

(8) 극초단파살균법

이 방법은 식품에 극초단파를 단시간 쏘여 가열시키는 방법으로, 전자레인지에 장치된 마그네트론에서 발생하는 2,450MHz의 극초단파를 조사하면 전파에너지가 열에너지로 바뀌어 발열하는 것이다. 가열속도가 빠르고 가열이 균일하며, 영양소의 파괴가 적고 열손상이 최소이면서 취급이 쉬운 장점이 있다.

TIP & NOTE 살균과 멸균

- 살균은 포자 파괴까지를 대상으로 하며 생존 미생물을 사멸시키는 것을 말한다. 그러나 완전살균은 식품의 변화를 초래하므로 상업적 살균을 하게 된다. 저온살균의 경우 주요 목적은 병원성 미생물의 사멸이며 부패 미생물 전체가 사멸되는 것은 아니다.
- 멸균은 무균 상태를 의미한다. 실제 멸균은 생세포의 완전한 사멸과 포자의 사멸이 모두 이루어졌을 때 사용하는 용어이다.

7) 가열살균 시 식품의 변화

안정성과 저장성을 확보하기 위해 식품을 가열하지만, 이로 인해 식품의 색과 향미, 조직과 영양가에 변화가 초래된다.

(1) 색의 변화

보통 채소나 과일을 가열하면 원래의 색을 잃고 퇴색되거나 착색된다. 특히 가열 중에는 마이야르 반응과 캐러멜화 반응 같은 갈변화 반응이 일어난다. 갈변화에 의한 영향을 최소화하는 방법은 고온에서 단시간 가열하는 것이다. 이 방법은 저온에서 장시간 가열하는 것보다 좋은 결과를 준다.

(2) 향미와 조직의 변화

식품은 가열하면 휘발성 물질의 휘발과 화학반응으로 인해 새로운 물질이 합성되고, 이로 인해 원래 식품의 향미 성분이 변화된다. 육류를 비롯한 동물성 식품과 콩류는 가열로 향미가 좋아질 수 있다.

조직의 변화는 가열로 인해 식품이 변화하는 가장 큰 영향이라고 할 수 있다. 특히 과일이나 채소의 조직은 가열로 인해 특유의 팽압(turgor)이 소실된다. 젤라틴이나 펙틴은 가열로 겔 형성 능력이 약해져 겔을 만들지 못하기도 한다.

(3) 탄수화물·단백질·유지·비타민의 변화

가열을 하면 탄수화물 중 당분은 캐러멜화로 갈변이 일어나거나, 아미노산과 반응하여 마이야르 반응으로 갈색 물질을 만든다. 이와 같이 마이야르 반응으로 갈변이 일어나기도 한다. 단백질은 가열로 변성되고 또 지나치게 가열된 단백질은 단백질 분해효소에 의해 쉽게 분해되지 않는다.

유지는 가열에 특히 예민하게 반응하여 가수분해적 산패와 산화적 산패에 모두 영향을 준다. 유지의 산화속도는 온도가 10°C 증가하면 약 2배 증가하므로 가열은 유지에 심각한 영향을 미친다. 이때 금속이나 광선이 있으면 산화는 촉진된다. 그러나 유지는 산소가 없을 경우에는 습열에 대해 안전하다.

비타민 중 티아민은 열에 약하고 리보플라빈은 열에는 안전하나 광선에 예민하여 리보플라빈이 들어 있는 식품은 투명 유리병에 보관하는 것을 피해야 한다. 아스코르브산은 저온에서 장기간 가열하면 파괴되는데, 산소, 구리이온, 산화효소에 의해 가속화된다.

2. 통조림과 병조림

1) 제조원리

식품을 상온에 저장하면 미생물이 번식하여 부패하게 된다. 부패의 원인이 되는 미생물 중 곰팡이와 효모는 100°C 이하의 가열처리로도 비교적 짧은 시간에 죽지만, 포자를 형성할 수 있는 세균류는 내열성이 높아 열처리로 살균하기 어렵다.

따라서 통조림, 병조림으로 공기를 빼 열처리를 하면 세균의 포자가 남아 있더라도 저장 조건에 의하여 발아하지 못하므로 통조림 속의 식품은 부패되지 않는다. 이와 같은 원리를 이용하여 살균으로 내부의 미생물을 완전히 죽이거나 또는 그 수를 줄일 뿐만 아니라, pH나 혐기적 조건 등에 의해 남아 있는 세균도 생육하지 못하게 한다.

2) 통·병조림의 용기

(1) 유리병

유리병은 병조림에 사용되는 용기로 투명하여 내용물을 판별할 수 있고, 식품과 반응하지 않으며 중금속의 용출이 없고 재활용이 가능한 장점이 있다. 주로 과채류의 가공식품에 이용된다.

입구의 크기에 따라 입이 넓은 광구병과 좁은 세구병이 있다. 광구병은 과일, 채소와 같이 큰 원료나 반고체 식품에 사용하고, 세구병은 액체식품에 사용한다. 병은 모양에 따라 왕관병, 앵커(anchor cap)병, 페닉스(phenix)병, 양우병, K.C.병 등으로 나눌 수 있다(그림 6-4). 마개는 밀봉형과 돌려서 막는 스크루식이 있고, 마개 재료로는 코르크, 함석, 알루미늄, 플라스틱 등을 사용한다.

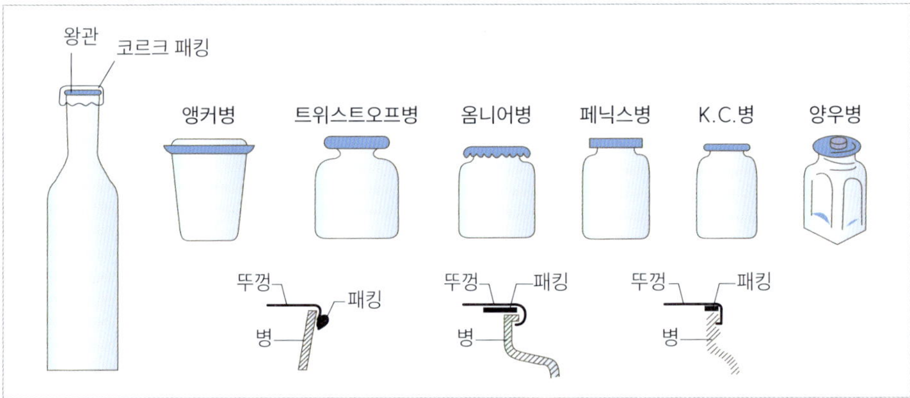

그림 6-4 병조림용 병뚜껑

(2) 통조림관

통조림 용기에는 철판에 주석을 도금한 주석관, 크롬이나 니켈을 도금한 TFS관, 알루미늄관 등이 있다. 그중에 함석캔(주석캔, tin plate can)이 가장 많이 쓰이는데, 함석통에 크롬 또는 니켈을 도금한 TFS(Tin Free Steel)통은 생선, 과자, 탄산음료 통조림에 사용한다. 알루미늄 캔은 소금이 함유된 식품에는 적합하지 않고, 맥주나 탄산음료와 같이 팽창하기 쉬운 통조림에 쓰인다.

내용물과의 직접적인 접촉으로 인한 부식 및 금속 성분의 용출을 방지하고 식품의 품질을 유지하기 위해 내부를 코팅하는데, 통조림 내부 코팅재료는 다음과 같다.

에폭시 수지(Epoxy Resin) 가장 일반적으로 사용되는 코팅재료로 비스페놀 A(BPA)가 원료 물질로 사용되어 환경호르몬 논란이 있었으나, 식품의약품안전처 등 규제 기관에서는 엄격한 용출 규격을 설정하여 관리하고 우리나라와 유럽연합은 0.6ppm 이하로 세계에서 가장 엄격한 기준을 적용하고 있다. 에폭시 수지는 내약품성, 유연성, 접착력이 우수하여 식품 용기로서 적합한 특성을 가진다.

BPA-Free 코팅 비스페놀 A(BPA)에 대한 소비자 우려가 커지면서, BPA를 사용하지 않는 (Non-BPA) 코팅이 개발되어 적용되고 있는데, 주로 폴리에스터 기반의 도료나 아크릴계 수지 등이 BPA 대체 코팅제로 사용된다. 동원 참치캔 등 일부 제품에서는 이미 Non-BPA 도료를 적용하고 있다.

올레오레진(Oleoresin) 식물성 기름과 수지를 혼합하여 만든 코팅재료로 초기 통조림 코팅에 사용되었으며, 현재도 일부 제품에 사용하고 있다.

비닐 코팅(Vinyl Coating) 비닐 수지를 기반으로 한 코팅으로, 유연성이 좋고 다양한 식품에 적용이 가능하다.

기타 특수 코팅 특정 식품의 특성이나 보존 조건에 따라 다양한 특수 코팅이 사용될 수 있는데, 예를 들어 일부 군용 통조림은 고열에 직접 노출될 것을 상정하여 에폭시 수지 코팅 대신 니켈 도금 등 내부식 처리만 하기도 한다.

통조림 용기 내면에는 유성도료나 에나멜 수지를 사용하여 용기와 내용물 사이의 화학 반응을 방지한다. 유성도료는 내산성이 강하여 과채류 등의 통조림에 이용되고, 에나멜 수지는 유색과실 보존, 유황함유 식품의 흑변 방지 등의 목적으로 다양한 종류가 이용되고 있다. 밀봉방법은 땜을 한 것과 이중권체를 한 것이 있다.

그림 6-5 통조림통의 종류

MINI QUIZ **통조림 용기 내부에는 어떤 코팅재료가 사용될까?**

통조림 용기 내부에는 식품과 금속의 접촉을 막고 부식을 방지하기 위해 여러 코팅재료가 쓰인다. 가장 흔한 것은 에폭시 수지로, 내약품성과 접착력이 뛰어나다. BPA 논란으로 BPA-Free 코팅이 개발되어 폴리에스터나 아크릴계 수지가 사용된다. 올레오레진은 초기부터 사용된 식물성 기름·수지 혼합재다. 또한 비닐 코팅이나 특수 코팅이 식품 특성에 따라 적용된다.

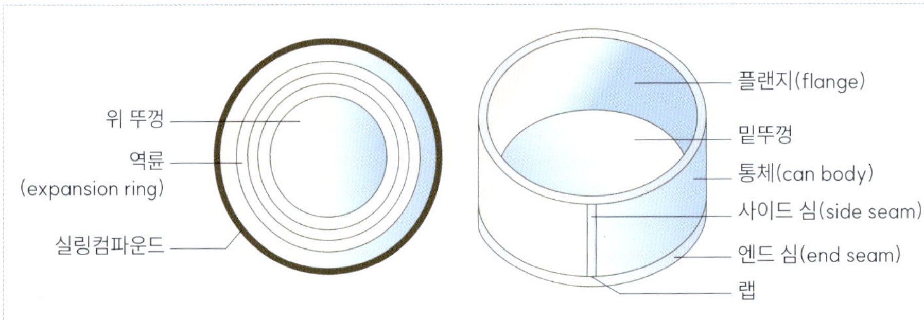

그림 6-6 이중권체통의 명칭

3) 통조림관의 표시

통조림은 장기 보존 식품으로 분류되며, 일반 식품과 마찬가지로 소비자에게 정확한 정보를 제공하기 위해 여러 사항을 의무적으로 표시해야 하는데, 주요 표시 사항은 다음과 같다.

[제품명 / 식품유형 / 영업소(장)의 명칭(상호) 및 소재지 / 소비기한 또는 품질유지기한 (2023년 1월 1일부터 '유통기한'이 '소비기한'으로 변경되어 시행 중) / 내용량 / 원재료명 / 성분명 및 함량 / 영양 성분(열량, 탄수화물, 단백질, 지방, 나트륨 등) / 소비자 안전을 위한 주의사항 / 제조연월일 / 산성통조림식품은 "산성통조림"으로 표시]

TIP & NOTE **표시 방법 및 유효성**

통조림의 바코드

표시는 지워지지 않는 잉크, 각인 또는 소인 등을 사용해야 하며, 소비자가 쉽게 알아볼 수 있도록 제품의 용기·포장의 바탕색과 구별되는 색상의 활자로 표시해야 한다. 스티커, 라벨 등을 사용할 경우 떨어지지 않게 부착해야 한다. 위에 언급된 표시사항은 「식품 등의 표시·광고에 관한 법률」 및 「식품 등의 표시기준」에 따라 현재도 유효하게 적용되고 있다. 2023년부터 유통기한 대신 소비기한 제도가 시행되면서 통조림을 포함한 식품의 기한 표시 방식에 변화가 있었으나, 필수적인 표시 의무는 여전히 유지되고 있다. 예를 들어, 과거에는 통조림의 유통기한을 "2014.03.31.까지"로 표시했으나, 현재는 바코드를 사용하여 통조림의 고유정보를 알 수 있도록 하고 있다.

4) 통조림의 제조공정

통조림은 일반적으로 아래와 같이 조리한 원료를 일단 열탕 혹은 증탕하여 통에 담고 적당한 용액을 주입시킨 후 탈기, 밀봉, 살균, 냉각하여 제품화한다.

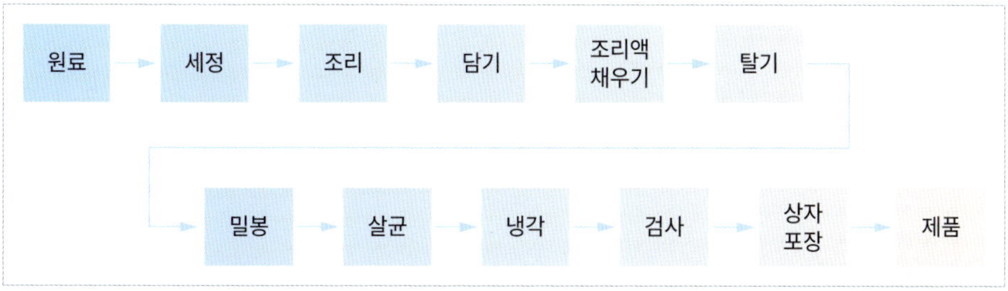

그림 6-7 통조림의 제조공정

(1) 데치기와 내용물 채우기

데치기는 통조림을 하기 전에 82~93°C 사이의 뜨거운 물이나 수증기 안에 식품을 잠시 노출시켰다가 곧 냉각하는 전처리 방법이다. 데치기의 목적은 식품을 수축시켜 통에 잘 충진되도록 하고, 열처리 중 발생하는 세포 내의 호흡가스를 미리 제거하며, 효소작용을 억제하여 식품의 외관이나 영양가에 대한 영향을 방지하기 위함이다.

식품을 충진할 때는 용기를 청결히 한 후 내용물의 형태(액체 또는 고체 등)에 따라 정확한 양을 담아야 한다. 액상 내용물은 시럽, 소금물 또는 설탕물 등이며, 소금물은 열전달을 좋게 하고 삼투압에 의해 식품 보존과 갈변 방지에 도움이 된다.

점성 내용물은 어류나 육류 페이스트 및 퓌레 등이며, 이들이 함유한 공기가 열전달을 감소시키고 내압을 높이며 내용물이 불균일하게 담기게 되므로 채우기 전 식품의 예비 진공으로 이를 최소화해야 한다.

통조림 식품을 채우는 것은 기계적 또는 수동적으로 이루어지므로 총중량이나 식품의 형태를 고려하여 세심하게 조절해야 한다.

(2) 탈기

대부분 식품 중에 함유되어 있는 가스와 용기 내에 들어 있는 공기를 제거하는 조작을 탈기(exhausting)라고 하며, 내용물을 채운 후 이루어지는 공정이다.

탈기 목적

- 열처리 중 내용물의 팽창에 의해 통이 변형되고 권체(seaming) 부위가 파손되는 것을 방지하기 위하여 관내의 내압을 낮게 한다.
- 산소 농도를 낮춤으로써 내용물의 화학적 변화를 감소시키고 관 내면의 부식을 억제한다.
- 유리 산소량의 감소로 호기성 세균의 발육을 억제한다.
- 뚜껑과 밑바닥을 오목하게 만들어 변패관의 검출을 용이하게 한다.
- 내용물의 향미, 색, 영양가 손실을 방지한다. 산화로 인한 퇴색, 지방산의 산화, 비타민 등 영양가의 변질과 파괴를 방지할 수 있다.

탈기 방법

- **가열탈기법**: 뜨거운 내용물을 관내에 넣고 곧 밀봉하거나, 탈기상자를 이용하여 탈기한다. 내용물의 가열팽창 후 냉각 시에 수축으로 인한 진공도를 이용하는 것으로 내용물에 함유되어 있던 공기와 주입액에 용해되어 있던 공기가 제거되고 헤드스페이스의 공기도 팽창·제거된다.
- **진공탈기법**: 육류, 어류 등 고형식품의 통조림 제조에 많이 이용되는 방법으로, 감압하에서 밀봉조작도 겸할 수 있다. 소요 면적이 적게 들고 증기가 절약되어 고능률로 대량 처리가 가능하며, 가열에 의한 나쁜 영향도 줄일 수 있다. 또한 위생적인 처리가 가능한 장점이 있다. 그러나 액즙이 많고 용해된 기체가 많은 식품의 경우 내용물이 분출할 우려가 있으므로 내용물 중의 기체를 제거한 다음 진공에서 시럽을 가하고 진공 밀봉하여야 한다.
- **수증기분사법**: 헤드스페이스 중의 공기를 수증기 분사로 대체함으로써 내부의 진공을 얻는 방법이다. 용해된 공기가 적은 고체 또는 반액상의 식품에 이용한다.

(3) 밀봉

통조림 용기의 충진과 탈기가 끝난 다음, 미생물이나 공기의 접촉을 방지하고 식품을 안전하게 보존하기 위하여 밀봉한다. 밀봉기의 주요 부분은 뚜껑을 위에서 눌러 고정시키는 척, 회전하면서 뚜껑과 관을 밀착시키는 롤, 깡통을 올려주는 리프터로 구성되어 있다. 롤에는 제1롤이 통의 상부와 뚜껑 주변을 한 겹 말리게 하고, 제2롤이 이것을 일정한 모양으로 권체한다(그림 6-8).

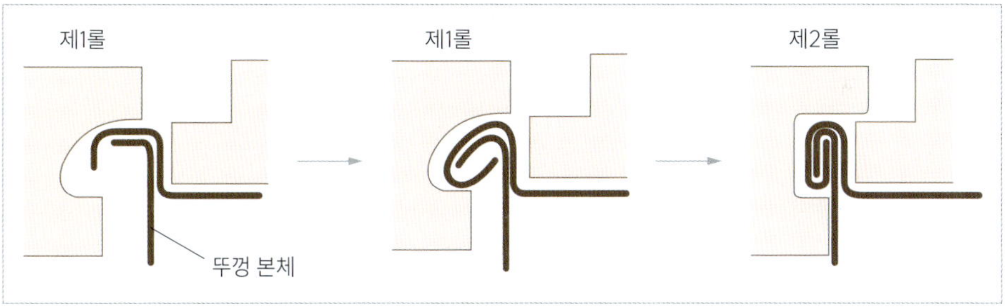

그림 6-8 **통조림 권체의 원리**

(4) 살균

밀봉이 끝난 통조림관은 내용물 중에 들어 있는 미생물을 사멸시키기 위하여 살균을 실시한다. 일반적으로 통조림의 살균은 고온살균을 실시한다. 하지만 내용물의 pH가 살균에 영향을 주기 때문에 pH 4.5 이하인 매실이나 귤 등의 산성식품은 75°C에서 10분 정도 처리해도 살균효과를 얻을 수 있다. 즉, 산도가 높으면 100°C 이하에서의 저온살균으로도 살균효과를 얻을 수 있기 때문에 산도가 높을수록 살균시간이 단축된다.

통조림의 살균방법에는 '용기 속 살균'과 '용기 밖 살균'이 있다. 용기 속 살균은 식품을 통에 넣은 채 살균하는 방법으로 가압멸균기(autoclave)와 같이 포화증기를 이용한 간접 가열이 일반적이며, 용기 밖 살균은 용기에 담기 전 식품만 먼저 살균처리하고 나중에 위생 처리된 용기에 넣는 방법으로 대표적인 식품이 우유이다.

통조림 살균 시의 열전달은 주로 전도와 대류에 의해 이루어지며, 용기의 종류, 크기, 회전속도, 내용물의 온도 등에 따라 다르다. 대부분 용기의 중심부에 위치하는 열침투가 가장 낮은 냉점에 열이 전달되는 데 소요되는 시간은 대체로 용기 직경의 제곱에 비례하며, 내용물에 따라 열전달 방식이 다르므로 냉점의 위치도 달라진다.

(5) 냉각

살균 후에는 즉시 냉각해야 한다. 살균한 다음 고온에서의 방치시간이 길어지면 과열에 의해 내용물의 조직이 연화되고, 황화수소가 발생하여 통조림이 변색되거나, 호열성 세균이 발아할 우려가 있다. 특히 50~55°C에서 방치시간이 길어지면 내열성 세균의 포자가 발아하여 변패를 초래할 수 있다. 냉각방법은 냉각수가 들어 있는 수조에 담가 두는 수중침지법과 흐르는 물에 냉각시키는 유수냉각법을 사용한다. 대량처리인 경우는 상부로부터 냉각수를 살포하거나 또는 증기와 냉각수에 의한 가압냉각법을 이용한다.

(6) 통조림의 검사

통조림의 제조가 끝나면 일단 이상 유무를 검사하여 완전한 것을 유통·판매한다. 통조림 검사에는 다음과 같은 방법을 사용한다.

외관검사 외관으로 보아서 밀봉이 불완전한 것, 제품이 팽창된 것을 골라내는 것이다. 또한 용기 표면에 찌그러짐이나, 흠집, 변형 등이 없는지도 확인해야 한다.

타관검사 제품을 책상 위에 놓고 스테인리스 스틸, 대나무 또는 상아로 만든 타검봉으로 제품의 뚜껑이나 밑바닥을 두드려 본다. 맑은 소리가 나면 이상이 없는 것으로 판정한다. 둔탁한 소리가 나는 것은 탈기가 불충분하거나 지나치게 채움, 미생물의 생육, 관의 부식에 의해 관내에 가스가 발생했을 때 등 여러 가지 원인이 있다.

개관검사 통조림 검사법의 규정에 의해 이루어지는 검사로 개관하기 전에 진공검관계를 사용하여 진공도를 측정하고 나서 용기를 열고 헤드스페이스의 높이, 고형물의 양 등을 측정하며 관능검사를 실시한다. 또한 내용물의 외관, 색깔, 냄새, 맛, 액즙 상태, pH, 불순물 유무 등을 검사한다.

가온검사 일종의 저장성 시험으로 제품을 30~37°C의 정온기에 넣고 내용물의 종류에 따라 적당기간 동안 가온하여 품질의 유지 상태를 점검하는 검사이다. 액즙이 많은 것은

1~2주, 적은 것은 2~3주, 산성식품인 경우는 2~3주 동안 수시로 관찰하여 팽창관이 발생할 때는 식힌 다음 세밀한 검사를 한다.

세균검사 군수용 통조림의 경우 세균검사는 필수적이며, 무균적으로 용기를 열어 직접 검경하거나 배지에 접종한 후 세균 수를 측정한다. 세균이 발생했을 때에는 내열성 및 독성을 시험한다.

화학적 검사 특수한 경우나 연구용으로 실시하며 pH, 내용물과의 반응 생성물 등 부패 및 분해산물의 정량, 중금속 검출, 첨가물 조사 등을 분석한다.

물리적 검사 X-ray를 사용하여 용기 상태, 헤드스페이스 크기와 상태, 내용물 상태 등을 검사한다.

5) 통조림의 변패

미생물의 작용이나 내용물과 용기 사이의 화학반응, 제조 시의 잘못된 처리, 부적당한 저장 조건 등에 의해 통조림의 변패가 일어나게 된다.

(1) 외관에 의한 변패

플리퍼(flipper) 내압이 없고 거의 정상관과 같으나 한쪽 면이 약간 부풀어 있는 경우로, 탈기 부족이 주원인이며 미생물, 지나치게 채움, 밀봉 후 살균까지 장시간 방치 등에 의해서도 일어난다. 스프링거보다 덜 부푼 것이 특징이다.

스프링거(springer) 한쪽 면이 튀어나온 상태로 내용물을 너무 많이 넣어 부푼 것이며, 미생물, 탈기 부족, 수소 발생 등도 원인이 된다. 과일통조림의 경우 저장온도가 높을 때도 발생하기 쉽다.

TIP & NOTE **플리퍼와 스프링거의 차이**

플리퍼는 스프링거보다 덜 부푼 것으로 플리퍼의 주원인은 탈기 부족이지만, 스프링거의 주원인은 내용물을 과다하게 충진한 것이다.

팽창 양면이 팽창된 관을 말하며, 손으로 눌러서 조금 들어가거나 반응이 없는 경우가 있다. 수소가스의 발생에 의한 팽창과 달리 미생물에 의한 가스 발생으로 일어난다.

돌출형관 살균공정에서 많이 발생한다. 관의 내압이 외압보다 커져서 관의 탄성 한계를 넘어설 때 생기는 변형관이다.

리커(leaker) 리커는 미세한 구멍이 발생하거나 밀봉 조작이 잘못되었을 경우에 주로 발생한다.

관 외면 부식 관 표면의 결함이나 가열살균 후 과도한 냉각에 의한 표면의 수분 때문에 발생한다.

그림 6-9 부식

(2) 내용물의 성상에 의한 변패

평면 산패(flat sour) 살균 부족 등으로 바실러스 속 호열성 세균의 발육으로 인한 유기산 생성이 원인이며, 외관상으로는 정상 관과 구분하기 어렵고, 개관 후 pH 측정이나 세균검사를 통하여 알 수 있다. 채소류나 육류 통조림에 많이 나타난다.

흑변 내용물 중에 들어 있던 단백질 성분 중 –SH기가 환원되면서 황화수소가 발생하여 용기에서 용출한 금속 또는 내용물 중의 금속 성분과 결합하여 황화철이 생성되어 일어나거나, 내열성 세균이 원인이 되어 일어나는 현상을 말한다. 육류나 수산물통조림, 옥수수통조림에서 볼 수 있다.

주석의 이상 용출 주석은 독성이 심하지 않으나 다량 섭취하면 권태감이나 구토 증세를 나타낸다. 오렌지주스나 토마토주스의 경우 내용물에 함유된 질산이온이 용출을 촉진한다. 통조림 개관 후 산소의 무제한 공급으로 주석의 용출이 급격히 증가하므로 먹다 남은 내용물은 유리나 사기 그릇에 옮겨서 보관해야 한다.

곰팡이의 발생 살균온도가 불충분한 과즙에서 많이 발생한다. 또한 밀봉이 제대로 되지 않았을 때 쉽게 생겨난다.

그림 6-10 곰팡이의 발생

MINI QUIZ 통조림 캔에 유해물질이 있다는데 사실인가요?

- 비스페놀 A(BPA): 비스페놀 A는 내분비계 교란 가능성이 제기되어 왔으나 현재 대부분의 국가에서 식품 용기로부터의 BPA 용출량에 대한 엄격한 기준을 설정하여 관리하고 있다. 국내에서는 영유아용 기구 및 용기포장에는 비스페놀 A 사용이 금지되어 있다.
- 퓨란(Furan): 통조림을 가열 살균하는 과정에서 퓨란이 생성될 수 있다는 논란이 있었으나, 인체 발암성과의 상관관계는 아직 불확실한 상태이며, 식품 중 퓨란은 저농도로 존재한다.
- 직접 가열 주의: 통조림을 직접 불에 올려 가열하거나 전자레인지에 넣는 것은 내부 코팅에서 유해 물질이 용출될 가능성을 높일 수 있으므로 피해야 한다.

6) 레토르트 식품

레토르트 파우치(retort pouch) 식품은 고압살균에 견딜 수 있는 내열 내압성 플라스틱 필름 주머니나 플라스틱과 알루미늄박을 겹으로 한 주머니에 식품을 포장·멸균한 식품이다. 즉, 폴리에스터 필름, 알루미늄 포일, 폴리에틸렌 필름 등을 2중, 3중으로 겹친 주머니나 접시에 식품을 넣어 밀봉한다.

이러한 제품은 가압솥에서 110~120°C에서 20~30분간 살균하거나, 130~140°C에서 4~10분간 고온 단시간 살균한다. 이 경우 통조림·병조림과 같은 저장성을 지닌다.

(1) 특징

레토르트 식품은 포장이 된 상태에서 전자레인지 또는 뜨거운 물에 의해 식품이 데워지기 때문에 데우는 과정에서 변형이 되지 않으면서 건강에 해로운 물질을 발생시키지 않는 것이 중요하다.

레토르트 식품용 포장재는 크게 내층(식품접촉층), 중간층, 외층 등으로 나눌 수 있는데, 레토르트 카레의 경우 보통 식품이 직접 접촉되는 내층은 폴리프로필렌(PP)이나 폴리에틸렌(PE), 중간층은 폴리아미드(PA) 및 알루미늄, 외층은 폴리에스터(PES)나 폴리에틸렌테레프탈레이트(PET) 등이 사용된다. 이렇게 다양한 플라스틱 필름과 알루미늄박은 제품의 용도에 따라 여러 겹으로 라미네이팅된다(그림 6-12).

포장재료는 가열하여도 환경호르몬, 페놀, 포르말린, 중금속, 과망간산칼륨, 증발잔류물 등이 나와서는 안 되기 때문에 식품과 접촉하는 내측에는 내열온도가 최소 115℃ 이상인 열에 잘 견디는 소재(LLDPE, HDPE, CPP)를 주로 사용하여 안전성을 확보하고 있다.

포장지의 용량은 규제가 없고 내용량을 자유로이 할 수 있으며, 편평하여 가열살균 시간이 짧고, 통조림과 같은 금속취가 없다.

(2) 제조과정

레토르트 식품의 제조과정은 그림 6-11과 같다.

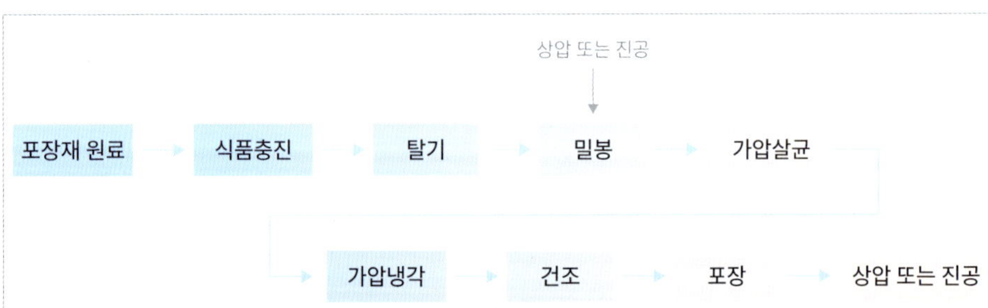

그림 6-11 레토르트 식품의 제조과정

- **충진**: 식품을 봉지에 채운다.
- **탈기**: 공기 팽창에 의한 포장 파열 방지, 열전도율 저하에 의한 가열살균 효과 저하 및 공기에 의한 비타민 A의 산화, 갈변 방지, 내용물의 연화 방지를 위해 탈기한다.
- **밀봉**: 밀봉 시 주의할 점은 접착이다. 통조림과 달리 두 장의 필름을 열로 융착시키는 것인데, 불량제품이 대부분 접착 불량으로 발생하므로 포장재료의 종류에 따라 접착온도,

시간, 압력을 정확하게 조정해야 한다.

- 가압살균: 알루미늄 포일을 함유한 파우치는 돌기가 없는 한 강하지만 내부압력에 대해서는 약하므로 가압하면서 살균·냉각한다.

(3) 포장재료

레토르트는 일반적으로 3~4개의 층으로 구성되는데(그림 6-12), 각 층의 특징은 다음과 같다.

내층(식품접촉층) 주로 폴리프로필렌(PP) 또는 폴리에틸렌(PE)이 사용되는데, 폴리프로필렌은 내열성이 뛰어나 레토르트 살균에 더 적합하며, CPP(Cast Polypropylene) 필름이 많이 사용된다. 내층은 식품 내용물과 직접 닿는 층으로, 식품에 해로운 물질이 용출되지 않아야 하며, 화학적 안정성이 높고 열을 가했을 때 완벽하게 밀봉되어 공기 침투를 막고 내용물이 새지 않도록 하는 열 접착성을 가진다.

중간층(차단층) 중층은 주로 알루미늄박(Aluminum Foil)을 사용하여 산소, 수분, 빛, 냄새 등 외부 요인의 침투를 강력하게 차단하여 식품의 변질을 막고 장기간 보존성을 높이는 핵심적인 역할을 한다. 알루미늄박은 이러한 차단성이 매우 뛰어나지만, 내용물을 볼 수 없고 전자레인지 사용이 불가능하다는 단점이 있다.

최근에는 알루미늄박의 단점을 보완하기 위해 산소 차단성이 우수한 특수 합성수지(예: EVOH, PVDC 코팅된 PET 또는 나일론)를 사용한다. 이러한 투명 차단층은 내용물을 확인할 수 있고 전자레인지 사용이 가능한 장점이 있다.

외층(강도 및 보호층) 외층은 주로 폴리에틸렌 테레프탈레이트(PET) 또는 나일론(Nylon; Bi-oriented Polyamide, BOPA)이 사용되는데, 외부 충격, 긁힘, 마찰로부터 내부층을 보호하고 포장재의 전반적인 강도와 내구성을 제공한다. 또한 인쇄가 가능하여 제품 정보나 디자인을 표시하는 표면 역할을 하고, 나일론은 특히 찔림 저항성(puncture resistance)이 좋다.

접착층(각 층을 연결) 각기 다른 재질의 필름 층들을 서로 강력하게 접착시키는 역할을 하는 층으로, 일반적으로 특수 접착제가 사용된다.

포장지의 용량은 규제가 없고 내용량을 자유로이 할 수 있으며, 편평하여 가열살균 시간이 짧고, 통조림과 같은 금속취가 없다.

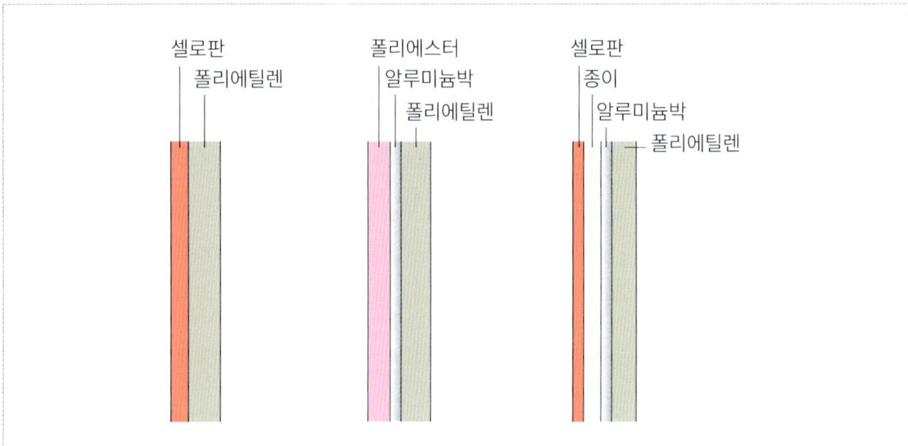

그림 6-12 라미네이트필름의 구성

CHAPTER 7

기타 저장원리

학습 목표

1. 삼투압의 방부 원리를 이해하고 염장·당장·산장법의 차이를 설명한다.
2. 훈연·훈증의 저장 효과와 주요 공정을 설명한다.
3. 전자파 살균의 원리와 적용 한계를 비교한다.
4. 가스저장의 원리와 가스 조성·운용 차이를 이해한다.
5. 막분리와 고압처리의 제균 원리와 활용 예를 제시한다.

1. 삼투압 원리

1) 삼투압의 방부원리

삼투작용(osmosis)이란, 제3장의 여과에서 공부했듯이 묽은 용액과 진한 용액이 반투과성 막을 사이에 두었을 때 농도가 더 진한 쪽으로 용매(일반적으로 물)가 이동하는 현상으로 그림 7-1과 같다. 이때 발생하는 압력을 삼투압이라고 한다.

식품에 소금이나 당 등의 용질을 가하면 미생물의 세포막에 삼투압이 형성되어, 강한 농도 차이에 의해 원형질 분리가 일어나 사멸된다. 또한 소금이나 당에 의해 식품의 수분활성도(Aw)가 낮아지므로 미생물의 생육이 억제된다. 특히 호기성균은 삼투현상으로 인해 생육이 크게 저해된다.

삼투압을 이용한 식품 가공·저장의 주요 목적은 유해 미생물의 생육을 억제하고 식품 내 수분함량을 조절하여 식품의 저장성과 보존성을 높이는 데 있다. 다만, 미생물의 저항력은 식품의 종류, 균류의 종류 및 식염 농도 등에 따라 다르다.

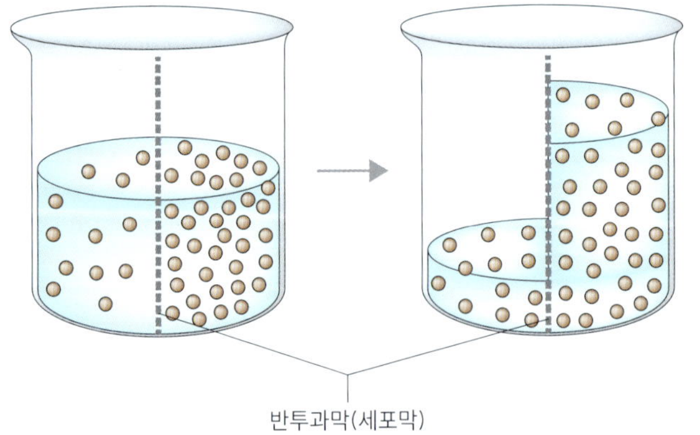

그림 7-1 삼투현상의 원리

2) 염장법

(1) 염장식품의 가공 및 저장

소금은 식품의 기본 맛을 내는 물질이자 염장식품에 보존성을 높이는 데 중요한 역할을 한다. 전통식품 중에서도 장류와 수산식품류에 널리 이용되어 왔다. 세균은 상온에서 대략 소금 농도 2%부터 억제되기 시작하여 10% 전후에서 상당량 억제된다. 효모는 15% 이상, 곰팡이는 20% 이상의 소금 농도에서 억제된다. 수분활성도로 보면, 대부분의 세균은 약 0.91 이하, 효모는 0.88 이하, 곰팡이는 0.80 이하의 수분활성도에서 생육이 억제된다.

소금의 삼투속도는 염장 초기에는 빠르지만 이후 점차 완만해져 평형에 도달한다. 소금의 침투속도와 침투량은 식품의 성상과 크기, 지방이나 단백질 등 성분함량, 소금농도, 온도, 염장방법, 식품의 상태 등에 따라 달라진다. 예를 들어, 고형식품은 액상식품보다, 지방이 많은 식품은 적은 식품보다, 대형식품은 소형식품보다 삼투속도가 느리다.

식염의 종류 식염에는 정제되어 오염균이 없는 소금인 '암염'과 '정제염' 그리고 화학적 불순물과 더불어 내염성 미생물을 함께 함유하고 있는 '천일염'이 있다. 식품가공에는 불순물이 거의 없는 식염을 사용하는 것이 바람직하다.

식염농도 농도가 높을수록 삼투압은 커지며, 일반적으로 식염농도 10% 이상이면 세균의 생육이 억제된다.

염장방법 염수법보다 건염법이 전체 삼투속도가 빠르다.

식염순도 식염 중 칼슘염이나 마그네슘염이 소량 함유되어 있으면 식염의 침투가 저해된다. 반대로 순수한 식염의 삼투속도가 크다.

식품성상 피하지방층이 두터울수록 소금의 침투가 어렵다.

온도 삼투속도는 온도와 비례하므로, 온도가 높을수록 삼투속도도 빠르다.

(2) 염장방법

소금절임법(salting)은 식품의 종류와 절임에 따른 숙성 정도를 고려하여 적절한 방법을 선택하여야 한다. 전통적으로는 염수법과 건염법이 사용되어 왔으나, 최근에는 이를 개량한 특수 방법도 활용되고 있다.

염수법 및 개량염수법 염수법은 물간법, 염지법, 액염법이라고도 하며, 식품을 일정 농도의 소금물에 담그는 방법이다. 식품에서 수분이 빠져나오기 때문에 농도를 일정하게 유지하려면, 소금을 수시로 첨가해야 하며, 장시간 방치하면 염수층이 생기므로 수시로 교반해 주어야 한다.

건염법에 비해 소금은 많이 필요하지만, 소금의 침투가 균일하여 품질이 고르고, 염장 중 공기와 접촉하지 않아 유지 성분의 산화가 일어나지 않는 장점이 있다. 또한 과도한 탈수가 일어나지 않으므로 외관, 풍미, 수율이 좋고 짠맛 조절도 가능하다. 대표적으로 김치 절임, 젓갈 등의 수산식품, 간장, 된장 등에 많이 이용된다.

개량염수법은 염장용기에 식품을 한 층씩 건염법으로 쌓아 두고 내림뚜껑을 덮은 뒤, 적당한 방법으로 가압하여 점차 식품에서 침출된 수분으로 포화식염수가 형성되어 나중에는 염수법으로 한 것 같은 효과가 있는 방법이다. 염수법과 건염법의 단점을 상호 보완한 개량 물간법으로, 염장 초기에 부패를 일으킬 염려가 적고, 소금이 균일하게 침투하며, 유지의 변색을 막을 수 있다는 장점이 있다.

건염법 및 개량건염법 건염법은 '마른간법'이라고도 하며, 식품에 식염을 직접 뿌려 염장하는 방법이다. 식품 표면의 수분이나 내부에서 침출된 수분에 소금이 녹아 포화 식염수 상태를 형성하면서 식품을 덮게 된다.

장점은 식품 내외의 삼투압 차가 커서 침투와 탈수가 빨리 진행되므로 염수법보다 속도가 빠르고, 적은 양의 식염으로도 효과적인 탈수가 가능하다는 점이다. 그러나 소금이 균일하게 침투되지 않아 품질이 고르지 못하고, 식품 표면이 공기와 접촉하여 산패나 유지 변색이 일어날 수 있는 단점이 있다. 건염법은 햄과 같은 축산식품, 굴비와 같은 수산식품, 김치 절임, 된장 등에 이용된다.

개량건염법은 먼저 염수법으로 1차 염지를 하여 식품 표면의 세균, 점질물, 염용액 등을 제거한 후, 건염법으로 본격적인 염지를 진행하는 방법이다. 이는 염장 효과를 높이기 위한 개량마른간법으로, 기온이 높은 계절이나 선도가 떨어진 원료를 염장할 때 주로 활용된다.

염수주사법 염수주사법은 크기가 큰 고기나 어육을 염지할 때, 담그는 기간이 길어 내부에서 변질되기 쉬운 점을 보완하기 위해 사용하는 방법이다. 이 방법은 염지기간을 단축시키고 염지를 균일하게 하기 위해 고안되었으며, 오래전부터 햄과 베이컨 제조에 널리 이용되어 왔다.

염수주사법에는 근육주사법과 맥관주사법이 있다. 근육주사법은 가장 오래된 방법으로, 주사기에 염지 용액을 넣고 근육 중심부에 주사하여 염지한다. 따라서 염지기간을 1/3 이내로 단축시키고 균일하게 염지할 수 있다(그림 7-2). 맥관주사법은 도살 즉시 흉부를 절개하여 혈압과 같은 압력으로 혈관 내에 염지액을 주입하여 염지하는 것으로, 약 3~4분 만에 전신 혈관을 통해 염지액이 퍼지며, 이후 해체하여 냉각한 뒤 다시 건염법으로 염지한다.

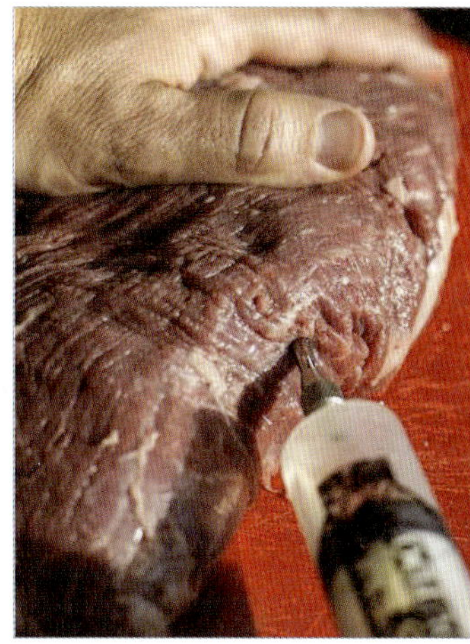

그림 7-2 염수주사법

자료: http://www.anotherpintplease.com

압착염장법 완전히 밀폐된 용기에 식품을 넣고 용기 내를 감압하여 식품 조직에 있는 기체를 배제한 다음, 용기 내를 가압하여 식염의 침투를 신속하게 하는 급속염장법의 하나이다. 처음에는 건염법으로 하고, 다음에 염수법으로 염지하여 식염을 삼투한 후 염수에서 건져내어 적당히 가압하여 과잉의 염분을 수분과 함께 압출시키면 염미가 적은 맛좋은 제품을 얻을 수 있다. 소금기를 적게 하고 풍미를 목적으로 할 때 이용되나 대량생산용으로는 부적당하다.

3) 당장법

당장법(sugaring)의 원리는 염장법과 같은 삼투압 차에 의한 방부작용과 수분활성도를 낮추는 효과에 의해 미생물 생육을 억제하는 것이다.

당은 식염에 비해 식품 내부로의 삼투가 느리게 진행된다. 삼투압은 몰(M) 농도에 비례하므로, 분자량이 적고 용해도가 큰 식염이 당보다 삼투효과가 크다. 그러나 당 중에서도 단당류가 이당류나 올리고당보다 효과가 크고 빠르다. 예를 들어, 같은 양의 당을 첨가했을 때 단당류인 포도당(분자량 180), 과당 등은 이당류인 설탕(분자량 342)보다 효과적이다. 실제로 일반 미생물에 대한 당류의 최소 발육 저지 농도는 설탕의 경우 60~70%인 데 반해, 과당과 포도당은 20~30%에서도 억제가 가능하다.

대체로 미생물은 당 농도가 50% 이상일 때 미생물의 성장이 억제되어 저장성을 확보할 수 있다. 반대로 당 농도가 50% 이하가 되면, 당은 오히려 영양물질로 작용해 미생물이 잘 번식하여 식품을 상하게 만든다. 또한 유기산은 보존효과를 증진시켜 잼과 젤리의 경우, 산도가 1.2% 정도이면 당 농도 45%에서 효모와 세균의 발육을 억제할 수 있다.

당장법을 이용한 대표적인 식품은 농축 당조림인 잼, 젤리, 마멀레이드, 당침 인삼, 인삼과자류, 과일 버터, 가당 연유 등이다.

4) 산장법

산장법(pickling)은 삼투압 원리를 이용하는 염장법이나 당장법과 달리, 수소이온 농도가 높은(pH가 낮은) 초산, 젖산, 구연산 등을 첨가하여 미생물의 생육이 억제되는 중산성이나 강산성 환경을 만들어 식품을 저장하는 방법으로 산절임법 또는 초지법이라고도 한다.

대표적인 식품으로는 오이피클, 마늘피클, 단무지, 김치, 죽순, 양배추와 같은 채소류, 토마토 등의 과일류, 칼피스, 탄산음료, 정어리·전갱이 등의 어육 초절임, 육류 초절임 식품 등이 있다. 산장법은 방부 외에도 조미효과를 부여한다.

산절임법의 원리는 주로 산의 살균작용에 의한 것이지만, 해리되지 않은 산 분자나 산 화합물의 음이온도 영향을 준다고 알려져 있다. pH가 낮을수록(강산성일수록) 저장효과가 크며, 일반적으로 세균은 pH 4.5 이하, 효모는 pH 4 이하, 곰팡이는 pH 3 이하에서 생육이 억제된다. 장기간 보존하기 위해서는 소금, 당, 알코올 등을 함께 사용하는 것이 더 효과적이다.

2. 훈연 및 훈증법

1) 훈연법

(1) 훈연의 의의와 방부원리

훈연법(smoking)은 육류나 어패류 등의 식품에 목재 등을 불완전 연소시켜 생긴 연기, 즉 연기 속의 방부성 성분·산화방지 성분 등을 침착시키거나, 살균력을 가진 연기 성분을 흡착시키는 동안 건조를 수반하여 상승효과를 얻고 저장성을 높이는 방법이다.

훈연 시 사용되는 목재는 수지함량이 적고 방부성 물질을 많이 생산하며, 잘 건조된 단단한 나무가 좋다. 나무의 종류에 따라 향기 성분 등에 차이가 있으므로 그 선택도 중요하다.

연기 속에는 약 200종 이상의 화학 성분이 존재하는데, 그중 살균작용을 갖는 성분으로는 알데히드류, 알코올, 초산, 개미산, 지방산 등이 있다. 또한 훈연 성분 중 폴리페놀류 화합물은 지방을 함유한 육·어류 식품에서 항산화 작용을 하며, 이외에도 염지 성분, 냄새 성분, 훈연 성분 등이 어우러져 독특한 훈연취가 형성된다. 그 결과 특유의 풍미를 갖게 된다.

대표적인 훈제 육제품에는 햄, 소시지, 베이컨 등이 있으며, 훈제 어패류에는 연어, 송어, 청어, 굴, 조개 등이 있다.

훈연재로 좋은 나무는 참나무, 벚나무, 떡갈나무, 자작나무, 호두나무, 단풍나무 등이며, 왕겨, 톱밥, 옥수수 속도 많이 쓰인다. 그러나 소나무, 전나무, 뽕나무, 감나무, 삼나무 등은 수지가 많고 향이 좋지 않아 부적당하다.

(2) 훈연방법

냉훈법 냉훈법(cold smoking)은 20~30°C에서 3~4주일간 훈연과 건조를 오래 되풀이하는 방법으로, 제품의 수분을 20~45%까지 감소시켜 장기간 저장성을 목적으로 훈연하는 방법이다. 연어, 청어, 꽁치나 드라이 소시지, 레귤러 햄, 베이컨 등의 제조에 이용된다.

온훈법 및 열훈법 온훈법(warm smoking)은 30~50°C에서 1~3일 훈연, 열훈법(hot smoking)은 50~80°C에서 5~12시간 훈연하는 방법을 말한다. 한편 50°C 내외의 훈연처리는 중온법, 70°C 내외의 훈연은 고온법으로 분류하기도 한다. 온훈법은 독특한 풍미를 주기 위한 것이 주목적으로 맛과 향기가 좋으나 장기간 저장에는 적합하지 않다.

TIP & NOTE **냉훈법**

오늘날처럼 냉장시설이 발달하지 못했던 옛날, 우리 조상들은 건조나 염장뿐만 아니라 훈연을 통해 생선을 오랫동안 보관할 수 있는 방법을 고안했다. 냉훈법을 이용해 한철에만 잡히는 생선을 독특한 맛과 식감을 가진 또 다른 식재료로 사용하기도 했는데, 대표적인 것이 바로 '과메기'이다.

과메기에 대한 기록은 1832년과 1871년에 발간된 《영일읍지》와 《동국여지승람》에서 찾아볼 수 있다. 이들 고서에 따르면 "매년 겨울이면 청어가 제일 처음 잡히는데 먼저 나라에 진공한 후에야 모든 고을에서 이를 잡았다. 청어가 잡히는 정도가 많고 적음에 따라 그 해 바다농사의 풍흉을 점쳤다."고 전하고 있다. 또 이 지역 풍습을 기록하고 있는 《소천소지》에는 "동해안의 한 선비가 겨울에 과거를 보러 가던 길에, 해안가 언덕 나뭇가지에 청어가 '얼말려'(얼면서 마른 상태, 경상도 방언) 있는 것을 보고 찢어 먹었는데 그 맛이 매우 좋아, 이후 매년 겨울마다 청어나 꽁치를 꿰어 얼말려 먹었다."는 기록이 전한다. 《규합총서》 에는 "비웃(청어) 말린 것을 세상에서 흔히 관목이라 하나, 이는 잘못 부름이요, 정작 관목은 비웃을 들어 비추어 보아 두 눈이 서로 통하여 말갛게 마주 비치는 것을 얼말려 쓰면 그 맛이 기이하다."고 기록하고 있어, 상당히 오래전부터 냉훈법을 이용하여 과메기를 만들어 먹었음을 알 수 있다.

그렇다면 어떻게 청어를 냉훈법에 의해 훈연과 건조를 하게 되었을까? 이는 과메기의 어원인 '관목어(貫目漁, '나무에 걸려 있는 고기'라는 의미)'에서 찾아볼 수 있다. 포항은 겨울철 청어 떼가 몰려와 산란을 하는 장소였기 때문에, 당시 잡히는 청어는 먹을 것이 별로 없는 겨울에 손쉽게 얻을 수 있는 귀한 식량이었다. 그러나 이 청어를 두고 먹을 수 있도록 보관하는 방법이 문제였는데, 누군가 부엌으로 난 작은 창문(살창) 쪽에 청어를 걸어둔 것이 시작일 것으로 생각된다. 이 창문에 청어를 걸어두면 부엌의 연기가 빠져나가 자연 훈제 효과가 생긴 데다, 적당한 바람으로 자연스럽게 얼었다 녹았다 하는 과정이 반복되어 냉훈방법을 터득하였을 것으로 보인다. 이후 이 방법을 확대·적용시켜 나무에 청어를 걸어 낮의 햇빛과 밤의 차가운 바람을 맞도록 하여 과메기를 생산해냈다.

실제 울진, 영덕 등 동해 연안 지방에서 이 같은 냉훈방식으로 생선을 갈무리하는 풍습은 과메기뿐만 아니라, 가자미, 가오리, 열기, 명태 따위의 어물도 같은 방식으로 저장하는 것을 쉽게 볼 수 있다.

배훈법 배훈법(roast smoking)은 95~120°C에서 2~4시간 정도 훈연하는 것으로, 저장보다는 바로 식용할 수 있는 훈연법이다.

액훈법 액훈법(liquid smoking)은 훈연재료를 사용하는 대신 목초액, 크레졸, 알코올, 붕산, 명반, 초석, 색소 등을 배합하고, 필요시 조미료, 향신료도 배합하여 염지와 동시에 식품을 담가 연기 성분을 침투시키는 방법을 말한다. 조성 성분에 따라 침지시간 등을 고려해야 한다.

전기훈연법 전기훈연법 또는 전훈법(electric smoking)은 코로나 방전에 의해 연기 성분의 흡착을 촉진하는 방법이다. 원료 식품을 5cm 간격으로 교차시켜 배치한 뒤 훈연하면서 전압을 걸어 방전시키면, 연기 중 하전된 유효 성분이 반대극에 있는 원료에 흡착되는 방법이다. 이 방법은 수분 증발이 적어 저장성도 약하다.

2) 훈증법

훈증법(fumigation)은 주로 곡류나 과일류(특히 건조과일) 등을 저장할 때 해충이나 미생물로부터 보호하기 위하여 일정한 용기 또는 포장된 포대 등에 휘발성 살충제나 살균제, 즉 훈증제를 기화가스로 하여 해충이나 충란 또는 미생물을 사멸시키는 방법을 말한다. 훈증제란 일정 온도와 압력하에서 해충을 사멸시키기 위해 가스 상태로 개발된 약제이다. 해충의 호흡을 저해하므로 강한 독성을 가지며, 메틸브로마이드(MB), 청산(HCN), 인화수소, 에틸포메이트(ethyl formate)가 많이 사용된다.

훈증 시 곡물에 가스가 잘 침투되도록 하여야 하며, 살균제는 종류나 사용량에 따라 사람과 가축에게 유해할 수 있으므로 적절한 훈증이 필요하다. 저장창고는 잘 밀폐되지 않으면 가스가 새어나가므로 완전 밀폐하여 훈증하도록 하며, 종자용 곡물은 발아가 상실될 수 있으므로 유의해야 한다.

3. 전자파 살균법

1) 마이크로파 가열살균: 전자레인지 원리

(1) 마이크로파 가열의 원리

마이크로파(microwave)는 TV 방송과 통신에 이용되는 극초단파(ultrahigh frequency, UHF), 초고주파(superhigh frequency, SHF) 등과 같은 초단파 이상의 전파를 말하며, 식품에 허용된 주파수는 915MHz와 2,450MHz이다.

마이크로파 가열은 쉽게 말해 마이크로파를 사용해서 식품 내부에 복사열을 발생시키는 원리이다(그림 7-3). 즉, 마이크로파가 식품에 흡수되면 식품 내에 존재하는 수분을 비롯한 구성 분자에 분극을 일으키고, 극성을 갖는 분자끼리 재배치하는 과정에서 회전, 진동, 마찰이 일어나 열이 발생하여 온도가 올라가게 된다. 다시 말해 식품이 전파를 흡수하면서 식품 중의 수분, 지방, 당분자 등이 활성화되어 전파에너지는 열에너지로 바뀌어 발열하게 되므로 식품 그 자체가 열원이 되는 셈이다.

마이크로파를 응용한 대표적인 조리기기인 전자레인지는 1955년 미국에서 2,450MHz를 조사하는 가전기기로 상품화되었으며, 마이크로파의 원리를 이용하여 식품의 가열, 살균, 건조, 해동 등에 이용하고 있다.

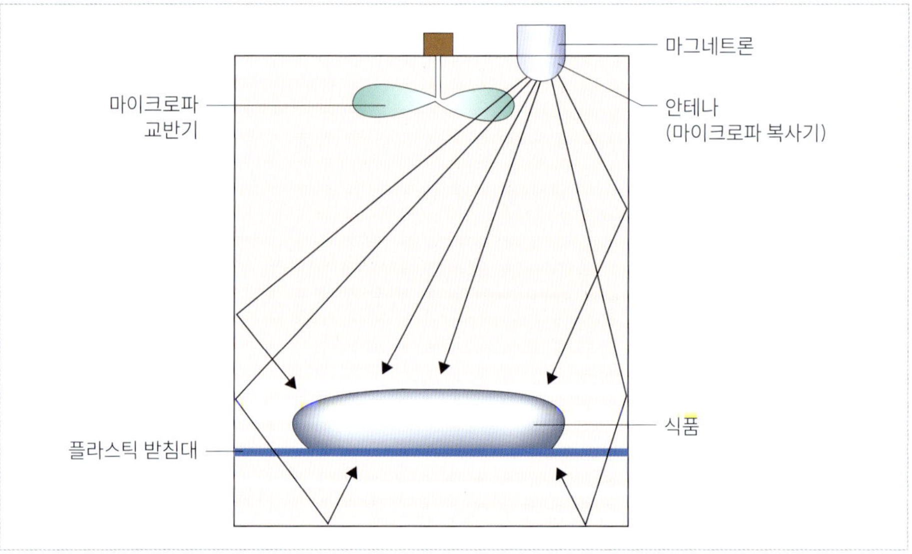

그림 7-3 전자레인지의 구조

(2) 전자레인지 가열의 특징

마이크로파 가열의 특성

- 보통 식품은 열전도성이 나빠 내부로 열이 전달되는 속도가 늦으나, 마이크로파 가열 시에는 식품 자체가 뜨거운 발열 상태이므로 열효율이 높고 가열속도가 빨라 짧은 시간 내에 가열할 수 있다.

- 일반적 가열의 경우 열전달이 늦어 식품 표면과 내부의 온도가 균일하게 되는데 많은 시간이 소요되나 마이크로파는 가열이 균일하고 열에 의한 식품의 손상이 매우 적어 영양소의 파괴가 적다.
- 진공 중인 식품이나 진공 포장하에서 가열할 수 있다.
- 비금속의 포장재 내에 포장된 식품을 가열할 수 있어 식품의 모양이 변형되지 않으므로 재가열이나 해동 등에 넓게 이용된다.
- 조작이 간단하고 적응성이 좋아 공정합리화나 작업환경이 좋다.

용기 선택 시 유의사항 마이크로파는 금속 등에 닿으면 반사되고 공기, 유리, 도자기, 종이 등에 투과되며, 식품, 물 등에 흡수되는 성질이 있으므로 전자레인지 사용 시 적절한 용기 선택이 필요하다. 즉, 용기는 내열 용기를 사용하고, 은박지나 금속제 그릇은 전파가 반사되어 가열되지 않으므로 사용하지 않는 것이 좋다. 최근에는 전자레인지 전용 스테인리스 제품도 선보이고 있는 상황이다. 전자레인지에서 사용 가능한 스테인리스 제품은 내부에 특수 코팅 처리가 되어 있어 전자파가 금속에 머무르지 않기 때문에 불꽃이 튈 우려가 없고, 음식에도 전자파가 안정적으로 도달하여 고른 가열이 가능하다. 단, 이는 특수 처리된 일부 제품에만 한정되므로 반드시 '전자레인지 전용' 인증마크를 확인해야 한다.

가열 시 유의사항 아울러 마이크로파는 인체에 흡수되므로 전자파의 노출이나 누출에도 유의해야 한다. 전자레인지의 가열시간은 식품의 종류, 양, 크기, 형태, 포장재의 종류 등 여러 가지 요인에 따라 달라진다.

조리 및 활용 범위 전자레인지는 삶기, 찌기, 굽기, 데우기 등의 기본 조리를 할 수 있고, 영양분의 손실 없이 채소를 데치거나 냉동식품의 해동 등에도 널리 이용되고 있다. 또한 조리식품, 가공식품, 도시락, 병조림 식품 등 저장목적의 살균에도 이용한다. 다만, 표면에 갈변이 필요한 빵이나 과자 등의 식품에는 적합하지 않지만, 이러한 한계는 점차 개선되고 있다.

식품별 가열 특성 식품 중 수분이 많은 액체류, 채소류, 과일류가 가장 빠르게 가열되고, 건조식품, 고단백 식품, 고체상 식품 등은 느리게 가열된다. 껍질이 있는 열매의 경우 반드시 껍질을 벗기고 가열하여야 터지지 않으며, 밀봉된 식품은 뚜껑을 열어야 한다.

2) 원적외선 가열살균법

(1) 원적외선의 범위와 이론

적외선은 가시광선의 적색영역 이외로부터 마이크로파 사이에 위치하는 전자파의 일종으로 근적외선과 원적외선으로 구분하는 것이 일반적이다(그림 7-4).

원적외선이나 근적외선의 가열은 모두 복사가열로서 일반 열풍가열보다 빠르며, 특히 원적외선 가열은 20~30%의 에너지가 절약된다. 가열효율은 원적외선이 근적외선보다 월등히 좋고, 물체의 표면으로부터 내부에 침투되는 정도도 근적외선보다 원적외선이 더욱 깊이 침투된다.

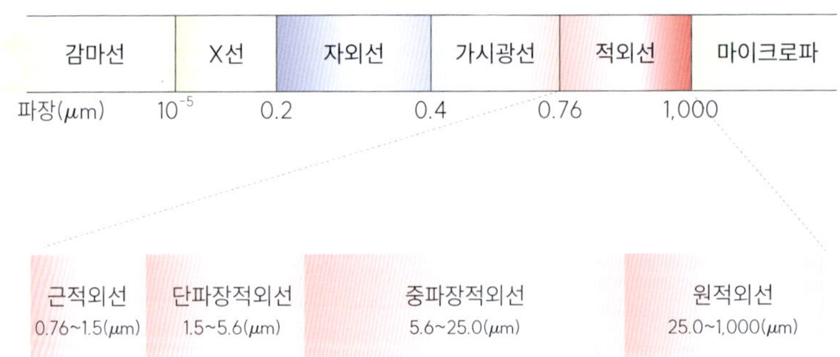

그림 7-4 원적외선의 범위

(2) 원적외선의 식품 이용

적외선은 식품의 가열, 건조, 살균, 해동, 저장, 포장재료의 성형, 인쇄 등에 이용된다. 식품에 이용되는 영역은 주로 2.5μm 이상의 원적외선 영역으로, 특히 2.5~20μm의 원적외선은 유기물에 대한 흡수가 크고 식품 가열효과가 커서 널리 이용된다.

원적외선의 식품가공 이용은 가열 특성 때문인데, 이는 온풍·열풍 가열과 달리 열매체를 이용하지 않는 가열방식이다. 원적외선 방사체는 주로 세라믹으로, 전열히터에 의해 가열된 세라믹에서 원적외선이 방출된다. 원적외선은 공기에 거의 흡수되지 않고 직접 식품 표면에 도달해 흡수되므로 가열효과가 크다. 다만, 식품의 내부 깊이까지는 침투하지 못하며, 두껍고 큰 대형 식품에서는 가열·살균이 어렵지만, 표면살균은 가능하다.

또한 원적외선은 에너지 수준이 낮아 식품 성분의 화학 변화가 거의 없으며, 가열에 의한 색택과 텍스처의 변화가 적고 균일한 가열이 가능하다. 다만, 원적외선은 잘 보이지 않으므로, 가열 상태를 확인할 수 있는 장치가 필요하다.

대표적인 이용 예로는, 비스킷·센베이 과자와 같은 비교적 두껍지 않은 식품의 가열가공, 수산 연제품이나 어류 등의 구이, 생선, 채소, 표고버섯, 해조류 등의 건조, 식품의 해동 등이 있다.

3) 자외선 살균법

(1) 자외선의 범위와 살균효과

자외선은 가시광선의 자색영역 바깥쪽에서 X선 사이에 위치하는 전자파로, 파장범위는 100~380nm이다. 빛의 스펙트럼 기준으로 자색(보라색)의 밖에 있다 하여 '자외선'이라는 이름이 붙었다. 눈으로는 볼 수 없으나 태양광선에 존재하며, 살균효과를 지닌다. 태양광선에 의한 일광소독이나 살균효과는 주로 자외선에 의해 세균 등 병원균이 사멸되기 때문이다.

살균력이 가장 강한 파장은 대략 250~260nm 부근이다. 한편, 파장 280~320nm의 자외선은 '건강선'이라 불리며, 체내에서 비타민 D를 생성한다. 또한 파장 200~340nm의 자외선은 피부 표피 중의 아미노산에 변화를 일으켜 모세관을 확장시키는 홍반작용을 가지므로, 장시간 노출은 삼가야 한다.

자외선 살균의 원리는 아직 확실치 않으나 자외선이 지니는 광자에너지가 분자를 해리시켜 화학반응을 일으키거나 이온화시켜 반응성을 증대시킴으로써 미생물 세포 내의 핵단백질이 변화되어 신진대사에 장애를 일으켜 사멸하는 것으로 추측되고 있다.

자외선의 살균작용은 파장, 조사강도 및 시간, 거리 등과 관계가 있으며, 직사광선이 닿는 물체의 표면에만 살균되므로 전체적으로 살균력이 못 미치는 단점이 있다. 자외선에 의한 살균효과는 효모·세균·곰팡이에 따라 모두 다르고, 같은 세균이라도 균종이나 균주에 따라 다르다. 대장균(*E.coli*), 포도상구균(*Staphylococcus aureus*) 등은 비교적 낮은 선량에서도 사멸되지만, 고초균(*Bacillus subtilis*)의 사멸에는 높은 선량이 필요하다. 일반적으로 '세균→효모류→곰팡이' 순으로 자외선에 대한 저항성이 크다.

(2) 자외선 살균장치와 식품에서의 이용

일반적으로 자외선 살균장치는 저압수은증기 램프 속에서 전기 방전을 일으키면 수은이 공명하여 에너지를 방사하고, 이 에너지가 살균작용을 한다. 최근에는 고성능 자외선 살균장치가 식품포장의 살균용으로 개발되었으며, 에탄올 처리와 병용하기도 한다.

자외선 살균은 가열살균보다 영양 손실이나 변질·변형을 일으키지 않는 장점이 있다. 그러나 지방질 식품에서는 산패취가 발생하기도 하고, 단백질이 함유된 식품에는 자외선이 흡수되어 살균효과가 현저히 떨어지기도 한다.

또한 자외선은 사람의 피부에 과다 노출되면 상처가 생기고, 직시하면 결막염, 각막염 등을 일으키므로 주의가 필요하다.

자외선 살균은 음료수, 공업용수, 각종 용기, 기구 및 포장은 물론, 실내공기 또는 조리장, 공장창고, 식품처리장 등의 살균과 소독에 유용하게 이용된다(그림 7-5).

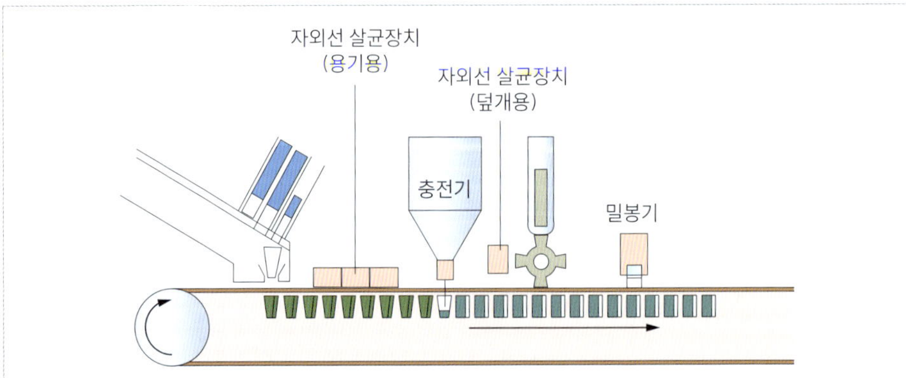

그림 7-5 자외선 살균장치에 의해 용기를 살균하는 무균충전

4) 방사선 조사 살균법

(1) 방사선 조사의 종류와 원리

식품가공에 방사선을 이용하는 것은 식품의 보존 및 가공 때문이며, 방사선으로 처리하는 가공공정을 식품조사(food irradiation)라 한다. 방사선을 에너지 수준으로 분류하면 X선, 전자선, Co^{60}의 γ선, Cs^{137}의 γ선, Sr^{90}의 β선 등이 있다. 이 중 식품용의 조사에 사용되는 핵종은 Co^{60}이 대부분으로 국내에서는 Co^{60}의 γ선이 이용되고 있다. 방사선의 종류에는 α선, β선, 중성자 등과 같은 입자선과 X선, γ선과 같은 전자파가 있다. 입자선은 동식물 조직 속에 들어가도 없어지지 않는다. 반면, 전자파인 X선과 γ선은 조직 속에서 이온화를 일으킨 뒤 에너지를 모두 소비하고 없어지므로, 식품 이용에 매우 안전하다.

방사선이 식품을 투과하면서 에너지를 식품에 주는데, 만약 식품 1g에 100erg의 에너지가 주어지는 경우, 이 식품에 흡수되는 방사선량, 즉 흡수선량은 1rad라고 한다. 최근 많이 사용하는 Gy라는 단위는 1kg의 식품에 1Joule의 에너지를 흡수하는 경우의 선량 단위로, 1 Gy = 100rad이다.

방사선이 식품에 대한 저장효과를 갖는 원리는 동식물의 세포 내 핵이나 DNA 분자 등이 방사선에 대한 감수성이 높아 이 부분에 전리를 일으켜 기능을 상실하므로 사멸 또는 불활성화를 가져오는 것이다.

식품저장 시 방사선의 장점은 방사선 처리에 의하여 식품 자체의 온도가 거의 상승하지 않는다는 점, 캔이나 플라스틱 등의 포장식품도 적당한 선량을 이용하여 처리할 수 있다는 점, 연속공정으로 처리할 수 있다는 점 등이다.

(2) 방사선의 식품저장 효과 및 방사선 허가 식품

저선량 조사의 선량은 1kGy 이하의 범위로서 살균효과는 크게 기대할 수 없으나, 농산물의 발아 및 발근 억제, 숙도 지연, 살충, 기생충 사멸 등에 이용된다. 예를 들면, 감자의 발아 억제, 밀가루의 살충, 쌀의 바구미 살충, 돼지고기의 선모충 사멸 등이다.

중선량 조사는 1~10kGy 범위의 선량으로 완전살균은 되지 않으나 과채류, 육·어패류 등의 표면에 부착된 부패균, 병원균의 살균과 식품 특성의 품질을 개선할 목적으로 조사한다.

고선량 조사는 10~50kGy 범위의 선량으로 모든 미생물을 완전살균하는 것이 가능하나, 식품의 품질 변화가 심한 경우가 많다. 또한 식품 조직 중에 존재하는 효소는 불활성화시킬 수 없으므로 잔존효소에 의한 자기소화도 일어날 수 있다.

우리나라는 1986년 6월에 「식품위생법」에 식품조사처리업이 신설되어 1987년 10월 감자 등 5개 품목이 지정된 이후, 표 7-1과 같이 현재 26개 품목에 허용되고 있다.

방사선 조사식품을 다시 조사해서는 안 되며, 조사식품을 원료로 사용하여 제조·가공한 식품도 다시 조사하여서는 안 된다. 조사식품은 용기에 넣거나 포장한 후 판매하여야 하며, 그림 7-6과 같은 마크를 반드시 표시해야 한다.

그림 7-6 방사선 조사식품 표시

표 7-1 방사선 조사 허용식품

허가품목	허가선량(kGy)	목적	허가날짜
감자, 양파, 마늘	0.15	발아 억제	1987. 10. 16.
밤	0.25	발아 억제	
생버섯 및 건조버섯	1	숙도 지연	
건조향신료	10	살균·살충	1988. 9. 13.
가공식품 제조원료용	7	살균·살충	1991. 12. 13.
건조식육 및 어패류 분말			
된장, 고추장, 간장분말			
조미식품 제조원료용 전분	5	살균·살충	
가공식품 제조원료용	7	살균·살충	1995. 5. 19.
건조채소류			
건조향신료 및 이들 조제품	10	살균·살충	
효모, 효소식품	7	살균·살충	
알로에 분말	7	살균·살충	
인삼(홍삼 포함) 제품류	7	살균·살충	
2차 살균이 필요한 환자식	10	살균	

(계속)

허가품목	허가선량(kGy)	목적	허가날짜
난분	5	살균	2004. 5. 24.
가공식품 제조원료용 곡류, 두류 및 그 분말	5	살균·살충	
조류식품	7	살균·살충	
복합조미식품	10	살균	
소스류	10	살균·살충	
분말차	10	살균·살충	
침출차	10	살균·살충	

4. 가스저장법

1) 가스저장의 원리

일반적으로 공기는 21%의 산소, 78%의 질소 및 0.03%의 이산화탄소를 함유하고 있다. 가스저장은 저장환경 중의 이와 같은 기체 조성을 인위적으로 변경한 가스치환포장을 통해 식품의 품질 유지 기간을 연장하는 방법으로, CO_2, N_2, O_2, 에틸렌, Ar, He 또는 이들의 혼합가스를 이용한다.

과채류는 고기류와 달리 수확한 후에도 호흡, 증산, 추숙 및 생장 등의 활동이 계속된다. 따라서 수확 후에도 호흡작용을 통해 이산화탄소의 방출, 수분의 탈수, 에틸렌가스 발생 등이 일어나고, 증산작용에 의해 탈수되어 시들게 되며 향기 성분도 증발한다. 또한 과채류는 미숙한 상태에서 수확해도 시간이 경과하면서 점점 익어가는 추숙작용에 의해 단맛이 증감하는 등의 변화가 일어나기도 하며, 생장작용이 계속되어 고구마·감자·양파 등은 적당한 온도와 습도에서 발아해 본래의 영양소가 저하되기도 한다.

뿌리에서 오는 영양분이나 수분 공급이 중단된 상태에서 과채류의 호흡작용이 계속되면, 자기소화에 의해 중량이 감소하거나 변질되어 품질이 저하되므로, 장기간 저장하려면 호흡을 억제할 수 있는 대책이 필요하다.

이를 위해 수확 후 호흡을 저하시키기 위해 공기 중의 산소함유량을 줄이고, 그 대신 질소나 이산화탄소 등의 불활성 기체로 대치시키면 대사활동이 억제되어 저장성을 갖게 된다. 이것이 가스저장의 원리이며, 대표적인 방법으로 CA(Controlled Atmosphere)저장과 MAP(Modified Atmosphere Packaging)저장이 있다.

한편, 에틸렌은 식물호르몬의 하나로서 생장 촉진·호흡 촉진·과실의 성숙 촉진 등의 생리작용을 한다. 숙성된 과일에서는 에틸렌가스가 대량 발생하여 미숙한 과일을 빨리 익게 하므로, 이를 억제하는 것이 중요하다.

가스저장 시 단독보다는 혼합가스를 이용하는 것이 더 효과적일 때가 있다. 산소·질소·이산화탄소가스의 혼합으로 높은 저장효과를 볼 수 있으며, 특히 햄과 소시지의 저장에서는 질소 70~80%, 탄산가스 20~30%의 혼합가스로 무균 포장하면, 퇴색 방지에 매우 효과적이다.

2) CA저장과 MAP저장

CA저장이나 MAP저장의 원리와 필수요건은 대기 중의 공기와는 다르게 가스 조성 등을 변화시켜 과채류의 수확 후 호흡, 증산, 추숙 등의 대사활동을 조절하여 저장기간을 연장하는 것이다. 일반적으로 산소 농도는 1~10% 정도로 감소시키고, 이산화탄소 농도는 1~20% 정도로 증가시키며, 상대습도는 85~95%, 온도는 0~10°C 정도로 각 식품에 따라 조절한다. CA저장방법으로 사과나 배 같은 과일은 9~10개월까지 저장기간을 연장할 수 있어 1년 내내 시장에서 구매할 수 있게 되었다.

CA저장과 MAP저장의 근본적인 차이점은 크게 두 가지다.

첫째, CA저장은 저장용기의 가스 조성을 일정하게 유지하기 위해 부족한 가스를 보충하여 조절하는 방법인 반면, MAP저장은 초기에 가스를 주입한 후 내용물에서 발생하는 가스는 조절하지 않고 방치하는 방법이다. 따라서 MAP저장에서는 저장 수명에 해가 되는 에틸렌이 발생하는 문제가 있으며, 일반적으로 MAP저장보다 CA저장이 적절한 가스 조성을 일정하게 유지하기 쉽다.

둘째, CA저장은 산소, 이산화탄소, 질소 등의 비율을 계속 측정하고 부족한 성분을 공급하는 장치가 필요하므로 통상 인공적으로 가스공급장치를 갖춘 냉장고나 저장고 내에서 대량저장하는 경우에 효율적이다. 반면, MAP저장은 가스 조절 없이 초기 조성대로 유지하면서 두께 0.02~0.1mm의 LDPE, HDPE, PVC, PP 등의 플라스틱 필름이나 저장 상자 등 20kg 이하의 소포장 단위로 많이 사용한다. MAP저장은 과채류뿐만 아니라 육류, 해산물, 베이커리 제품의 저장에도 널리 이용된다.

다만, CA저장은 항온을 유지하기 위해 완벽히 밀폐된 저장고가 필요하고, 장기간 유지비가 많이 드는 단점이 있다. 이에 따라 최근에는 그림 7-7과 같이 포장을 활용한 MAP저장의 이용이 늘고 있다.

그림 7-7 MAP저장

TIP & NOTE **CA저장법**

공기 조성을 조절하여 농작물의 변질을 늦추는 CA기법은 2007년 생산자 단체인 농협에 도입된 이후, 현재는 이마트(이마트후레쉬센터), 한진(한진셀라리움) 등 유통업계에서도 활발히 적용되고 있다. 특히 수박, 복숭아, 상추 등 날씨의 영향을 많이 받고, 맛을 유지하는 기간도 다소 짧은 농작물을 중심으로 CA저장법을 적용하고 있다.

자료: http://www.fnnews.com

예를 들어, 수박은 맛을 유지하는 기간이 3일 정도였던 데에서 10일까지 연장되었으며, 상추는 저장기간이 2일에서 15일까지 늘어났다. 이처럼 장마철 농작물의 품질이 떨어지는 기간에 대비하여 비가 오기 전 상품을 CA저장고에 보관하였다가 출하함으로써 생산 농가와 소비자 모두 가격 및 품질 측면에서 만족할 수 있게 되었다.

5. 막분리 살균법

막분리법은 상변화 없이 물질을 분리하는 기술로 연속조작이 가능하며 열이나 pH에 민감한 물질을 분리할 수 있으므로, 열 손상이 없고 휘발성 성분의 손실이 적다. 막분리를 이용한 살균은 1922년 막여과를 제균에 이용한 이후 역삼투막(Reverse Osmosis, RO), 한외여과막(Ultra Filtration, UF) 및 정밀여과막(Microfiltration, MF)으로의 기술 발전으로 식품은 물론 의약품공업에서 제균 및 살균에 기여하고 있다. 여과와 투석에 관한 상세한 내용은 제3장에서 이미 설명하였으며, 그림 7-8은 대표적인 막분리 살균법들의 분리 능력을 보여준다.

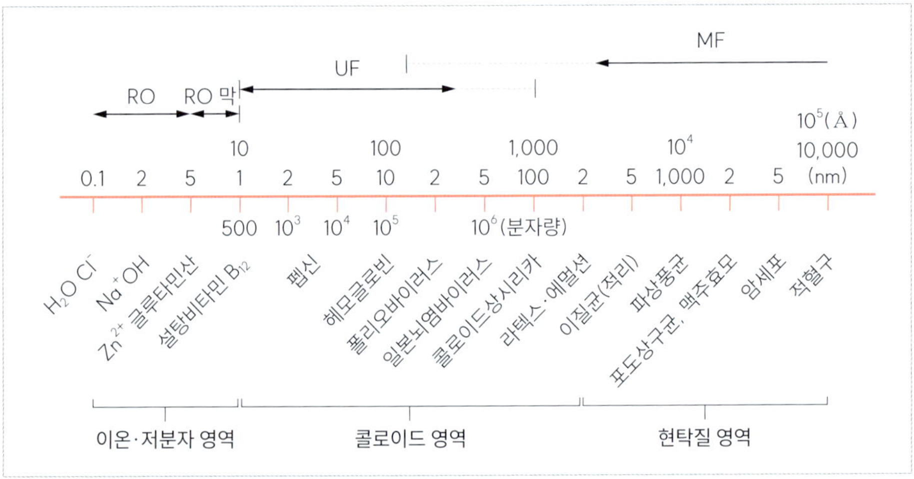

그림 7-8 역삼투압, 한외여과와 정밀여과의 범위

역삼투막(RO)의 원리는 반투막을 중심으로 용질이 막을 통과할 수 없고, 용매는 통과할 수 있어 용매가 진한 용액으로 들어가는 삼투현상을 역으로 적용한 것이다. 즉, 삼투압보다 큰 압력을 용액에 가함으로써 용질이 포함된 용액에서 용매를 분리해 내는 방법이다. 역삼투에서는 물만이 투과되고 저분자량 염류는 거의 투과되지 않는다. 보통 제균 목적으로 초산셀룰로스를 사용하나, 식품공업에의 활용은 적고 일부 무가열 농축과 살균에 적용되며, 예로 생과일 주스 농축이나 수돗물 정수에 이용된다.

역삼투와 유사한 한외여과(UF)는 막의 구멍보다 작은 물질(예: 물, 유당 등)은 막을 투과하여 이동시키고, 큰 지름을 가진 물질(예: 단백질 등)은 막을 투과하지 못하고 남게 되어 용액 중의 물, 염류, 유당은 제거되나 용액은 농축되어 고농도 용액으로 변하는 원리이다(그림 7-9). 따라서 분자량이 큰 용질을 물에서 분리하는 용도로 사용한다. 식품공업에서 가열살균하지 않는 청주나 생크림 등의 제조공정에 이용되며, 살균 및 제균 효과도 확인된 바 있다.

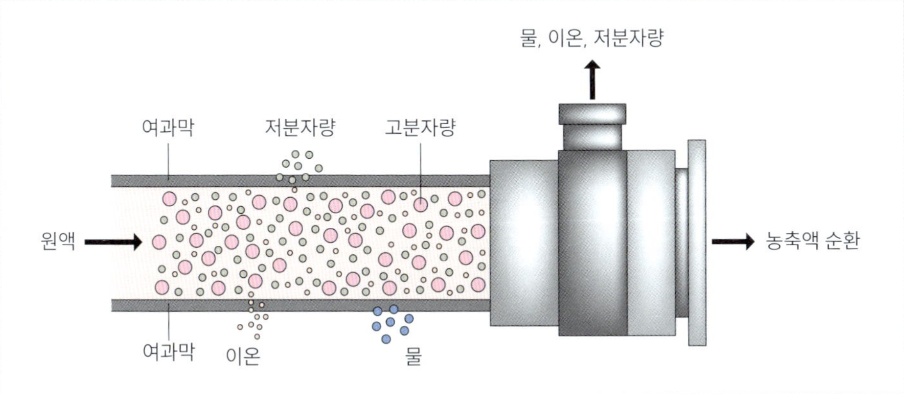

그림 7-9 한외여과법의 원리

자료: http://www.shinhanwater.com

정밀여과막(MF)은 일반적으로 전량여과방식이 이용되는데, 여과필터를 통해 0.1~2μm의 미립자와 균을 제거할 수 있어 주로 생맥주의 여과 및 제균에 이용되고, 와인의 정밀여과에도 제균 및 투명성 등으로 상품성을 높이는 목적으로 사용된다.

TIP & NOTE **고압처리살균기술**

고압처리살균기술은 물리적 방법의 하나로, 식품을 100MPa(1,000기압) 이상의 압력에서 대부분의 미생물이 세포 등의 구조 변화, 포자막 등의 변화에 의해 사멸되는 원리를 이용하는 기술이다. 가압 압력이 높을수록 가압시간이 짧아지며, 대부분의 세균·곰팡이·효모 등의 영양세포는 300~400MPa 정도에서 10~20분이면 사멸된다.

식품에 고압처리를 적용하며, 다음과 같은 효과를 기대할 수 있다.

1. 미생물 제어 효과: 미생물의 살균작용과 살충작용을 통해 천연원료의 과일이나 채소의 과즙, 육·어육 등의 저장기간을 연장한다.
2. 효소 불활성화 효과: 효소를 불활성화하여 효소반응을 억제함으로써 유용 물질의 생산이나 탈취 등에 활용된다.
3. 식품 구조 개량 효과: 단백질의 겔화 또는 변성이나 전분의 호화를 통해 식품의 텍스처를 개량할 수 있고 신소재 개발에 기여한다.
4. 유화 안정화 효과: 지방과 단백질 혼합물에서 유화성을 개선한다.
5. 숙성 억제 효과: 발효식품이나 절임류의 숙성을 억제하거나 정지시킨다.

2000년에 일본 아오모리현에서는 가열처리에 비해 풍미와 영양 성분에는 차이가 없이 고압처리로 식품을 가공할 수 있는 사과주스를 시험·생산한 바 있다. 최근에는 우리나라에서도 영양성, 편리성 및 고품질 측면을 충족하는 고압처리기술에 대한 연구 및 상품화가 진행되고 있다.

PART 3

FOOD PROCESSING AND PRESERVATION

주요 식품군의 가공

CHAPTER 8

곡류, 서류, 두류의 가공

학습 목표

1. 쌀·보리·밀의 구조와 가공공정을 이해한다.
2. 곡류 가공품의 특징을 설명한다.
3. 서류 전분의 제조와 변성·가공 과정을 이해한다.
4. 두류의 성분과 두유·두부·콩나물·발효식품의 제조 원리를 설명한다.

1. 쌀의 가공

1) 쌀의 구조

벼의 구조는 그림 8-1과 같이 왕겨층과 과피, 종피, 호분층으로 구성된 겨층 그리고 배유와 배아로 구성된다.

왕겨층을 제거한 쌀을 현미라고 하며, 현미 100에 대해 겨층·배유·배아의 비는 약 5:92:3이다. 쌀의 배유는 대부분 전분으로 구성되어 있고, 겨층에는 단백질, 지방, 비타민 등이 풍부하지만 겨층은 조리가 어렵고 소화가 잘 되지 않기 때문에 제거하는 과정을 거치게 되는데, 이렇게 쌀의 겨층을 제거하는 가공공정을 도정이라고 한다.

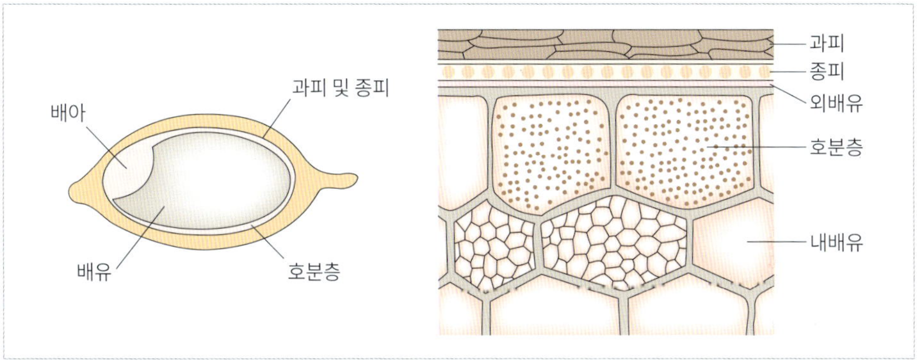

그림 8-1 벼의 구조

2) 쌀의 도정

쌀의 도정은 정미라고 하며, 그 공정은 그림 8-2와 같다.

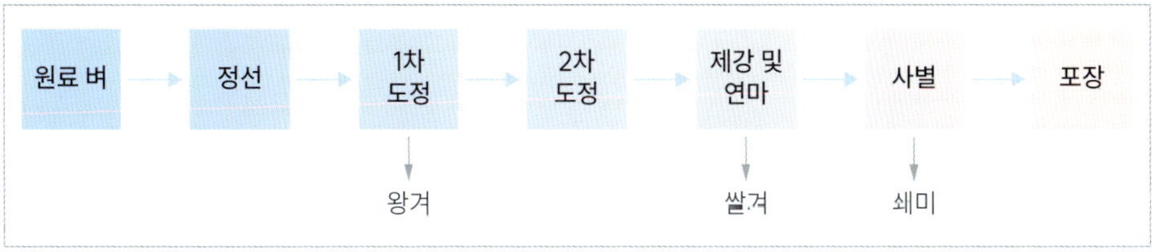

그림 8-2 쌀의 정미공정

(1) 정선 및 제현

벼는 수확 후 건조하여 도정하기 전 이물질을 제거하는 정선과정과 왕겨를 제거하는 제현(탈각)과정을 거친다.

(2) 도정

왕겨를 제거한 후 현미의 겨층을 제거하여 정미를 얻는 공정을 도정이라고 한다. 쌀 또는 보리를 도정하는 기계를 도정기, 현미의 겨층을 제거하는 기계는 정미기, 보리를 도정하는 기계는 정맥기라고 한다.

정미기는 쌀알과 쌀알 사이의 마찰, 마찰력을 강하게 작용하여 표면을 벗겨내는 찰리, 기계에 의해 조직을 깎아내는 절삭 등에 의해 겨층을 분리한다. 정미기에는 주로 마찰에 의해 겨층을 제거하는 횡형 원통 마찰식 정미기와 연삭에 의해 겨층을 제거하는 수직형 연삭식 정미기가 있다. 연삭식은 도정력이 강하고 쇄미가 적게 생기며 겨층을 미세하게 분말 형태로 제거할 수 있어 만능 정미기로 알려져 있다. 또 횡형 원통 마찰식 정미기에 송풍장치를 하여 강한 송풍으로 겨층을 제거하는 분풍식 정미기도 이용된다.

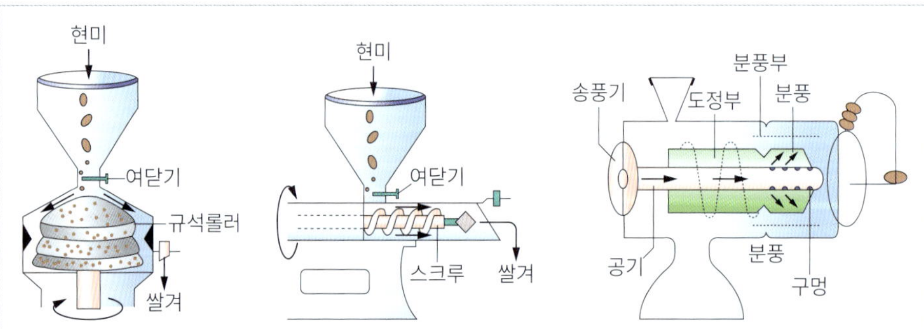

그림 8-3 정미기

(3) 제강 및 연마

정미기에서 도정된 쌀은 제강기에서 겨층이 완전히 제거되고 연마기를 거치면서 윤기가 나고 표면이 깨끗해진다. 정선·선별장치에서는 체와 풍력을 이용하여 쇄미와 돌을 제거한다.

3) 도정도

벼의 겨층을 제거해서 배유를 얻는 것을 도정이라고 하는데, 도정 정도에 따라 백미, 7분 도미, 5분 도미로 나눈다. 현미에서 겨층을 100% 제거한 백미(10분 도미)는 현미 100을 도정하여 쌀겨와 배아를 모두 제거하고 92의 백미를 생산한다. 1분 도미는 현미 중량의 0.8% 감소에 해당하므로, 7분 도미는 현미 100에서 94.4%의 백미를, 5분 도미는 현미 100에서 96.0%의 백미를 생산한다.

도정 정도는 도감률과 정백률로 나타낼 수 있다. 현미를 도정했을 때 줄어든 양에 대한 현미 중량의 백분율을 도감률이라 하고, 현미에서 얻은 백미의 중량에 대한 현미 중량의 백분율을 정백률이라 한다. 정백률이 높아질수록 탄수화물을 제외한 단백질, 지방, 섬유질, 비타민 B_1 등의 영양소는 감소된다.

$$\text{도감률}(\%) = (\text{현미 중량} - \text{백미 중량}) / \text{현미 중량} \times 100$$

$$\text{정백률}(\%) = \text{백미 중량} / \text{현미 중량} \times 100$$

4) 쌀 가공품

우리나라에서 쌀은 대부분 밥으로 이용되고 있으며, 약 5%만이 가공식품용 원료로 이용되고 있다.

(1) 기능성 쌀

기능성 쌀은 쌀의 표면에 기능성 성분을 충분히 코팅시켜 백미에 부족한 영양소를 보충하거나 쌀에 균사를 배양하여 발효과정 중에 기능성 성분이 생산되도록 하는 방법을 이용하여 생산된다.

(2) 알파화미

알파화미는 쌀을 찐 다음 5% 정도의 수분을 함유하도록 80~100°C에서 2~3시간 상압 열풍 건조시키거나 감압하에서 급속 탈수시킨 것으로, 뜨거운 물을 부으면 간편하게 바로 먹을 수 있다.

(3) 바로미

바로미는 농촌진흥청 국립식량과학원에서 개발한 쌀로, 전분 입자가 촘촘하지 않고 경도가 낮아 일반 쌀처럼 물에 불리거나 찌는 과정 없이 바로 건식 제분이 가능한 장점을 가지고 있다.

(4) 무균포장밥

그림 8-4 무균포장밥

무균포장밥은 무균시설을 갖춘 생산라인에서 진행되므로 다른 즉석밥에 비해 강한 열처리 과정을 필요로 하지 않는다. 무균포장밥은 원료 쌀을 침지한 후 취반 용기에 충전하여 취반하고 무균실에서 포장하여 제품으로 생산된다.

TIP & NOTE **맞춤형 기능성 쌀**

건강에 대한 관심이 높아지면서 말 그대로 밥이 보약인 '기능성 쌀'이 잇따라 개발되고 있다.

최근에는 비타민 함량을 강화한 영양강화쌀과 저항전분 함량을 높인 당뇨병 예방용 쌀이 개발되어 기능성이 확대되고 있다. 또한 혈압 조절에 도움을 주는 펩타이드 강화쌀과 장 건강 개선을 위한 식이섬유 강화쌀도 연구·보급 단계에 있다.

이러한 기능성 쌀은 단순한 주식용뿐만 아니라 시리얼, 간편식, 건강보조식품의 원료로 활용 범위가 넓어지고 있다. 앞으로는 맞춤형 영양 설계를 반영한 기능성 쌀이 고령자, 환자식, 특수식품 산업에도 중요한 역할을 할 것으로 전망된다.

어린이 성장 발육 촉진	성인병 예방	노화 억제, 어르신용
• 하이아미(고아미노산) • 영안(필수아미노산인 라이신 고함유) 등 • 이유식용 등(675톤, '13)	• 삼광(발아현미) • 큰눈(쌀눈이 3배 크고 GABA 함량 많은 쌀) 등 • 큰눈발아현미(110톤, '13)	• 흑진주, 흑광, 건강홍미(항산화 작용 강화) 등 • 유색쌀(15,615톤, '13)

2. 보리의 가공

1) 보리의 구조

보리는 골을 가진 구조로, 이 골에 껍질이 밀착되어 있어 겨층을 완전 제거하기는 어렵다. 보리에는 껍질이 잘 분리되지 않는 겉보리와 껍질이 쉽게 분리되는 쌀보리가 있다. 보리도 다른 곡류와 마찬가지로 왕겨(부피), 겨층, 배유, 배아로 구성되어 있다. 겉보리에서는 부피·과피·종피·호분층을, 쌀보리에서는 과피·종피·호분층을 제거하면 정맥이 된다.

정맥한 보리는 단단하여 소화가 잘 안 되므로, 소화가 잘 되도록 눌러서 압맥으로 가공하거나, 골을 따라 절단하여 할맥으로 가공한다. 할맥은 보리의 골에 들어 있는 섬유소를 제거하므로 조리하기에 적합하다.

2) 보리의 도정

보리의 도정은 정맥이라고 하며, 그 기본 공정은 정미와 유사하다. 보리의 도정은 기본적으로 원료 보리에 물을 흡수시키는 혼수 도정으로 2차에 걸쳐 이루어지며, 혼수량은 쌀보리는 4%, 겉보리는 5~7% 정도이다. 혼수 도정은 도정 전에 물을 뿌려 놓거나 도정하면서 물을 섞는 방법으로 껍질 벗기기가 쉽고 도정 효율이 높다. 물을 사용하지 않는 무수 도정을 하는 경우도 있는데, 무수 도정의 경우 혼수 도정에 비해 색이 밝은 보리를 얻게 되나 도감률이 높은 편이다.

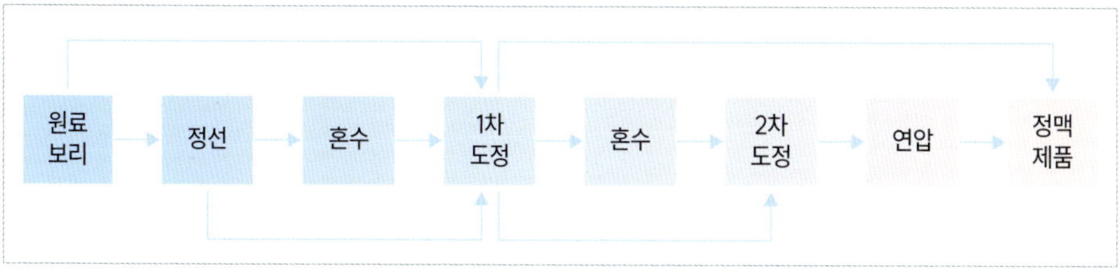

그림 8-5 보리의 정맥공정

3) 보리 가공품

보리는 단단하여 소화가 잘 되지 않으므로 소화가 잘 되도록 압맥(납작보리)이나 할맥 등으로 가공하여 사용하거나, 보리차·엿기름 등을 만들어 이용한다.

(1) 압맥과 할맥

압맥은 2차 도정한 정맥을 압편기의 예열통에 넣고 60~80°C의 증기로 가열하여 수분이 25~30% 정도 되도록 한 뒤 조직을 연화시키고, 롤러로 눌러 납작하게 압편한 후 공기로 급랭시켜 제조한다.

할맥은 할맥기로 1차 도정한 보리를 골을 중심으로 두 쪽으로 나눈 다음 2차 도정한 것으로, 할맥의 크기가 쌀알과 비슷하여 쉽게 조리할 수 있으며, 기호성과 소화성이 향상된다.

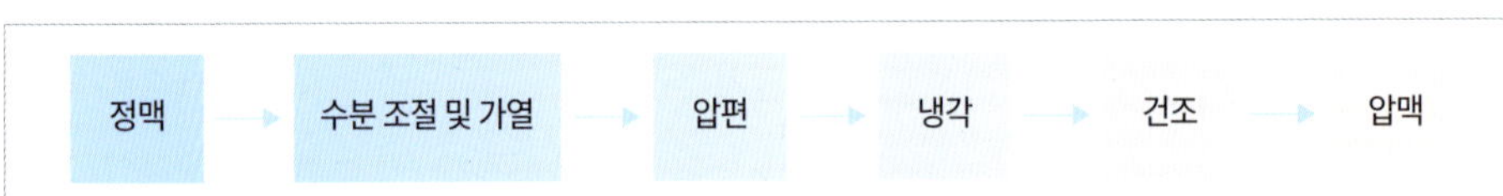

그림 8-6 압맥 제조공정

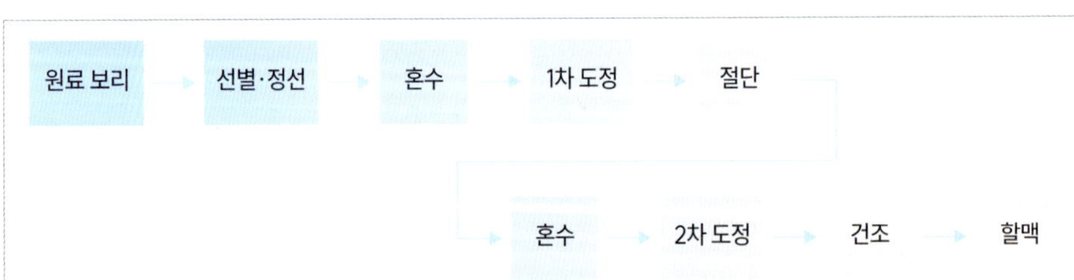

그림 8-7 할맥 제조공정

(2) 엿기름

발아시킨 겉보리는 아밀라제 활성이 강해 맥주, 식혜, 물엿, 고추장 등의 제조에 사용되어 왔다. 엿기름에는 싹이 보리알 길이의 1.2~2배로 긴 장맥아와 2/3~3/4 정도로 짧은 단맥아가 있는데, 아밀라제의 활성은 장맥아가 단맥아보다 1.5배 정도 높아 식혜·물엿 제조에 사용되며, 단맥아는 맥주 제조에 이용된다.

3. 밀의 가공

1) 밀의 구조

밀의 구조 역시 겨층(과피, 종피, 호분층), 배유, 배아로 구성되어 있으며, 겨층이 약 14%, 배유는 약 83%, 배아는 2~3%를 차지한다. 배유는 밀을 제분할 때 가루로 되는 부분으로 호분층에 가까울수록 단백질 함량이 많고 전분 함량은 적다. 배아에는 단백질, 지방, 비타민이 많이 함유되어 있다.

밀은 조직의 단단한 정도에 따라서 경질밀, 연질밀 및 중간질밀 등으로 나뉜다. 경질밀은 단백질 함량이 가장 많고 배유조직이 치밀하며 단면이 유리와 같다. 연질밀은 단백질 함량이 적고 부서지기 쉬우며, 중간질밀은 경질밀과 연질밀의 중간 정도의 조직과 성질을 갖는다.

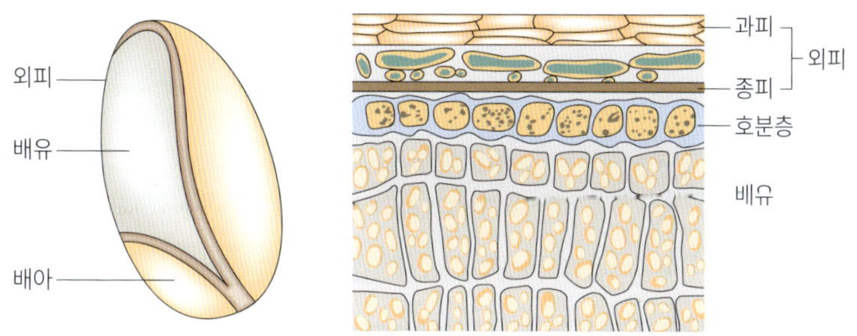

그림 8-8 밀의 구조

2) 밀의 제분

제분이란 어떤 물질을 분쇄하여 가루로 만드는 공정을 의미하나, 곡류 가공에서의 제분은 주로 밀에서 밀가루를 만드는 과정을 의미한다. 제분공정은 크게 정선, 조질, 제분 과정으로 이루어진다.

(1) 정선

정선은 원료 밀에 들어 있는 이물질을 제거하는 공정이다. 정선장치는 물리적 특성 차이를 이용하여 이물질을 제거한다. 공기분리기(aspirator)는 공기를 이용하여 먼지와 같이 가벼운 이 물질을 제거하고, 세척기(scourer)는 곡류끼리 혹은 금속 망과의 연마에 의해 밀기울에 있는 흙이나 먼지를 제거하며, 금속물질은 자석 분리기(magnetic separator)에 의해 제거된다.

(2) 템퍼링과 컨디셔닝

템퍼링(Tempering)은 이물질을 제거한 밀에 수분을 첨가하는 공정으로, 습기를 간직한 외피가 잘 분쇄되지 않도록 하여 제분공정 중 밀기울이 밀가루에 섞이는 것을 억제할 수 있다. 템퍼링은 밀에 수분을 뿌린 다음 수분함량이 13~16%가 되도록 20~25°C에서 20~48시간 정도 방치하는 과정이다. 컨디셔닝(conditioning)은 템퍼링한 것을 40~60°C로 가열한 후 냉각시켜 밀이 팽창·수축을 일으키게 함으로써 겨층과 배유의 분리를 용이하게 하고, 더불어 제빵성을 향상시키는 공정이다.

(3) 조쇄 및 분쇄

조쇄공정은 롤러를 이용하여 겨층과 배유를 분리하는 공정이다. 밀을 분쇄하는 데 사용되는 롤러에는 표면에 골이 있는 조쇄 롤러(break roller)와 표면이 매끈한 활면 롤러(smooth roller)가 있다. 밀이 조쇄 롤러를 통과하면 거칠게 부서지며 겨층과 배유로 분리된다. 이때 배유 중 일부는 가루로 되고 대부분은 덩어리인 미들링(middling)이 된다. 미들링은 체질을 통해 분리하고, 분리된 미들링은 다시 분쇄한다. 이 과정이 5~6회 반복되면 거의 모든 배유가 가루로 되고 밀기울만 남는다.

거친 밀가루를 브레이크 밀가루(break flour)라고 하는데, 이 밀가루는 활면 롤러로 분쇄 후에 체질하여 크기별로 분리된다. 이후 차츰 롤러 간격을 좁혀가며 분쇄·분리하면, 곱고 미세한 밀가루인 패이턴트 밀가루(patent flour)가 된다.

(4) 숙성

제분 직후의 밀가루는 제빵성이 떨어지고 색도 좋지 않아 숙성과정을 거친다. 밀가루를 제분한 후 일정 기간 자연 숙성시키면 카로티노이드 색소가 산화되면서 흰색을 띠게 되고, 단백질 중의 -SH기는 -S-S 결합을 이루어 글루텐의 망상구조를 발달시키므로 제빵 적성이 좋아진다. 그러나 자연 숙성에는 많은 시간과 공간이 필요하고 균일한 제품을 생산하기 어려우므로 보통 품질개량제를 사용하여 인위적으로 숙성시킨다.

밀가루의 품질개량제로는 과산화벤조일이 표백제로 가장 많이 이용되며, 이외에도 이산화염소, 염소, 브롬산칼륨, 과황산암모늄, 스테아릴젖산 칼슘, 스테아릴젖산 나트륨 등이 사용된다. 이들은 산화작용으로 표백을 일으키거나 글루텐의 품질을 개선하여, 밀가루 반죽의 특성 개선, 가스 보유력 향상, 점탄성 향상 효과 등을 나타낸다.

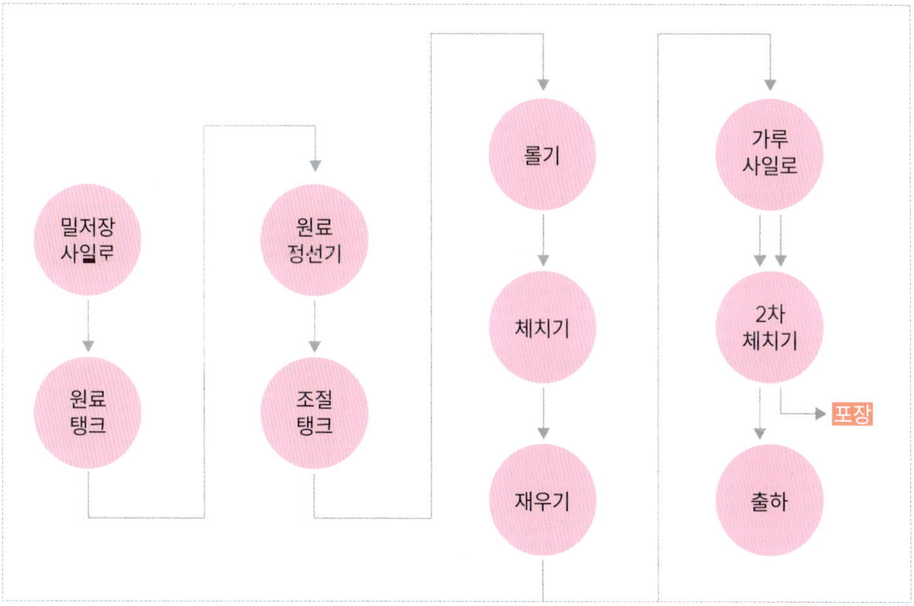

그림 8-9 밀의 제분공정

3) 밀가루의 종류와 품질 측정

(1) 밀가루의 종류

밀가루는 글루텐 함량에 따라 강력분, 준강력분, 중력분, 박력분으로 나누어지며, 밀가루 종류별 글루텐 함량과 용도는 표 8-1과 같다.

일반 밀가루 외에 밀기울을 포함한 밀 입자 전체를 제분한 것으로 주로 흑빵 제조용으로 이용되는 전립분, 듀럼밀을 제분한 밀가루로 글루텐 함유량이 많아 주로 마카로니 제조용으로 사용되는 듀럼 가루, 미들링 가루를 분리한 것으로 마카로니 또는 면류 제조에 사용되는 파리나(farina) 가루 등이 있다.

표 8-1 밀가루의 글루텐 함량과 용도

종류	글루텐 함량	용도
강력분	13% 이상	식빵, 마카로니
준강력분	11~13%	면류, 과자빵
중력분	10~11%	면류, 과자
박력분	10% 미만	케이크, 비스킷, 튀김용

(2) 밀가루의 품질 측정

밀가루는 원료 밀의 종류와 제분 정도에 따라서 품질에 많은 차이를 보이는데, 품질을 결정하는 기본 특성으로는 제분율과 회분함량 등이 있다.

제분율 밀에 대한 밀가루의 생산량을 제분율이라 하며, 일반적인 밀가루의 제분율은 72%이다. 제분율이 80%를 넘으면 밀기울이나 배아가 혼입된 것으로 간주된다.

회분함량 회분은 배유에는 적고 밀기울(5.7% 함유)에 많이 함유되어 있으므로, 밀가루 중의 회분량은 제분율의 영향을 받는다. 일반적으로 회분량이 0.5% 이하인 밀가루는 밀기울이 포함되지 않은 것으로 판정하며, 0.7~1.5%이면 저급품으로 본다.

가공적성 시험 밀가루의 품질은 밀가루 반죽의 성질에 영향을 끼치므로, 가공적성 시험은 기기를 이용하여 반죽의 특성을 측정한다.

- 파리노그래프(farinograph): 반죽이 일정한 굳기에 도달하는 데 필요한 수분함량을 통해 흡수율을 분석하고 반죽의 점탄성을 측정한다.
- 익스텐소그래프(extensograph): 밀가루 반죽을 끊어질 때까지 늘려 반죽의 신장도와 인장력을 측정한다.
- 아밀로그래프(amylograph): 밀가루를 물에 현탁시켜 온도를 올리면서 호화에 따른 점도 변화를 측정한다.

4) 밀가루 가공품

(1) 제빵

제빵은 주재료인 밀가루에 부재료인 팽창제, 설탕, 소금, 유지, 물 등을 혼합하여 만든 반죽을 가열하여 부풀린 것이다.

제빵의 원료

- **밀가루**: 밀가루는 제빵 적성을 결정하는 주재료로, 빵의 조직은 글루텐의 그물 구조 형성에 따라 영향을 받는다. 강력분의 경우 점탄성이 강한 글루텐을 형성하여 제빵 적성이 높다.
- **효모**: 제빵용 효모는 주로 사카로마이세스 세레비시아에(*Saccharomyces cerevisiae*)가 이용된다. 효모는 포도당을 발효시켜 이산화탄소를 발생시킴으로써 반죽을 부풀게 하고 다공질로 만든다. 또한 발효공정에서 알코올, 알데히드, 케톤 및 유기산 등을 생성하여 빵에 고유한 향미를 내게 한다.

  널리 사용되는 효모에는 압착효모와 건조효모가 있다. 압착효모는 70% 정도의 수분을 함유하고 있어 유통기한이 짧고 냉장보관해야 한다. 건조효모는 압착효모를 저온에서 건조시켜 수분을 8~9% 정도인 과립 형태로 만든 것으로, 잘 밀봉하여 저온으로 저장하면 6개월 정도 보관할 수 있다.

  반죽의 발효는 효모의 사용량, 온도, 설탕 농도의 영향을 받는다. 압착효모는 밀가루의 2%, 건조효모는 1%가 적당하다. 효모 발효에 적당한 반죽의 최적 온도는 30°C이며, 설탕은 밀가루의 4% 정도가 적당하다. 다만, 설탕 농도가 25% 이상이면 삼투압이 높아져 발효가 억제된다.

- **이스트푸드**: 이스트푸드(yeast food)는 효모의 영양물질로 발효가 잘 일어나고 밀가루의 품질 개선을 위해 사용되며, 효모 사용량의 5~10%를 첨가한다. 이스트푸드는 글루텐의 강도를 높이는 황산암모늄, 인산칼슘, 염화칼륨 그리고 글루텐의 질을 좋게 하고 빵을 잘 부풀게 하는 브롬산칼륨 등의 혼합물로 구성된다. 반죽 조절제(dough conditioner)라고도 하며, 이스트푸드를 사용하면 효모 사용량을 줄일 수 있고 빵의 부피, 텍스처가 개선된다.

표 8-2 이스트푸드의 조성

성분	함량(%)
$CaSO_4$	24.9
NH_3Cl	9.4
$KBrO_3$	0.7
NaCl	24.9
전분	40.5

- **베이킹파우더**: 베이킹파우더는 화학적 팽창제로, 비발효빵을 팽창시키는 데 이용된다. 베이킹파우더는 가열 시에 탄산가스를 발생시키므로 뜨거운 물에 넣어 반죽하면 빵을 굽기 전에 탄산가스가 발생하여 잘 부풀지 않는다. 따라서 베이킹파우더를 이용하여 반죽을 할 때는 찬물로 반죽해야 한다. 또한 수분을 흡수할 때도 탄산가스를 발생시키므로 반드시 밀봉하여 건조 상태로 보관해야 한다.
- **소금**: 소금은 빵의 맛을 좋게 하며, 적당량 사용 시 단맛을 강하게 한다. 또한 밀가루 단백질에 작용하여 반죽의 점탄성을 강하게 하며, 적당량의 소금은 발효를 촉진시키나 지나치게 많이 사용하면 발효를 방해하고 소금을 사용하지 않을 경우 과발효가 일어난다. 소금의 양은 밀가루의 1~2%가 적당하다.
- **설탕**: 설탕은 효모의 먹이로 사용되어 발효를 촉진하고, 빵에 단맛을 주며, 구울 때 빵에 독특한 색과 향기를 부여한다.
- **유지**: 빵을 만들 때 사용하는 버터, 마가린, 쇼트닝 등은 빵의 텍스처를 부드럽게 하고, 색·향·맛을 좋게 한다. 다만, 유지의 사용량이 많으면 빵이 잘 부풀지 않으며, 식빵의 경우 밀가루의 2~3%가 적당하다.
- **달걀**: 빵의 색·향·맛을 좋게 하고, 부드러운 텍스처를 갖게 하며 영양가를 높인다. 또한 달걀 노른자에 함유된 레시틴은 반죽할 때 재료의 균일한 분산을 돕는다.

빵의 분류 빵은 원료, 발효 유무, 굽는 방법 등 여러 기준에 따라 분류할 수 있다. 원료에 따라서는 밀가루를 주원료로 하는 밀가루빵과, 밀가루에 다른 곡물 등을 첨가한 보리빵, 옥수수빵 등으로 나눌 수 있다.

발효 여부에 따라 발효빵과 무발효빵으로 구분한다. 발효빵은 효모를 사용하여 발효과정에서 생성되는 탄산가스를 이용하여 만드는 빵이고, 무발효빵은 베이킹파우더 등의 팽창제에 의해 생성된 탄산가스를 이용하여 부풀린 것이다.

대표적인 예로, 발효빵에는 식빵, 롤빵, 번(bun), 과자빵(단팥빵, 크림빵) 등이 있으며, 무발효빵에는 케이크, 비스킷, 카스텔라 등이 있다.

발효빵의 제조

- **식빵**: 식빵은 대표적인 발효빵으로, 반죽 시 재료를 모두 한꺼번에 혼합하여 발효시키는 직접 반죽법을 사용한다. 직접 반죽법은 재료를 모두 넣어 충분히 혼합·반죽한 후, 온도는 26~28°C, 습도 75~85%에서 2~3시간 발효시킨다. 발효과정에서 부피가 2~3배 증가하면 가스 빼기를 하고 1~2시간 더 발효시킨다.

  가스 빼기는 발효 중 생성된 가스를 반죽에 고루 분포하게 하며, 더불어 과다 생성된 탄산가스를 제거하여 균일한 발효가 이루어지도록 하는 공정이다. 발효가 끝난 반죽은 일정한 크기 혹은 무게를 기준으로 나누어 모양을 잡은 뒤 빵틀에 넣고, 습도 75~85%, 35~38°C에서 30~45분 동안 재우기를 한다. 재우기가 끝나면 200~240°C로 미리 예열된 오븐에서 굽고, 30°C 이하로 식힌다.
- **과자빵**: 과자빵은 식빵과 같이 모든 재료를 한꺼번에 넣고 반죽하는 직접 반죽법이 아니라, 두 번에 나누어 반죽하는 스펀지법을 사용한다. 이때 첫 번째 반죽을 스펀지, 두 번째 반죽을 본 반죽이라 한다.

  스펀지 반죽은 먼저 체 친 밀가루의 일부, 효모, 물을 섞은 후 5분 정도 가볍게 반죽한 후 24~28°C에서 발효시킨다. 발효시간은 스펀지의 농도에 따라 달라지나 보통 4~5시간 정도 걸린다. 본 반죽은 발효된 스펀지 반죽에 나머지 밀가루, 물, 소금 등을 잘 섞어 충분히 교반한 다음, 쇼트닝을 넣고 잘 이긴다. 스펀지법은 직접 반죽법에 비해 효모 사용량이 적고 빵의 향미와 텍스처가 우수하다는 장점이 있다.

무발효빵의 제조 무발효빵은 빵의 팽창제로 효모가 아닌 화학적 팽창제를 사용하거나, 달걀 흰자의 거품을 이용하여 팽창시킨 빵 그리고 팽창시키지 않은 빵 등을 총칭한다. 무발효빵에는 비스킷, 도넛, 스펀지케이크, 카스텔라 등이 포함된다.

- **케이크류**: 스펀지케이크는 달걀 흰자의 거품을 이용하여 팽창시킨 대표적 케이크이다. 스펀지케이크는 달걀 흰자를 충분히 거품 낸 후 달걀 노른자, 설탕, 밀가루와 물 등을 넣어 잘 섞은 후 케이크 팬에 넣고 150~160°C의 오븐에서 굽는다.

  파운드케이크는 베이킹파우더를 이용하여 팽창시킨 케이크이다. 먼저 버터에 설탕을 넣어 크리밍한 후, 달걀을 천천히 첨가해 혼합하고 밀가루와 베이킹파우더를 섞어 준다. 혼합된 반죽을 팬에 붓고 180°C 오븐에서 40분간 굽는다.
- **비스킷**: 비스킷은 밀가루, 설탕, 버터, 우유, 베이킹파우더를 혼합하여 반죽한 다음 일반빵에 비해 건조하게 구운 것이다. 비스킷은 지방과 설탕을 소량 사용한 하드 비스킷, 지방과 설탕을 다량 사용한 소프트 비스킷, 달걀과 우유를 다량 사용한 팬시 비스킷의 세 종류로 나눌 수 있다.

  비스킷은 원료를 혼합·반죽하여 성형한 후 팬에 넣고, 120°C로 예열된 오븐에 넣어 오븐 온도를 점차 높여 약 250°C가 될 때까지 굽는다. 이후 바로 냉각하여 방습 포장한다.

그림 8-10 비스킷 제조과정

(2) 제면

면류는 곡물가루 혹은 전분을 물과 함께 반죽하고, 면대를 형성한 후 가늘고 길게 제조한 것을 의미한다. 면류는 면을 만드는 방법에 따라 분류할 수 있는데, 면대를 형성한 후 잘라서 만든 선절면, 작은 구멍에 압력을 이용해 밀어 만드는 압출면, 길게 잡아당겨서 만드는 신연면과 면을 만든 후 기름에 튀긴 즉석면 등으로 나눌 수 있다.

일반국수 등은 선절면에 해당하고, 마카로니나 스파게티 등은 압출면, 중화면 등은 신연면에 속한다.

또한 건조 여부에 따라, 면을 만든 후 건조시켜 수분함량을 10% 이하로 건조시킨 건조면과 건조과정을 거치지 않은 생면으로 나눌 수도 있다. 생면은 건조공정을 거치지 않아 조리 시 조직감과 맛이 좋은 장점이 있으나, 부패가 일어나기 쉽다는 단점이 있다.

그림 8-11 면의 제조공정

TIP & NOTE **글루텐 프리식품**

'글루텐(Gluten)'은 밀가루 음식에 함유된 불용성 단백질 성분으로, 일부 사람들에게 알레르기 반응을 일으킨다. 글루텐에 민감한 사람이 글루텐 함유식품을 먹으면 위와 장에서 완전히 분해 및 흡수되지 않아 염증을 유발하는 것으로 알려져 있다. 최근에는 다양한 글루텐 프리식품이 개발되고 있다.

특히 빵, 면류, 과자처럼 일상적으로 자주 먹는 식품에서 글루텐을 뺀 제품들이 인기를 얻고 있다.

4. 서류의 가공

서류에는 감자, 고구마 등이 있다. 대표적 서류 가공식품에는 감자칩 등의 스낵이 있고, 주 가공은 전분의 가공으로 이용되고 있다. 따라서 서류가공은 전분을 중심으로 알아보고자 한다.

1) 전분의 제조

전분은 식물체의 에너지 저장 형태로 존재하는 다당류이며, 증점제, 유화안정제, 보습제, 겔 형성제, 포도당, 이성화당, 물엿 등의 형태로 식품산업에 널리 이용된다. 전분은 주로 감자, 고구마, 옥수수, 타피오카 등에서 분리하여 사용하는데, 전분은 물에 녹지 않고 침전하기 때문에 쉽게 분리할 수 있다. 전분은 급원에 따라 크기, 모양, 특성에 차이가 있어 용도에 따라 적합한 전분을 선택하여 사용하는 것이 필요하다.

(1) 고구마전분

고구마는 과피가 딱딱한 옥수수에 비하면 전분의 분리가 쉽다. 전분 제조의 원료로 적당한 고구마는 전분함량이 높고 수용성 탄수화물과 단백질, 폴리페놀, 섬유질 등이 적으며, 모양이 매끈하고 전분 입자가 고른 것이 좋다.

고구마는 세척 후 회전 롤러를 이용하여 미세하게 마쇄하고 체로 여과시켜 전분유와 전분박으로 분리한다. 전분유에서 전분을 분리할 때는 탱크침전법이 가장 많이 이용되며, 일부 테이블침전법과 원심분리법을 사용한다. 탱크침전법은 침전탱크에 전분유와 물을 넣어 방치하면 전분의 비중이 무거워 가라앉는 원리를 이용한 분리법으로 먼저 전분유의 pH를 7.5~8로 조절한 후 8~12시간 방치하여 조전분을 분리한다.

탱크침전법은 전분이 침전하는 데 오랜 시간이 걸리고 온도가 높으면 전분이 변질될 우려가 있다. 테이블 침전법은 경사진 긴 테이블에 전분유를 흘려보내 전분을 분리하는 방법으로, 기본 원리는 비중차를 이용하는 것이며, 탱크침전법의 원리와 동일하다. 테이블 침전법은 짧은 시간 내에 연속 침전시킬 수 있어 크기별로 연속 분리가 가능하다는 장점이 있다. 원심분리법은 회전체의 원심력을 이용하여 짧은 시간 내에 분리할 수 있다.

분리된 조전분은 불순물이 있을 뿐만 아니라 색도 나쁘므로 다시 물을 넣어 교반·침전·정제하는 공정을 거친다. 정제된 전분유는 1차 탈수기를 이용하여 수분함량을 낮춘 후 열풍건조 등을 이용하여 수분함량을 약 18%로 건조시킨다.

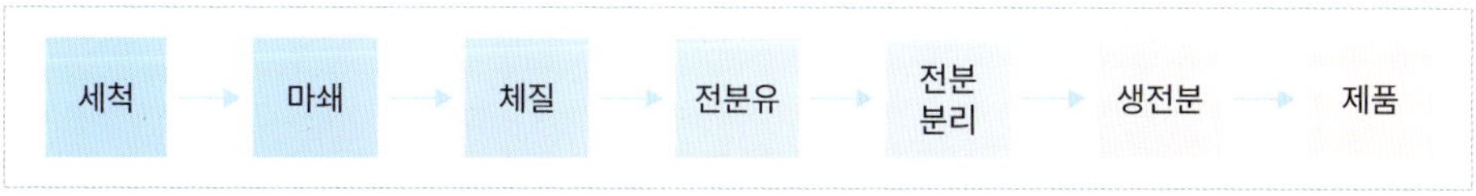

그림 8-12 고구마전분의 제조공정

(2) 옥수수전분

옥수수에는 마치종, 경질, 단옥수수, 팝옥수수 등이 있으며, 전분제조용으로는 주로 마치종을 이용한다.

고구마의 전분 분리와는 달리 옥수수는 선별, 수세한 다음 0.2~0.5% 아황산액(pH 3~4)에 40~48시간 침지하는 공정이 필요한데, 이 공정에 의해 옥수수는 조직이 부드러워져 쉽게 파쇄되고 단백질 중의 이황화결합을 환원시켜 전분 분리가 용이해진다. 또한 아황산 침지는 오염을 방지하는 효과도 있다.

아황산 침지 후 파쇄하여 배아를 분리하고, 파쇄기로 분쇄한 다음 체질하고, 원심분리하여 침전된 전분을 분리한다.

2) 전분의 가공

(1) 변성전분

천연 전분은 종류에 따라 특성이 다르며, 일부 전분은 가공에 적합하지 않은 특성을 나타낸다. 이러한 천연 전분의 단점을 보완하기 위해 전분에 화학적 가공 처리 공정을 거친 전분을 변성전분이라 한다. 변성전분에는 호화전분, 산처리 전분, 산화전분, 가교결합 전분, 인산화 전분 등이 있다.

호화전분은 생전분을 물과 함께 가열하여 호화시킨 다음 팽윤 상태에서 탈수시킨 전분으로 생전분에 비해 소화가 잘 되고, 점도, 겔의 투명도와 형성 속도 등이 낮은 특성을 갖는다.

산처리 전분은 전분에 산을 처리하여 가수분해에 의해 가지가 제거된 것으로 뜨거울 때는 묽은 졸이 되고 노화가 쉽게 일어난다.

산화전분은 전분을 알칼리로 처리하여 만든 전분으로 용해성과 안정성이 개선되고 전분의 백도도 향상되는 장점이 있다. 그러나 잘 겔화되지 않기 때문에 그 사용이 제한되고 있다.

가교결합 전분은 천연전분의 –OH기와 반응할 수 있는 물질을 반응시켜 만든 것으로, 호화가 억제되고 점성이 높으며 노화, 가열, 교반, 냉동, 해동에 대해 안정하나 pH 변화에 불안정하다. 인산화 전분은 인산염과 반응시켜 만든 전분으로, 안정성과 투명성이 좋고 이액이 거의 없으며 끈끈하지 않은 겔을 형성한다.

(2) 전분당

전분을 산 또는 효소로 가수분해하면 물엿, 포도당 등의 여러 가수분해산물이 생성되는데, 이러한 물질을 전분당이라 한다. 전분당은 가수분해도에 따라 당도, 점도, 용해도, 흡습성 등이 달라지며, 이러한 전분의 가수분해 정도는 당화율이라 한다. 당화율은 포도당 당량(dextrose equivalent, DE)으로 나타낸다.

$$\text{포도당 당량}(\%) = \text{포도당으로 표시된 환원당} / \text{고형분} \times 100$$

산당화엿 산당화엿은 전분을 산으로 가수분해하여 제조한 물엿을 의미한다. 산당화엿의 제조는 먼저 전분을 정제한 다음 물을 첨가하여 전분유를 만들고, 여기에 촉매인 산을 첨가한 뒤 2.5기압으로 가압하여 당화조에서 30~45분간 가열·당화한다. 당화 후 70~80°C로 냉각하고 pH 4.5~5.0으로 중화하여 여과·농축한다. 농축액을 활성탄으로 탈색·여과한 다음 이온교환수지를 통과시켜 산, 알칼리, 염 등을 제거하고 60~65°C에서 농축하여 산당화엿을 제조한다.

맥아엿 맥아엿은 전분에 α-아밀라제를 첨가하여 액화시키고 맥아로 당화하여 제조한 것을 의미한다. 맥아엿은 30% 전분유에 α-아밀라제를 첨가하여 액화시키고 85°C 정도로 가열하여 효소를 불활성화시키고 여과한다. 여과액을 당화조에 넣고 원료 전분의 3% 정도 되는 맥아 침출액을 넣고, 60~63°C에서 3~8시간 당화시킨 다음 체로 걸러 당화액을 만든다. 당화액은 청징조에 넣고 30분 정도 가열하면서 불순물을 걸러내고 활성탄으로 탈색·여과한 다음 수분함량이 14~16%가 될 때까지 농축시키면 맥아물엿이 된다.

그림 8-13 전분당의 종류

포도당 포도당은 전분을 산이나 효소로 가수분해하여 제조한다. 전분을 산으로 가수분해시키면 포도당 이외에 다른 부산물 생성이 많은 단점이 있어 주로 효소를 이용하여 가수분해한다. 효소를 이용하여 포도당을 만드는 공정은 먼저 35~40%의 전분유에 내열성 α-아밀라제를 첨가하여 포도당 당량이 10~15%가 되도록 가수분해한다. 이 분해물을 다시 30% 정도로 희석하고 글루코아밀라제를 첨가하여 포도당 당량이 95까지 되도록 당화시킨다. 이 당화액은 불순물을 걸러낸 후 활성탄으로 탈색·여과하고, 이온교환수지를 통과시켜 정제된 포도당을 얻는다.

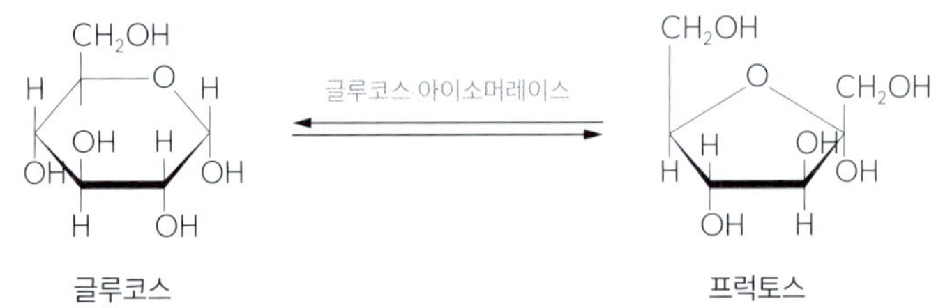

그림 8-14 글루코스의 이성화 반응

이성화당 이성화당(고과당 시럽)은 포도당을 포도당 이성화 효소(glucose isomerase)나 알칼리를 사용하여 포도당의 일부를 과당으로 이성화하여 포도당과 과당이 주성분인 당을 말한다.

이성화당은 포도당 제조과정에서 생산된 포도당액을 글루코아밀라제 효소로 이성화시키는 과정이 추가된다.

5. 두류의 가공

두류에는 대두, 팥, 녹두, 완두, 강낭콩, 땅콩 등이 있다. 두류는 꼬투리 안에 여러 개의 종자를 가지고 있다. 종자는 종피, 배(배아), 자엽으로 구성되어 있다. 식용으로 섭취하게 되는 부위는 자엽이다. 대표적 두류 가공식품에는 두부, 두유, 콩나물, 장류(고추장, 된장, 간장, 청국장) 등이 있는데, 본 장에서는 두유, 두부, 콩나물을 중심으로 알아보고자 한다.

1) 두류의 성분

두류의 구성 성분은 종류에 따라 차이가 있다. 일반적으로 콩과 땅콩은 단백질과 지방 함량이 높으며, 팥과 강낭콩, 완두도 단백질과 탄수화물의 함량이 높다. 각 두류의 성분은 표 8-3에 나타냈다.

표 8-3 두류의 성분(가식부 100g 기준)

구분	수분(g)	단백질(g)	지질(g)	탄수화물	
				당질(g)	섬유(g)
대두	9.2	41.3	17.6	21.6	4.7
땅콩	8.5	23.4	45.5	18.1	2.2
팥	14.5	21.4	0.6	56.6	3.7
강낭콩	10.3	20.2	1.8	60.9	3.2
완두	13.4	21.7	2.3	54.4	6.0
녹두	15.6	21.2	1.0	54.9	3.5

구분	무기질				비타민			
	Ca(mg)	P(mg)	Fe(mg)	Na(mg)	A(mg)	B_1(mg)	B_2(mg)	Niacin(mg)
대두	250	490	7.6	6	2	0.60	0.17	3.2
땅콩	64	372	2.6	2	0	1.09	0.13	17.8
팥	124	413	5.2	4	1	0.56	0.13	1.8
강낭콩	139	317	6.7	4	2	0.54	0.20	1.8
완두	65	360	5.0	6	30	0.72	0.15	2.5
녹두	189	471	3.4	5	9	0.03	0.14	2.1

가공에 널리 사용되는 콩은 일반적으로 25~40% 정도의 단백질을 함유하고 있으며, 이중 90%가 수용성 단백질인 글리시닌이다. 콩 단백질은 필수 아미노산을 고루 함유하고 있으며, 특히 곡류에 부족한 리신과 트립토판이 비교적 많이 함유되어 있어 곡류와 함께 섭취하면 영양적으로 상호 보완될 수 있다.

콩의 지방은 주로 중성지방으로 구성되어 있으며, 불포화지방산의 함량이 높다. 탄수화물은 주로 다당류로 구성되어 있으며, 3당류인 라피노스와 4당류인 스타키오스가 함유되어 있다.

콩에는 유해 성분으로 적혈구 응집소인 헤마글루티닌이 있으며, 트립신저해제도 함유되어 있어 가열을 통해 이들을 불활성화시킨 후 섭취하는 것이 바람직하다. 또한 기타 특수 성분으로 기포를 형성하는 사포닌, 여성호르몬 작용을 하는 이소플라본 등이 있다.

2) 두류 가공품

(1) 두유

두유는 콩을 침지시킨 뒤 갈아서 콩단백질을 추출한 후 여과하여 비지를 제거하고 살균하여 제조한다. 두유는 우유에 알레르기가 있거나 유당불내증 혹은 유당뇨증 등 유당 소화에 어려움이 있는 사람에게 적합한 우유 대용품이다.

두유는 먼저 정선된 콩에서 껍질을 제거한 후 마쇄한다. 마쇄과정에서 열수를 이용하면 리폭시게나제가 불활성화되어 콩비린내가 제거된다. 마쇄한 콩은 가열한 뒤 원심 여과기로 비지와 조두유를 분리한다. 조두유에 당이나 영양강화제 등을 첨가한 후 살균·균질화 과정을 거쳐 냉각·충전하여 포장한다.

최근에는 칼슘 강화, 무가당, 풍미 개선 등 다양한 형태의 두유가 개발되어 소비자의 기호와 영양 요구에 맞추어 생산되고 있다.

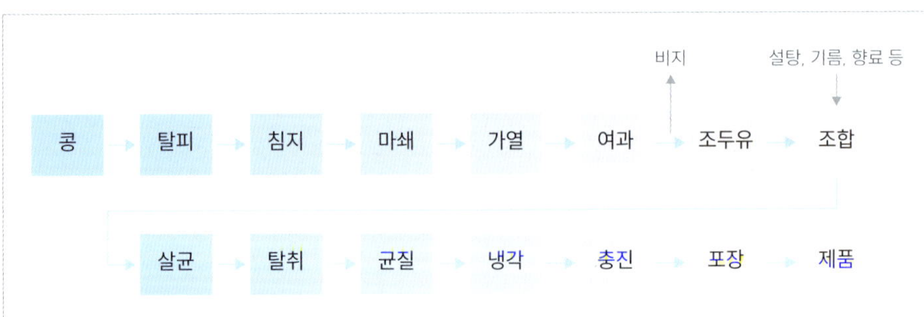

그림 8-15 두유의 제조과정

(2) 두부

두부는 불린 원료 콩을 갈아서 가용성 단백질인 글리시닌을 추출한 뒤, 여기에 응고제를 넣어 응고시키고 압착·성형하여 제조한다. 두부 제조에는 황산칼슘, 염화마그네슘, 염화칼슘, 글루코노 델타락톤 등의 응고제가 사용되며, 응고제의 종류에 따라 두부의 맛과 텍스처가 달라진다.

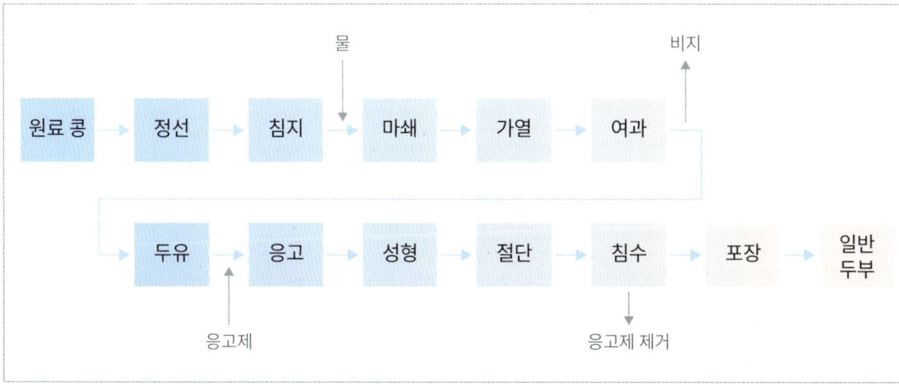

그림 8-16 두부의 제조과정

표 8-4 두부 응고제의 특성

응고제	첨가 온도	두부의 특성
글루코노 델타락톤	85~90℃	• 표면이 매끈하고 부드럽다. • 수율이 좋다. • 풍미가 좋지 않다.
염화마그네슘	75~80℃	• 단시간 내에 응고되어 쉽게 탈수된다. • 풍미가 좋다.
염화칼슘	75~80℃	• 쉽게 탈수된다. • 풍미가 좋지 않다.
황산칼슘	80~85℃	• 색깔이 좋고 수율이 높다. • 표면이 거칠고 황산칼슘이 두부에 많이 잔류한다. • 풍미가 좋지 않다.

두부는 원료 콩의 특성에 따라 두부의 수율과 품질에 영향을 끼친다. 콩의 수용성 단백질 함량이 높을수록 두부의 수율이 높아진다. 제조에는 단백질 함량이 높고 입도가 균일하고 굵은 황색 콩이나 백색 콩을 사용한다.

일반 두부 일반 두부는 원료 콩을 깨끗이 씻어서 일정 시간 침지한 후, 소량의 물을 첨가하여 마쇄하고 2~3배의 물을 첨가하여 100°C에서 30분 정도 가열한다. 이때 콩의 기포성 물질인 사포닌에 의해 많은 거품이 발생하므로, 식물성 기름 등의 소포제를 사용하여 거품을 제거한다.

가열 후 여과기를 이용하여 두유와 비지를 분리하고, 두유의 온도를 70~80°C로 냉각한 뒤 응고제를 첨가하여 저어주면 응고물이 형성된다. 응고물을 여과포를 깐 두부 상자에 옮겨 압착하면 응고 및 탈수가 이루어져 성형된다. 두부를 적당한 크기로 잘라 찬물에 3시간 정도 수침시켜 여분의 응고제를 제거한 후 포장한다.

전두부 전두부는 원료 콩의 5~5.5배의 물을 넣어 진한 두유를 만든 뒤, 구멍이 없는 상자에 넣어 응고·성형한 것으로, 두유의 영양소를 모두 함유하고 외관이 매끈한 특징을 갖는다.

튀긴 두부(유부) 튀긴 두부는 두부를 만들어 얇게 자른 후 대나무 발 사이에 넣고 압착하여 수분을 70~80%가 되도록 제거한 후, 땅콩기름이나 유채유를 이용하여 2단계에 걸쳐 튀긴 두부이다. 1단계는 약 110~120°C에서 튀기고, 2단계는 180~200°C에서 튀긴다. 튀기는 공정에서 팽화와 경화가 동시에 일어나 튀긴 두부는 부피가 조금 커진다.

얼림두부 얼림두부는 두부를 얇게 썰어 얼린 후 수분함량을 10% 내외로 건조시켜 풍미와 저장성을 높인 두부이다.

(3) 콩나물

콩나물은 콩에 수분을 침투시켜 싹을 틔우고 뿌리를 내리게 한 것으로 섬유소와 비타민 C가 풍부하고, 숙취 해소에 도움이 되는 아스파라긴산이 함유되어 있다.

원료 콩을 일정시간(여름 6시간, 겨울 24시간) 물에 불린 후 배수가 잘 되는 상자나 시루에 넣고 어두운 곳에서 싹을 트게 하고, 1일에 4~5회 물을 뿌리면서 재배한다. 4~7일 정도 지나면 먹을 수 있다. 물을 뿌리는 이유는 수분공급뿐만 아니라 싹이 틀 때 발생되는 열을 식혀주기 위해서이다. 물을 적게 뿌려 주면 잘 발아되지 않고 잔뿌리가 많이 생기게 된다.

잘 자라도록 하기 위해 생장촉진제나 농약을 뿌린 콩나물은 잔뿌리는 없으나, 뿌리가 짧고 자엽부(머리)가 짙은 노란색을 띠며 벌어지거나 뒤틀리고, 몸통은 통통하다.

(4) 대두단백 가공품

대두단백은 탈지대두박에서 수용성 성분을 제거하여 단백질 함량을 높인 가공품이다. 이러한 대두단백 가공품에는 단백질을 70% 이상 함유한 농축대두단백, 단백질을 90% 이상 함유한 분리대두단백이 있으며, 육류와 유사한 조직감을 갖도록 가공한 인조육 등이 있다.

현재 다이어트 혹은 근육 강화를 위해 많이 이용되고 있는 단백질 파우더는 대부분 분리대두단백을 이용하여 제조·판매되고 있다.

인조육은 먼저 분리대두단백을 알칼리 용액(pH 9~13.5)에 단백질의 농도가 10~30% 되도록 녹인 후, 작은 구멍을 통해 식염이 들어 있는 식초산 용액(pH 2.5) 중으로 압출·응고시켜 대두단백섬유를 만든다. 여기에 색소, 조미료, 향료 등을 혼합하고 달걀 흰자 등을 첨가하여 적당한 모양으로 성형·응고시켜 제조한다.

(5) 콩을 이용한 발효식품

콩류를 이용한 발효식품으로는 대표적으로 간장, 된장, 고추장이 있다.

간장 간장은 메주를 소금물에 담가 발효·숙성시켜 만든 액체 조미료이다. 메주가 소금물에서 숙성되는 동안 콩단백질이 아미노산으로 분해되고, 이 아미노산들이 간장의 맛과 색을 결정하게 된다.

간장은 만드는 방법에 따라 다음과 같이 분류된다. 양조간장은 재래식 메주를 발효·숙성시켜 만들고, 진간장은 단백질을 가수분해하여 만든 간장으로, 산분해 간장이라고도 한다. 국간장은 메주와 소금물만으로 만든 간장으로, 다른 간장에 비해 색이 옅고 짠맛이 강하다.

된장 된장은 메주를 소금물에 담가 간장과 분리하고 남은 고형물을 이용하여 가공한 것을 말한다. 된장은 재래식 된장과 개량식 된장으로 나뉘는데, 재래식 된장은 재래식 메주를 이용하여 만든 것이고, 개량식 된장은 삶은 콩에 종균을 접종하여 발효시킨 메주를 이용하여 만든 것이다.

고추장 고추장은 메줏가루에 고춧가루, 찹쌀가루, 소금 등을 혼합하여 발효 또는 당화 과정을 거쳐 숙성시킨 것을 말한다.

CHAPTER 9

과일과 채소의 가공

학습 목표

1. 과일의 분류와 특성, 가공의 기초를 이해한다.
2. 건조과일, 과일주스, 젤리·잼·마말레이드의 가공과정을 이해한다.
3. 채소류의 분류와 특성을 설명한다.
4. 채소류의 가공과정을 이해한다.

과일과 채소는 비타민, 무기질, 식이섬유 그리고 다양한 피토케미컬이 함유된 우수한 건강 식품으로 독특한 맛과 향, 아름다운 색, 독특한 텍스처를 지니고 있다.

과일과 채소는 수분함량이 많고, 수확 후에도 생활작용을 지속하는 생체식품이므로 신선도 유지가 어려워 쉽게 변질되는 특성이 있다.

1. 과일류

1) 과일 분류 및 특성

과일은 일반적으로 과육이 발달된 형태에 따라 인과류, 핵과류, 장과류, 견과류로 나누어진다(표 9-1).

표 9-1 과일의 분류

분류	특성	종류
인과류	꽃받침(꽃턱)이 발달한 과일	 사과  배  모과
핵과류	씨방이 발달한 과일로 내과피가 단단한 핵을 형성하고 그 안에 종자가 있음	 복숭아  살구  체리
장과류	과일 하나하나가 자방으로 송이를 이루고 육질이 부드럽고 즙이 많음	 포도  석류  무화과
견과류	외과피가 단단하며 종실부를 식용	 밤  잣  호두

과일류는 수분을 많이 함유하고 있어 저장성이 낮지만 수분 섭취에 이상적이다. 당분(과당, 포도당 등), 당알코올(만니톨 등), 유기산(사과산, 구연산, 주석산) 등이 풍부하여 새콤달콤하고 상쾌한 맛을 낸다. 또한 비타민과 무기질이 풍부하다.

저급 지방산의 에스터류도 비교적 많이 함유되어 있어 좋은 향을 내며, 과일 특유의 아름다운 색은 기호성을 높인다. 펙틴질이 많이 함유된 일부 과일은 잼이나 젤리 등으로 가공할 수 있다. 소량 존재하는 단백질은 과즙 중에 녹아 과일주스, 잼, 젤리 등으로 가공 시 제품을 혼탁하게 하나, 가열하면 응고되어 표면에 떠오르므로 쉽게 제거할 수 있다.

2) 과일 가공의 기초

(1) 원료의 선택 및 수확

과일의 숙도는 제품의 색, 향기, 품질에 영향을 주므로, 수확 후에는 가능한 한 빨리 가공하는 것이 좋다. 수확한 원료를 일시적으로 저장할 때는 햇빛을 차단하고 습도를 적절히 조절하여 저온에서 저장한다.

(2) 원료처리

- **고르기**: 과일의 고르기는 주로 품질, 숙도, 크기, 색 등을 기준으로 한다.
- **씻기**: 원료에 붙어 있는 흙, 모래, 먼지, 약제, 미생물 등을 제거하기 위해서 세척한다.
- **데치기**: 과일을 뜨거운 물에 담그거나 증기로 처리하는 과정이다. 뜨거운 물보다 증기로 처리하는 것이 비타민과 같은 영양 성분 손실이 적으나, 황록색으로 변색되기 쉽다. 데치기는 산화효소를 파괴하여 가공 중에 일어나는 변색 및 변질을 방지하고, 원료의 조직을 부드럽게 하여 통조림 제조 시 쉽게 충진을 용이하게 한다. 또한 가열 살균 시 부피 감소를 막고 껍질 벗기기가 쉬워진다.
- **제핵(핵 빼기)과 박피(껍질 벗기기)**: 인과류 및 핵과류에 속하는 과일은 핵과 심을 제거한 다음 껍질을 벗기며, 그 외의 과일은 두 쪽으로 쪼갠 후 제핵기를 사용하여 핵을 제거한다.
- **담그기**: 껍질을 벗긴 과일은 좋지 않은 맛 성분을 제거하거나, 약제를 이용해 박피한 경우 남아 있는 약제를 제거하기 위해 담그기를 한다. 이때 물을 자주 갈아주는 것이 좋으

나, 수용성 영양소의 손실을 줄이기 위해 가급적 짧은 시간 내에 처리한다.

3) 건조과일

건조과일은 수분을 제거하여 수분함량을 20% 정도로 낮춤으로써 저장성을 높인 것으로, 대표적으로 건포도, 곶감, 건조살구, 황률 등이 있다. 과일 건조의 주목적은 저장성 개선이므로 미생물이 번식하지 않을 정도로 건조한다.

건조과일 제조 시 과일은 대체로 아황산가스 처리를 한다. 이산화황은 갈변을 방지하고, 아황산의 방부효과로 미생물 번식을 억제하며, 과육 세포의 원형질 분리와 삼투작용을 일으켜 건조를 촉진한다.

(1) 곶감

곶감은 우리나라의 대표적 건조과일이다. 완숙되기 전에 채취한 떫은 감을 원료로 사용한다. 껍질이 얇고 육질이 치밀하며 긴 타원형으로 끝이 뾰족하고 씨가 적은 것이 건조 후 당분이 많고 수분이 적어 좋다.

선별된 원료는 칼이나 박피기로 껍질을 얇게 깎는다. 스테인리스 칼이나 대나무 칼을 사용하면 갈변을 막을 수 있으며, 건조 전에 이산화황 훈증을 하면 제품의 색이 좋아지고 건조기간이 단축되며 저장성이 향상된다.

품질이 좋은 곶감은 표면에 흰 가루가 나오고 육질이 투명하며, 비교적 단단하고 단맛이 많다. 이때 표면의 흰 가루는 당 유도체인 만니톨이다.

그림 9-1 곶감 건조

건조에는 천일건조법과 화력건조법을 이용한다. 천일건조는 감 꽂이를 매단 줄을 통풍이 잘 되고 햇볕이 잘 드는 곳에 널어 말리는 방식이다(그림 9-1). 겉껍질이 약간 굳어 황갈색이 되어 주름이 생기면 손으로 과육을 문질러 연하게 하는 조작을 2~3회 되풀이한다. 손끝으로 눌렀다가 놓았을 때 곧 원래 모양으로 돌아올 정도가 되면 건조를 마치며, 이때 수분함량은 30% 정도이다. 화력건조는 박피한 감을 건조실에 넣고, 첫날은 32°C, 둘째 날은 30°C, 셋째 날은 25°C로 차츰 온도를 낮추어 건조한다.

(2) 건포도

건포도는 알맞게 익은 씨 없는 포도를 건조시킨 것으로, 나무에서 과숙시켜 당도 25% 전후일 때 수확한 포도를 원료로 사용한다. 건포도의 수분함량은 15% 이하가 적당하다.

자연건조는 먼저 원료 포도를 물로 세척한 후 알칼리 침지를 하는데, 보통 93°C의 수산화나트륨 용액에 3~5초 정도 담근 뒤 즉시 물로 세척한다. 이때 식용유를 약간 넣은 27%의 중탄산나트륨 용액에 담가서 처리하면 윤기가 좋아진다. 세척한 포도는 수분함량을 15% 이하가 될 때까지 햇볕에 건조한다. 인공건조를 할 때는 65~75°C에서 15~20시간 건조시킨다.

(3) 황률

밤을 건조하여 껍질을 벗긴 다음 다시 건조시킨 것이 황률이다. 황률은 생밤을 불로 건조시키거나 햇볕에 자연건조시킨 후, 겉껍질을 벗겨 껍질과 속 알맹이를 분리시킨다. 속 알맹이에 물을 뿌려 3~4시간 불린 다음 떫은 속껍질을 벗기고 수분 10% 정도까지 건조시켜 제조한다.

(4) 건조살구

상처가 없는 살구를 세척 후 봉합선을 따라 두 조각으로 절단하여 핵을 제거한다. 갈변 방지를 위해 유황훈증을 하고, 바람이 잘 통하는 그늘진 곳에서 절단면을 위로 하여 4~7일간 건조한다. 건조가 끝나면 상자에 넣어 1~2주간 방치하여 과육 내 수분을 균일하게 한다.

(5) 과일칩

과일칩은 사과, 배, 딸기, 한라봉, 바나나 등 다양한 생과일을 동결건조한 것이다. 동결건조에 의해 원료 과일 특유의 향과 맛, 영양소를 최대한 유지하고 과자와 같이 바삭하면서도 부드러운 식감을 내는 것이 특징이다. 동결건조 과일칩은 수분이 제거되어 부피가 줄어들고 가벼워져 보관과 유통이 용이하다. 또한 휴대하기 편리하고 아침 식사 대용이나 간식으로 손쉽게 이용할 수 있으며, 핑거푸드 형태로 간편하게 섭취할 수 있다.

4) 과일음료

과일음료는 과일을 압착하여 착즙한 것을 그대로 또는 가공한 것이다. 과일음료에는 천연에서 착즙한 그대로의 농도를 갖는 천연과즙주스, 천연과즙주스를 농축한 농축과즙주스, 농축과즙을 건조하여 분말로 만든 분말주스 등이 있다.

TIP & NOTE **농축과즙과 비농축과즙**

- 농축과즙(From Concentrate, FC): 착즙액에서 수분을 제거하여 5~7배로 농축한 것으로 냉동 저장한 농축과즙을 물로 희석하고 인공착향료, 액상과당 등을 첨가하여 환원과일주스 형태로 판매
- 비농축과즙(Not From Concentrate, NFC): 생과일에서 짜낸 과즙을 농축하지 않고 착즙 후 순간 고온살균 또는 저온살균한 것

(1) 제조공정

선별과 씻기 원료 과일의 수확 시기는 일반적으로 생식용의 적기와 동일하다. 원료 과일은 껍질이 얇고 성분 농도가 높으며, 주스의 색·향·맛이 좋은 것을 선택한다. 보통 물에 침지하여 기계적으로 흔들거나 압축공기를 이용하여 세척하며, 조직이 연한 딸기 등은 분무세척을 한다.

착즙과 진공 처리 과일에는 탄닌 성분이 함유되어 있으므로, 스테인리스 도구를 사용하여 갈변이 일어나지 않도록 해야 한다. 원료 과일에 따라 착즙법과 착즙기가 다양하지만 과육을 부수어 압착기로 짜는 것이 일반적이다. 착즙할 때 비타민 C와 향미 성분의 산화, 갈변

을 억제하기 위해 다량의 공기 흡입을 피해야 한다. 이를 위해 비타민 C를 첨가하거나, 진공 상태에서 착즙하여 산화적 변질을 막기도 한다.

여과와 청징 감귤이나 복숭아 음료는 보통 혼탁한 상태로 음용되지만, 여과를 통해 맑은 주스를 만들기도 한다. 이때 여과를 방해하여 주스를 혼탁하게 하는 펙틴질은 펙틴 분해효소로 가수분해하여 용해시키며, 부유물이 빨리 침전하여 쉽게 여과되도록 침전 보조제를 사용한다. 달걀 알부민, 카제인, 젤라틴, 탄닌, 규조토 등의 침전보조제는 주스의 혼탁을 일으키는 물질과 결합하여 침전물을 형성하게 되어 부유물이 제거된다.

탈기와 살균 과일음료에 혼입된 산소는 휘발성 향미 성분과 유지 성분을 산화시켜 맛과 향을 손상시키고, 비타민 C의 산화, 색소 파괴, 갈변, 호기성균의 생육 등을 유발한다. 또한 펄프 같은 현탁 물질이 위쪽으로 떠올라 병 입구를 막거나 외관을 저해할 수 있으므로, 살균 전에 탈기를 실시한다. 탈기법에는 박막식(엷은 막 상으로 진공관 속으로 흘러내려 탈기)과 분무식(진공관에 분무하여 탈기)이 있다. 탈기 후 용기에 담아 살균하는데, 70~75°C에서 15~20분간 가열하는 저온살균법과 90~95°C에서 20~60초간 살균하는 순간살균법을 사용한다. 저온살균은 산화효소와 펙틴분해효소의 작용이 억제되고 살균효과도 우수하지만, 신선한 향미가 손상되기 쉽다. 이에 반해 순간 살균은 향미와 비타민 손실이 적어 널리 사용된다.

밀봉·냉각·포장 살균 후에는 품온을 60°C로 유지한 상태에서 무균 살균 용기에 넣어 밀봉한 뒤 냉각한다. 살균 즉시 병조림이나 통조림을 하기도 하고 저장 후 산과 당을 조절하여 포장하기도 한다.

(2) 여러 가지 과일주스의 제조

사과주스 원료는 홍옥, 국광, 왜금 등의 품종을 사용하거나, 홍옥 50%, 국광 30~40%, 델리셔스 10~20%의 비율로 배합하기도 한다. 사과는 녹말이 없어지고 당분의 함량이 많으며 산이 적당히 감소했을 때가 원료로 적당하다.

제조방법은 그림 9-2와 같이 먼저 사과를 세척한 후 사과 마쇄기로 분쇄하고, 20분 이내에 착즙하여 산화를 최소화한다. 갈변 방지를 위해 비타민 C와 소금을 소량 첨가한다. 순간

살균 장치로 약 80°C로 가열하여 단백질 및 검질 등을 응고시킨 다음 45°C 이하로 냉각시켜 0.05~0.1%의 펙틴 분해효소를 넣고 교반한 후 약 10시간 방치하여 청징한다.

혼탁 사과주스는 진동체로 거르고 청징 과일주스는 청징 처리 후 여과할 때 여과보조제를 사용한다. 이후 탈기와 열처리를 거쳐 살균된 용기에 넣어 밀봉한다.

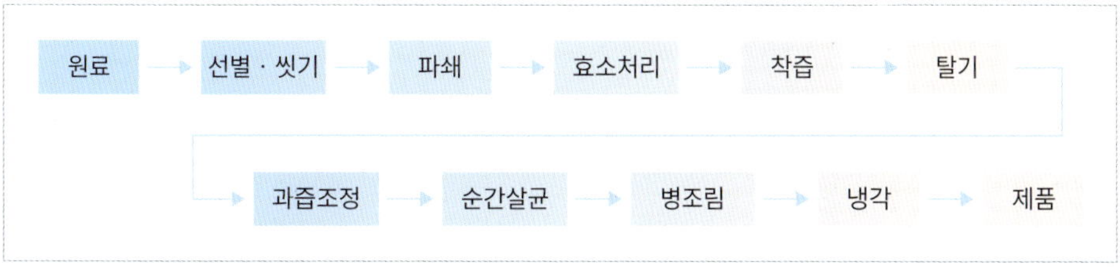

그림 9-2 사과주스의 제조공정

오렌지주스 원료를 선별하고 0.3%의 염산용액으로 오렌지에 묻어 있는 잔류농약, 흙 등을 제거한다. 주스의 기름함량이 0.03% 이하가 되도록 껍질의 기름주머니를 파괴하여 기름을 제거한다. 이후 오렌지를 두 쪽으로 절단하고, 과육 채취기와 피니셔 등을 이용하여 착즙한다.

착즙액은 당도 12°Brix, 산도 0.6~1.1%가 되도록 조합한 뒤 균질화하고, 탈기 후 순간살균한다. 펄프 조각이 너무 크면 빠르게 침전되어 촉감이 나쁘고, 너무 고우면 맛이 나쁘다. 살균 후, 충진·밀봉하고 40°C로 냉각한다. 냉각 후 농축하면 농축 오렌지주스가 생산되며, 냉동 농축을 하면 향미가 더 잘 보존된다.

포도주스 포도주스는 주석산을 침전시키는 공정 외에 투명 포도주스는 펙틴 분해공정, 적색 포도주스는 적색 색소를 과일주스에 용출시키는 공정이 필요하다.

향기와 색이 좋은 원료를 선별한 후, 0.5% 염산용액으로 세척하고 제경·파쇄한다. 적포도의 안토시아닌 색소를 용출하기 위해 65~75°C에서 가열하여 착즙하고 여과한다. 포도 과즙 내의 주석산은 저장 중에 석출·침전되어 품질을 저하시키므로, 보통 −20°C에서 4~7일간 보관 후 7°C 냉장고로 옮겨 3~4일간 정치시키고 침전물을 여과하여 제거한다.

넥타 네타(ncctar)는 복숭아, 살구, 배, 바나나 등과 같이 펄프질과 과일주스가 잘 분리되지 않는 과일을 사용해 제조한다. 완숙한 과일의 가식부를 파쇄한 후, 펄프질이 많은 퓌레(purée) 20~50%와 과즙 또는 물, 당, 산 등을 혼합해서 만든 일종의 과육 음료이다.

5) 젤리·잼·마말레이드

(1) 젤리화의 원리

펙틴은 식물 세포막 또는 세포막 사이에 존재하여 세포를 결착시키는 다당류이다. 사과를 비롯한 과일류와 레몬·오렌지 등 감귤류의 껍질, 일부 채소류, 사탕무 등에 많이 함유되어 있다. 펙틴을 비롯한 펙틴산 및 펙트산을 펙틴물질이라 하며, 이들은 그림 9-3과 같이 과일이 익어감에 따라 변화하여 과일이나 채소의 물성에 영향을 주고 당이나 산과 함께 젤리를 형성할 수 있다.

펙틴은 유기산기(−COOH)가 메틸에스터화(−$COOCH_3$)되어 있거나 유리 상태로 있는 갈락투론산 중합체로, 물에서 교질용액을 형성한다. 메톡실기 함량에 따라 고메톡실 펙틴(7% 이상)과 저메톡실 펙틴(7% 이하)으로 구분한다. 고메톡실 펙틴은 젤리 형성을 위해 펙틴, 산, 당이 필요하다. 펙틴은 1~1.5%가 적당하며, 젤리 형성에 효과적인 산은 사과산, 주석산 등이다. 젤리화에는 총산 함량이 아니라 pH가 영향을 주며 pH 3.0~3.5에서 젤리 형성이 가능하다. 당은 60~65%가 적당하며, 설탕, 포도당, 과당, 전분당 등을 혼합하여 사용한다. 저메톡실 펙틴은 칼슘이온과 같은 다가의 양이온이 겔 형성에 필요하다.

(2) 젤리

젤리는 펙틴, 젤라틴, 한천, 알긴산 등 다양한 겔화제와 산을 이용하여 만든 반고체 식품으로, 부유하는 과일 입자가 없어야 한다. 또한 전체 무게의 55% 이하의 당과 45% 이상의 과즙으로 만든 것으로 정의된다. 젤리는 과일 그대로 혹은 물을 넣어 가열하여 얻은 과일주스에 설탕을 넣어 농축·응고시킨 것으로, 투명하고 과일의 방향을 그대로 지닌다.

좋은 품질의 젤리는 투명하고 광택이 있어야 하며, 과일의 풍미가 남아 있고 절단했을 때 부드러우며 원형을 유지할 수 있을 정도의 굳기를 가져야 한다. 젤리의 일반적인 제조과정은 그림 9-4와 같다.

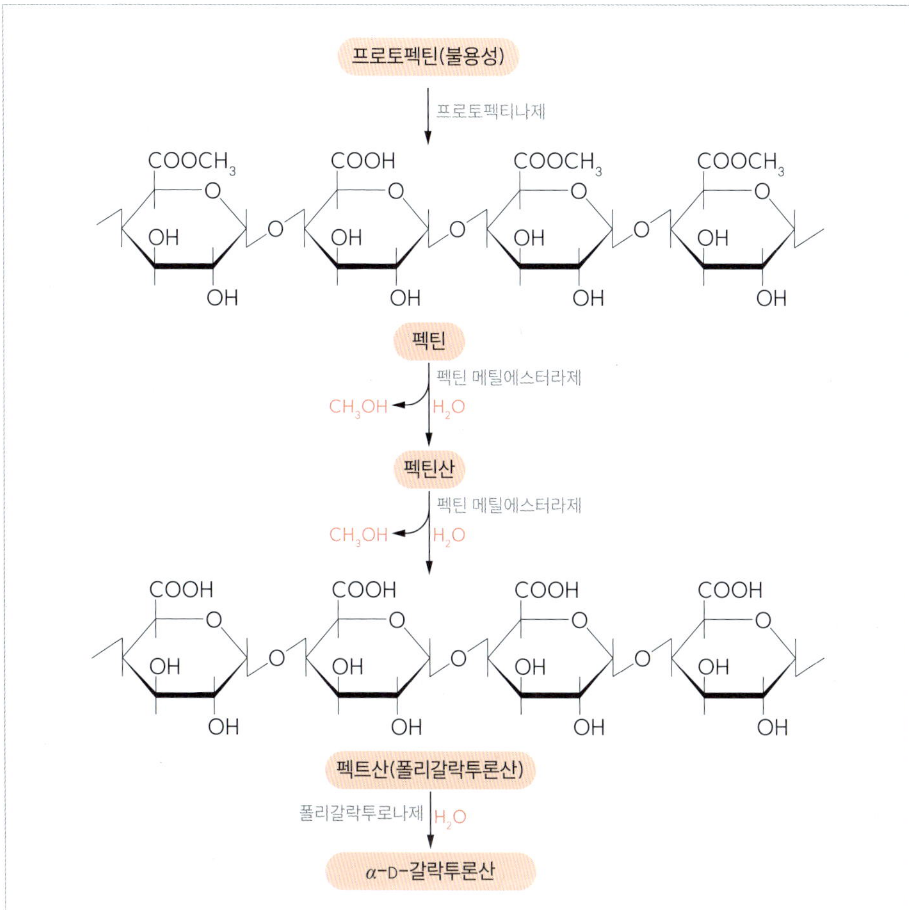

그림 9-3 펙틴의 구조

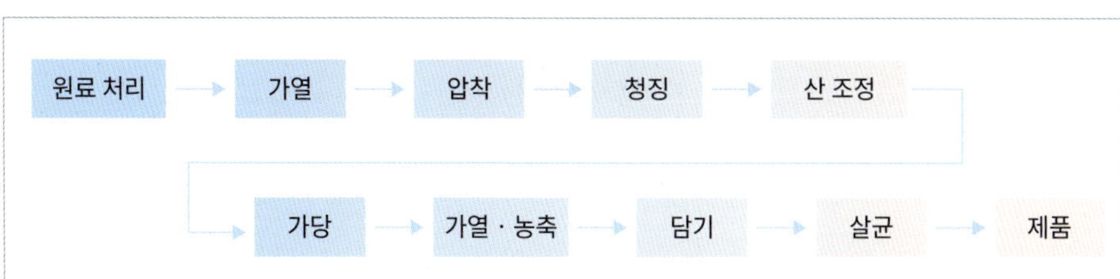

그림 9-4 젤리의 제조공정

젤리의 원료로는 펙틴과 산의 함량이 많은 과일이 적당하며, 보통 생과로 먹기에 적당한 시기보다 조금 전에 수확한 것이 펙틴 함량이 많아 더 적합하다.

가장 중요한 공정은 가당 후의 가열 농축과정으로 너무 오래 가열하면 당의 캐러멜화에 의한 갈변 등으로 품질이 저하된다. 젤리점(jelly point)의 결정은 그림 9-5와 같이 컵법, 스푼법을 이용하거나, 당도와 온도를 측정하여 확인한다.

완성된 젤리 농축액은 식기 전에 살균된 용기에 담아 밀봉해도 좋지만, 80~90°C에서 7~8분간 살균한 후 급랭하는 것이 안전하다.

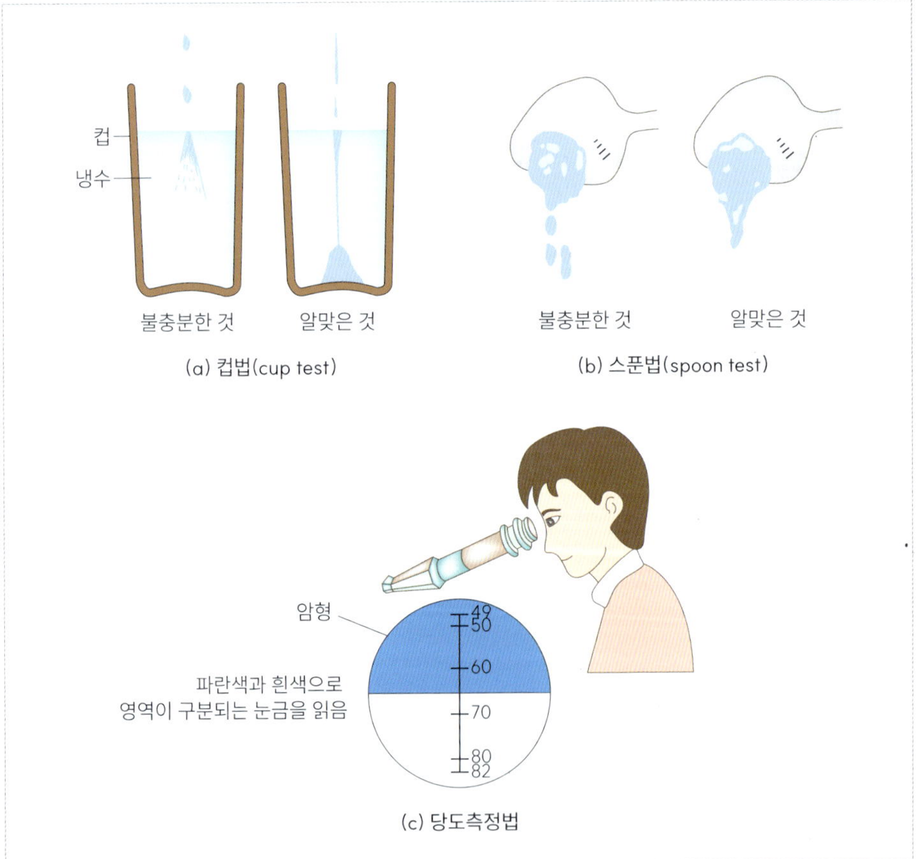

그림 9-5 잼과 젤리의 완성점

TIP & NOTE 젤리점의 결정

- 컵법: 찬물이 들어 있는 컵에 농축액을 떨어뜨렸을 때 바닥에 굳은 채로 가라앉으면 적당하다.
- 스푼법: 스푼으로 농축액을 떠서 기울이면 잼이 부착되면서 떨어지고 끝이 젤리 모양으로 굳어 떨어지면 적당하다.
- 당도계법: 당도계로 측정한 농축액의 당도가 60~65%이면 적당하다(단, 뜨거울 때 측정하면 상온의 것보다 2~3% 낮은 값을 나타냄).
- 온도계법: 농축액의 온도가 104~105℃이면 적당하다.

(3) 잼

잼은 과육을 함께 젤리화한 제품이다. 딸기잼은 딸기의 모양이 그대로 있는 프리저브(preserve) 형태와 형태가 보이지 않는 것이 있는데, 일반적으로는 프리저브 형태가 많이 소비된다.

(4) 마말레이드

마말레이드는 과피를 사용하므로, 색이 선명하고 표면에 상처가 없는 원료 오렌지나 감귤을 선별하여 세척한 뒤 칼로 껍질을 벗기고 일부를 1mm 폭으로 잘라 물에 담가 쓴맛을 제거한다. 과육은 반으로 잘라 압착기로 과즙을 짜낸다.

남은 겉껍질과 속껍질은 0.3~0.5%의 염산용액에 하룻밤 담가서 펙틴질을 가용화한 다음, 흐르는 물로 씻고 끓인 후 압착기로 짜서 펙틴 추출액을 얻는다. 과즙과 펙틴 추출액을 가열하여 끓기 시작하면, 과즙과 펙틴 혼합액의 30~40%에 해당하는 잘게 썬 과피를 넣고 다시 가열한다. 이후 다시 끓으면 설탕을 3~4회로 나누어 넣고, 완성점에 이를 때까지 농축한다.

완성된 제품은 특유의 밝은 색과 향미가 있으며, 젤리 부분이 투명하고 섞여 있는 껍질 모양과 양이 적당하며 고르게 분포한 것이 좋다.

TIP & NOTE **스위트 마말레이드와 비터 마말레이드**

우리나라 사람들에게 인기 있는 마말레이드는 미국식 스위트 마말레이드(sweet marmalade)이다. 스위트 마말레이드는 단맛이 강한 오렌지를 사용하여 달콤하지만, 산과 펙틴이 부족하므로 레몬 등을 첨가하기도 한다.

한편, 영국식 비터 마말레이드(bitter marmalade)는 시큼하고 쓴맛이 강한 오렌지를 원료로 사용하므로 산과 펙틴 함량이 높아 조직이 단단하다.

6) 과일 통조림

(1) 감귤 통조림

원료용 감귤은 씨가 없는 완숙과로 풍미가 좋고 신선하며, 크기가 고르고 둥근 모양보다는 납작한 것이 적당하다. 85~90°C에서 1~2분간 또는 끓는 물에서 10초 정도 열처리를 하고, 꼭지를 위로 하여 과육이 손상되지 않게 껍질을 벗긴 후 산알칼리 박피법을 사용하여 속껍질을 제거한다. 밀감 통조림은 헤스페리딘에 의해 백탁이 생길 수 있다. 이를 방지하기 위해 헤스페리딘 함량이 적은 품종이나 완전히 익은 원료를 사용하고, 물 세척으로 헤스페리딘을 제거하거나 껍질을 벗긴 과육에 헤스페리디나제를 처리한다.

(2) 복숭아 통조림

복숭아는 크게 백육종과 황육종으로 나뉘며, 이들은 다시 완숙 후 육질의 경도가 큰 논멜팅(nonmelting) 계통과 육질이 연해지는 멜팅(melting) 계통으로 구분된다. 논멜팅 계통이 통조림 원료로 적합하고, 멜팅 계통은 주로 생식용으로 이용된다.

복숭아는 완숙 2~3일 전에 수확하여 추숙해 사용한다. 경도계로 익은 정도를 측정하여 선별한 후, 물로 깨끗이 세척하고 봉합선을 따라 두 쪽으로 절단하여 제핵한 뒤 산화 방지를 위해 2%의 소금물에 담가둔다. 이어 끓는 물에 1분 정도, 끓는 가성소다 용액에 30~60초 처리하여 박피하고, 0.2% 구연산 용액에 담가 변색을 막는다.

과육을 담은 통은 밀봉·탈기를 거쳐 살균한 후 즉시 냉각한다. 냉각이 불충분하면 과육이 붉은색을 띨 수 있다.

7) 우림감(침시)

감의 떫은맛을 제거하는 것을 탈삽(감 우리기)이라고 한다. 감의 떫은맛은 세포 내의 수용성 탄닌에 의한 것으로, 탈삽은 가용성 탄닌 성분을 불용성 탄닌 성분으로 변화시켜 떫은맛을 느낄 수 없게 하는 과정이다. 탈삽의 기본 원리는 산소의 공급을 제한하여 감의 호흡작용을 억제하는 것이다. 이때 생성되는 아세트알데히드와 탄닌이 축합하여 불용성으로 전환됨으로써 떫은맛이 제거된다.

(1) 온탕 탈삽법

떫은 감을 약 40°C의 더운 물에 15~24시간 담가 효소의 활동을 활발하게 하여 탈삽시키는 방법이다. 이 방법은 과실이 연화되어 외관이 좋지 않게 되므로, 주로 가정 소비용으로만 이용된다.

(2) 알코올 탈삽법

떫은 감을 알코올과 함께 밀폐된 용기에 넣어 탈삽하는 방법이다. 이때 효소 작용에 의해 알코올이 알데히드로 산화되어 불용성 탄닌으로 변한다.

이 방법은 탄산가스 탈삽법에 비해 풍미가 우수하지만, 과육이 쉽게 연화되고 저장성이 좋지 않다.

(3) 탄산가스 탈삽법

이산화탄소로 호흡을 중지시켜 에틸알코올을 생성함으로써 탈삽하는 방법으로, 보통 나무통을 이용한다. 대량처리 시에는 떫은 감을 상자에 넣어 밀폐된 방에 넣고 액화탄산을 주입시켜 탈삽한다.

이 방법은 알코올 탈삽에 비해 풍미는 떨어지지만, 과일 손상이 없고 연화가 일어나지 않아 저장기간이 길다. 또한 탈삽 기간이 짧고 대량처리가 가능하다는 장점이 있다.

2. 채소류

1) 채소류 분류 및 특성

채소류는 식용할 수 있는 부위에 따라 다음과 같이 분류된다.

- **경엽채류**: 배추, 양배추, 시금치, 상추, 부추, 죽순, 아스파라거스, 셀러리, 파슬리, 쑥갓, 미나리 등
- **근채류**: 무, 당근, 파, 양파, 마늘, 생강, 연근, 토란, 우엉 등
- **과채류**: 오이, 호박, 토마토, 가지, 고추, 딸기, 수박, 참외 등

채소의 대부분은 수분이 차지하며, 비타민과 무기질의 공급원이다. 또한 채소는 식이섬유가 풍부하고 천연색소와 여러 방향 성분을 함유하고 있어 식욕을 증진시킨다.

경엽채류

근채류

과채류

2) 건조채소

건조채소는 가공비가 적고 수분이 제거되어 가벼우며, 운반이 편리할 뿐만 아니라 장기간 저장할 수 있다. 또한 채소는 건조하면 신선채소와 다른 독특한 식감과 풍미를 얻을 수 있다. 건조과정 중 조직 변화, 향미와 색 손상, 비타민 손실 등을 최소화하기 위해 데치기와 같은 전처리를 통해 효소를 불활성화시켜야 한다.

한편 저장 중 갈변 및 산화 방지를 위한 전처리 방법으로 아황산염 용액에 담그거나 아황산가스를 분무하는데, 이 과정에서 비타민 B_1 등이 파괴된다. 건조방법에는 천일건조법, 진공건조법, 동결건조법, 가압건조법 등이 있으며, 건조채소의 일반적인 제조과정은 그림 9-6과 같다.

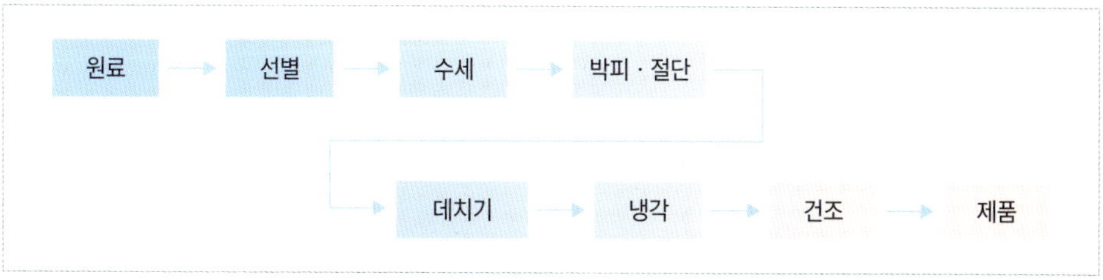

그림 9-6 건조채소의 제조공정

(1) 슬라이스형

원재료를 일정 두께로 썰어 건조한 형태로 건호박, 건가지, 건표고버섯 등이 있으며, 나물, 볶음, 찌개 등에 사용된다.

(2) 조각형

채소를 깍둑썰기 형태로 건조한 것으로, 건양파 조각, 건당근 조각 등이 있으며 국, 탕, 인스턴트식품에 사용된다.

(3) 채 썬 형

가늘게 채 썬 채소를 건조한 것으로, 실고추, 무말랭이, 건파, 건미역줄기 등이 있으며, 재수화가 빠르고 원형 복원이 용이하며 조리시간이 짧다. 볶음, 고명 등에 이용된다.

(4) 분말형

건조 후 미세하게 분쇄한 것으로, 양파가루, 마늘가루, 생강가루, 시금치가루 등이 있다. 보관이 편리하며, 가공식품 등에 조미료로 사용되거나 이유식에 많이 쓰인다.

(5) 채소 시트

채소 시트(vegetable sheet)는 김처럼 싸 먹을 수 있는 시트 형태의 채소이다. 채소(vegetable)와 시트(sheet)를 합성한 베지트(vegheet)라는 채소 시트는 신선 채소를 갈아 한천을 섞어 건조한 것이다.

베지트는 두께 1mm로 김처럼 바삭한 식감이 특징이며, 일반 채소에 비해 부드럽고 상미기한(best before)이 1년으로 상온 보관이 가능하다. 물에 살짝 적시면 쌈 채소처럼 다른 재료를 싸 먹을 수 있고, 다양한 모양으로 잘라 장식용으로 사용할 수 있다.

당근 시트, 무 시트를 비롯해 토마토, 호박, 파프리카, 바질 등 다양한 채소로 시트를 제조한다(그림 9-7). 베지트는 채소를 싫어하는 사람들에게는 간식으로, 충분한 영양 섭취가 어려운 시니어층에게는 건강식품으로 주목받고 있다.

당근 시트 호박 시트 토마토 시트 무 시트

(a) 채소 시트

샐러드 랩 베지트 피자 베지트 주스 젤

(b) 채소 시트 이용 식품

그림 9-7 다양한 채소 시트와 채소 시트 이용 식품

자료: https://www.vegheet.jp

3) 침채류

침채류는 채소에 소금, 장류, 조미료, 식초 등을 가하여 조리와 저장을 겸한 일종의 염장식품이다. 저장 중 미생물(특히 젖산균)에 의해 유기산, 알코올 및 에스터 등의 독특한 풍미가 생성된다.

소금 농도가 8~10%가 되면 부패균과 병원균은 생육이 거의 억제되고, 젖산균이 활발하게 작용하여 저장성이 증가하게 된다.

(1) 김치

김치의 제조원리 김치는 배추나 무를 소금에 절여 저장하는 동안 젖산균에 의한 발효·숙성을 거쳐 독특한 맛이 형성되는 대표적 침채류이다. 이 과정에서 침투작용, 효소작용, 발효작용 등이 어우러져 특유의 조화된 향미가 만들어진다.

제조과정의 주요 작용

- **침투작용**: 배추의 숨을 죽이는 과정으로, 배추를 소금물에 절이면 세포 내 수분이 빠져나오고 원형질 분리가 일어나 원형질막은 반투성을 잃게 되어 세포 내로 소금이 들어가게 된다. 소금 농도가 높고 온도가 높을수록, 또 단면이 넓을수록 소금의 침투속도는 빨라진다.
- **효소작용**: 배추의 세포가 죽게 되면 효소에 의해 전분, 단백질 등이 가수분해되어 당류, 펩티드, 아미노산과 같은 맛 성분이 생성된다.
- **발효작용**: 미생물이 번식하여 산이나 향미 성분을 생성하고, 이것이 소금과 함께 배추 세포 조직에 침투하여 독특한 향기와 맛을 부여한다.

발효과정에서의 미생물 역할 김치 발효 숙성에 관여하는 중요한 미생물은 젖산균과 효모이다.

- **발효 초기**: 루코노스톡 메센테로이드(*Leuconostoc mesenteroides*)가 많이 증식하여 젖산과 CO_2를 생산하여 김치를 산성화시키고 혐기 상태로 만들어 호기성균의 번식을 억제한다.
- **발효 중기**: 락토바실러스 플란타룸(*Lactobacillus plantarum*)이 활발히 증식하여 젖산을 생성하고 락토바실러스 브레비스(*Lactobacillus brevis*)가 증식하여 유기산, CO_2를 생성하여 pH를 낮추어 부패균의 생육을 억제한다.
- **발효 말기**: 산막효모가 젖산균이 생산한 산을 소모하고 표면 피막을 형성한다. 이때 효모가 분비하는 효소에 의해 김치가 물러지는 연부현상이 나타나고, 불쾌한 냄새가 발생하여 먹을 수 없게 된다.

김치의 제조 김치는 종류에 따라 재료가 다르고 지방과 계절에 따라 맛에 차이가 있지만, 기본 제조방법에는 큰 차이가 없다. 원료 배추는 알이 꽉 차고 폭이 크며, 녹색 잎이 많고 겹질이 얇으며, 결구가 단단하고 무거운 것을 선택한다. 무는 중간 크기 이상의 것을 사용하는데, 조선무가 좋다.

배추김치를 제조하기 위해 먼저 배추를 깨끗이 씻어 두 쪽으로 쪼개고 소금물을 부어 하루 정도 담가서 완전히 절인다. 이때 소금물의 농도는 10% 전후로 절임 시간은 16~20시간 정도가 적당하다. 소금 농도가 3% 이하이면 김치의 빛깔은 좋으나 쉽게 쉬고 물러지며, 반대로 농도가 너무 높으면 잘 익지 않고 질기며 색과 맛이 떨어진다. 절인 배추는 물에 씻어 물기를 뺀 다음 양념 속을 넣는다.

김치의 숙성 김치의 숙성은 소금농도, 숙성온도 그리고 부재료의 영향을 받는다. 소금의 농도가 높을수록 숙성이 지연되고 산패나 연부는 억제되며, 농도가 낮으면 김치의 빛깔은 좋으나 쉽게 연부된다. 식염농도가 3~5%일 때는 각종 세균이 번식하여 쉽게 부패하며, 8~10%에서는 일반 부패균의 활동은 억제되지만 젖산균과 효모가 증식한다. 그러나 농도가 10%에 이르면 일반 부패균은 생육할 수 없게 되고 젖산발효도 약하게 일어난다.

일반적으로 온도가 낮으면 숙성과 발효 속도가 느려지고, 온도가 높아지면 숙성속도는 빨라진다. 그러나 온도가 낮을수록 숙성은 느리지만 김치의 맛은 좋아진다.

김치발효에서 중요한 것은 젖산의 생성이다. 젖산은 방부작용을 비롯해 염분을 부드럽게 해주는 작용이 있다(그림 9-8). 김치발효의 주된 생성물인 유기산과 탄산가스는 김치의 맛을 좌우하는 대표적인 성분이며, 이들의 생성량은 미생물의 특성과 생육조건(염도, 온도)에 따라 달라진다. 일반적으로 숙성 후기는 유기산의 증가에 비해 pH가 다소 느리게 감소하는데, 이것은 유리아미노산과 유기산의 완충작용 때문이다. 또한 발효 중 비타민 B_1과 비타민 B_2의 증가는 미생물 합성 또는 효소에 의해 유리된 것으로 추정되며, 비타민 C는 숙성 초기에 감소한 후 다소 증가한다.

MINI QUIZ **김치 국물이 걸쭉해지는 이유는?**

김치 제조 시 첨가한 설탕이 발효에 관여하는 젖산균인 루코노스톡 메센테로이드(*Leuconostoc mesenteroides*)가 분비하는 효소(덱스트란 수크라제)에 의해 덱스트란이 생성되기 때문이다. 이 덱스트란이 점성을 높여 김치 국물이 걸쭉해진다.

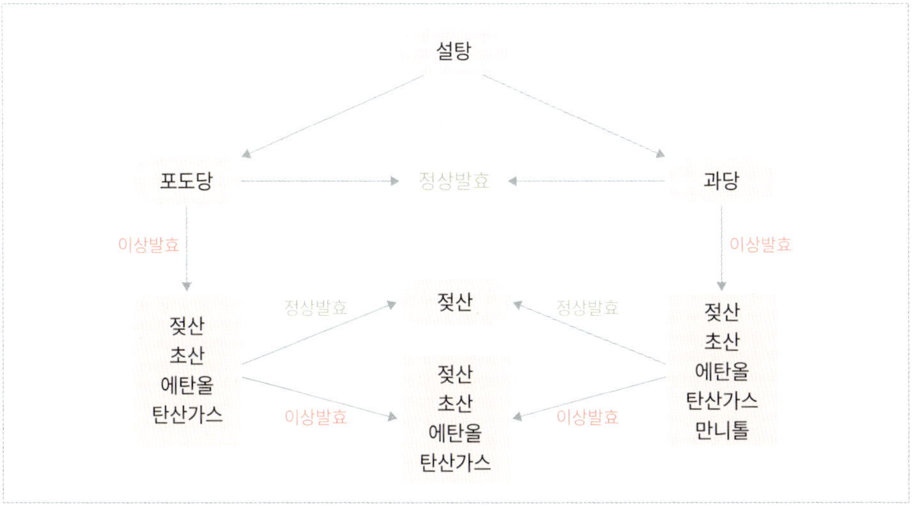

그림 9-8 젖산발효에 의한 성분의 변화

김치의 가공과 저장 김치는 −5°C에서 저장하면 국물은 얼지만 배추는 얼지 않으므로 −5~0°C에서 저장한다. 겨울에는 −1°C, 여름에는 −3~2°C에서 저장하는 것이 바람직하다. 시판 김치는 일반적으로 0~4°C에서 보관한다.

유통기간은 발효숙성 후 균일 상태를 유지하면서 산패가 일어나지 않는 기간을 의미한다. 상품으로서의 유통기한은 제조일로부터 약 20일이며, 0~2°C에서 3개월이 경과하면 시어지게 된다. 「식품공전」에서는 직사광선을 받지 않는 서늘한 곳에 보관하도록 규정하며, 권장 유통기한은 살균제품 6개월, 기타 제품 7일, 10°C 이하에서 보관하는 냉장제품은 28일이다.

김치를 담는 용기는 전통 독을 비롯하여 유리병, PVC병, PE비닐, 파우치 용기 등을 사용한다. 김치를 포장할 때 가열처리를 하는 경우 85°C에서 15분 이내 살균하는 것이 적당하다.

김치의 국제 규격 우리나라는 김치의 국제 규격을 국제식품규격위원회(CODEX)에서 공인받았다. 김치는 산도 1.0 이하, 배추 등 고형물이 80% 이상, 소금농도 1.5~4.0%, 중금속 함량은 1kg당 10.0mg을 초과하지 않도록 규정되어 있다.

(2) 단무지

단무지는 효모의 작용으로 쌀겨 속의 전분이 당화·발효되어 생성된 젖산과 부티르산 그리고 무의 함황화합물들이 숙성되면서 방향 성분이 되는 저장식품이다.

단무지의 주재료는 무, 쌀겨, 소금, 감미료, 색소 등이며, 무는 연마종과 궁중무를 주로 사용한다. 무는 색이 희고 양끝이 가늘고 길어 건조하기 쉬운 것을 사용한다. 감미료로는 설탕, 감초, 사카린 등을, 색소로는 식용황색 색소인 타트라진이나 치자 등을 사용한다.

단무지의 맛은 무의 건조 상태에 의해 좌우된다. 무를 건조시켜 담그거나 무에 소금을 넣고 눌러 절여 담는 법이 있다. 단무지는 그림 9-9와 같이, 통을 깨끗이 건조한 후 소금을 뿌리고 쌀겨, 소금, 색소, 감미료 등을 첨가하여 건조한 무를 정렬하여 담고 그 위에 다시 소금과 부재료를 뿌린다. 이와 같은 작업을 여러 번 반복하여 잘 다져 넣고 뚜껑을 덮은 다음 무거운 돌을 얹어 놓는다. 3~5일이 지나면 액즙이 나오고 무가 밑으로 가라앉게 된다. 이때 돌을 걷어내고 표면에 마른 무청을 얹은 후 뚜껑을 덮고 다시 돌을 얹어 온도 변화가 적은 서늘한 곳에 저장한다.

무 → 건조 → 양념 첨가 → 담그기 → 숙성 → 저장 → 제품

그림 9-9 단무지의 제조공정

(3) 피클

피클은 오이, 마늘, 양파, 콜리플라워와 같은 채소에 주로 소금, 식초, 간장, 기타 향신료를 첨가하여 절인 식품으로 피클 조미액의 pH가 낮아 미생물의 증식이 억제되기 때문에 저장성이 부여된다.

피클에는 원료를 소금 절임하여 젖산발효를 일으킨 발효 피클과 발효시키지 않고 초에 담가 만든 간이 피클이 있다. 피클용 오이는 미숙하고 짧으며 둥글고 육질이 단단한 것이 좋다.

오이를 씻어 자르거나 통째로 8~10%의 소금물에 담가 20일간 발효시키면, 오이는 녹갈색이 되고 산의 농도는 1.2%가 된다. 발효가 끝난 오이는 맑은 물에 하룻밤 담가 염분을 빼

고 조미액을 침투시키면 먹을 수 있다. 피클용 조미액은 양파, 건고추, 계피, 월계수잎 등을 우려낸 액에 양조식초, 소금, 향료 등을 넣어 만든다.

4) 채소 통조림

채소 통조림은 용도에 따라 주로 물이나 소금물을 넣은 제품이 많고, 일반적으로 pH가 4.5~6.5로 높아 내열성 세균에 의한 부패를 방지하려면 과일 통조림보다 높은 온도에서 살균해야 한다.

채소 통조림은 신선한 원료를 사용하여 채소 고유의 색과 풍미를 유지하는 것을 목적으로 한다. 소금물은 보통 2% 정도를, 소금은 순도 99% 이상의 것을 사용한다.

(1) 죽순 통조림

죽순은 수확 초기나 중기에 채취한 것이 적당하며, 모양이 작고 마디 사이가 짧으며 단백색으로 육질이 부드럽고 향과 풍미가 좋은 것이 바람직하다. 죽순은 수확 후 변질이 빨리 일어나므로 반입 즉시 처리해야 한다.

겉껍질을 벗긴 후 끓는 물에서 열처리하고 급랭한 후, 대칼로 속껍질을 떼어내고 뿌리 부분은 칼로 둥글게 다듬는다. 다듬은 죽순은 물에 담가 티로신을 제거하여 제품의 액이 흐려지지 않도록 하고 선별하여 담은 후 더운 물을 붓고 탈기·밀봉하여 살균한다.

(2) 완두콩 통조림

통조림용 원료로는 알이 작고 둥근 종이 많이 이용된다. 성숙도가 70~80% 정도로 깍지가 아직 녹색이고 윤이 나며 알이 충실하고 수분이 많아 날로 먹으면 단맛이 나는 시기에 수확한다. 완두콩의 깍지를 벗겨 선별하고 데친 후 2~3%의 더운 소금물로 충진한다. 이후 탈기·살균하여 바로 냉각한다. 냉각이 지연되거나 불충분하면 완두콩이 허물어지고 색이 변하며 액이 흐려진다.

(3) 양송이 통조림

양송이는 우산(갓)이 피기 12시간 전후가 좋고, 지름이 2~4cm 되는 것을 표준으로 하여 채취한다. 양송이는 육질이 부드러워 외부로부터 상처를 받기 쉬울 뿐만 아니라 산화·변색이 쉬우므로 주의 깊은 전처리가 필요하다.

선별·세척이 끝나면 100°C에서 4~8분 또는 80~85°C에서 8~15분간 열탕 처리한 후 급랭하여 갈변을 방지한다. 이어서 선별한 양송이를 통에 담고 2~3%의 더운 소금물을 넣어 탈기한 다음 밀봉·살균·급랭한다.

5) 토마토 가공품

토마토의 덜 익은 부분에 포함된 엽록소는 가열 시 갈변되므로 가능한 한 잘 익은 원료를 사용한다. 또한 토마토의 주요 색소인 리코펜은 철, 구리에 의해 갈변되므로 가공과정에서 금속과 접촉하지 않도록 한다.

감압하에서 가열·농축하면 색깔이 좋고, 비타민 C의 보존에도 유리하다.

(1) 토마토 퓌레

토마토 퓌레는 토마토를 파쇄하여 껍질, 씨 등을 제거한 과육과 액즙인 토마토 펄프를 농축하거나 약간의 소금을 넣어 농축한 것이다. 토마토는 색과 풍미가 좋고 수분이 적으며 고형물이 많은 품종이 적합하다.

원료 토마토는 세척·선별한 후 이를 파쇄기로 파쇄하며, 이를 그대로 여과(냉법, cold pulping)하거나 가열 후 여과(열법, hot pulping)하여 펄프를 만든다. 농축은 저온에서 단시간에 하는 것이 좋으며, 농축 초기에 거품이 생기면 면실유나 올리브유를 조금 넣거나 물을 뿌려 거품을 제거한다. 농축된 펄프는 피니셔에 통과시켜 육질을 균일하게 한 후 충진·밀봉·살균·냉각한다.

토마토 퓌레를 더 농축하여 전고형분 함량을 25% 이상으로 한 것이 토마토 페이스트이다.

(2) 토마토 케첩

토마토 케첩은 토마토 퓌레에 향신료, 조미료, 소금 등을 넣어 농축한 것으로, 배합 비율에 따라 다양한 특징을 가진 제품을 만들 수 있다. 향신료로는 양파, 마늘, 계피, 고추, 정향, 후

추, 생강 등을 사용하며, 조미료로는 설탕, 소금, 식초 등이 사용된다.

(3) 칠리소스

칠리소스는 케첩에 비해 양파, 마늘, 고추 등을 더 많이 사용하며, 거칠게 썬 토마토가 들어 있다. 거르지 않기 때문에 비교적 큰 토마토 과육 조각이 섞여 있어 주로 광구병에 담는다.

TIP & NOTE **스리라차 소스**

스리라차 소스(sriracha sauce)는 매콤하고 약간 달콤한 태국식 칠리소스이다. 블렌더에 고추, 마늘, 설탕, 소금, 식초, 물을 넣고 곱게 갈아 냄비에 넣고 약불에서 끓인다. 이를 식힌 후 병에 담아 냉장보관하면 1개월 이상 보관할 수 있다.

(4) 토마토주스

원료 토마토는 완숙된 것이 적합하다. 토마토를 선별·세척하고 파쇄기로 파쇄한 후 예열기에서 30~40초 내에 80°C까지 가열하여 산화효소와 펙틴 분해효소를 불활성화시킨다.

가열한 과즙은 압착기로 착즙하여 껍질과 씨를 제거하고, 과즙에 0.5~1.0%의 소금과 적당량의 설탕·향신료를 첨가하여 용해·균질화한 후 병조림이나 통조림으로 제조한다.

TIP & NOTE **토마토 솔리드팩**

익은 토마토의 껍질을 벗기고 소금을 소량 넣어 통조림하거나, 토마토 퓌레를 함께 넣어 통조림한 것이다. 식용으로 그대로 이용하거나 요리 재료로 사용한다.

6) 채소음료

(1) 과일·채소음료

「식품공전」에 따르면 과일 또는 채소를 주원료로 하여 가공한 것으로 농축과·채즙(또는 과·채분), 과·채주스, 과·채음료로 분류한다.

- **농축과·채즙(또는 과·채분)**: 과일즙, 채소즙 또는 이들을 혼합하여 50% 이하로 농축하거나 이를 분말화한 것이다.

- **과·채주스**: 과·채즙 함량이 95% 이상이며 과일 또는 채소를 압착, 분쇄, 착즙 등 물리적으로 가공해 얻은 과·채즙 또는 이에 식품 또는 식품첨가물을 가한 것이다.
- **과·채음료**: 과일즙, 채소즙 또는 과·채즙 10% 이상으로 농축과·채즙 또는 과·채주스 등을 원료로 하여 가공한 것이다.

과일·채소 음료에는 과·채즙의 함량이 낮은 경우가 많아 맛을 내기 위해 덱스트린, 백설탕, 액상과당, 구연산, 합성착향료 등의 첨가물이 사용된다.

(2) ABC 주스

ABC 주스는 사과(apple), 비트(beet), 당근(carrot)을 1:0.3:1의 비율로 혼합하여 갈아 만든 주스이다. 주스 1잔(500mL)에는 약 10g의 식이섬유가 함유되어 있으며, 당분이 적고 열량은 약 150kcal로 낮은 편이다. 다만, 비트에는 불용성 옥살산이 함유되어 있어 신장이 좋지 않은 사람은 섭취에 주의가 필요하다.

CHAPTER **10**

축산물 가공

학습 목표

1. 식육의 분류와 성분, 사후 변화와 저장 원리를 이해한다.
2. 육가공의 기본 공정과 주요 제품 특징을 설명한다.
3. 알의 가공 형태와 활용을 파악한다.
4. 우유와 유제품의 성분, 가공 및 저장 원리를 이해한다.
5. 치즈·아이스크림·발효유 등 주요 유가공품의 제조와 특성을 설명한다.

1. 육가공

1) 식육의 분류와 조성

식육에는 근육조직을 중심으로, 지방조직, 결합조직 외에 보통의 조리에서 제거되지 않는 지방, 신경, 혈관, 림프관, 인대, 막, 연골 등이 포함되어 있다.

식육은 생체 내에서 기능과 형태가 다른 세 종류의 근육(골격근, 심근, 평활근) 중 골격근을 주체로 하는 식품이다. 반면 심근과 평활근은 부산물로 이용된다.

(1) 골격근의 구성

식품의 가공에는 생체의 약 30~40%를 차지하는 골격근을 사용한다. 골격근은 폭 0.01~0.1mm, 길이 수 cm~십수 cm의 가늘고 긴 실모양의 근섬유(근세포)로 되어 있다. 각 근섬유는 근내막이라 부르는 결합조직에 둘러싸여 있고, 모세혈관과 신경이 분포한다. 50~150개의 근섬유가 모여서 1차 근속을 만들고, 이것이 수십 개 모여서 2차 근속이 되는데, 이들 근속은 근주막이라는 결합조직에 싸여 있다(그림 10-1).

TIP & NOTE 골격근

- 골격근은 수의근(voluntary muscle)이라고도 하며, 뼈에 부착되어 있고 의지에 따라 그 운동을 조절할 수 있는 횡문근이다.
- 심근은 심장을 형성하고, 자동적으로 박동을 계속하는 횡문근이다.
- 평활근은 불수의근(involuntary muscle)으로서, 주로 혈관, 식도, 위 등 내장에 존재하며, 자율신경의 지배를 받기 때문에 의지에 따라 움직이지 않는 근육이다.

MINI QUIZ 식육이란?

- '식육'은 식용을 목적으로 하는 가축의 지육, 정육, 내장, 그 밖의 부분을 말함
- '지육'은 머리, 꼬리, 발 및 내장 등을 제거한 도체(carcass)
- '정육'은 지육으로부터 뼈를 분리한 고기
- '내장'은 식용을 목적으로 처리된 간, 폐, 심장, 위장, 췌장, 비장, 콩팥 및 창자 등
- '그 밖의 부분'은 식용을 목적으로 도살된 가축으로부터 채취, 생산된 가축의 머리, 꼬리, 발, 껍질, 혈액 등 식용이 가능한 부위를 지칭

자료: 축산물의 가공기준 및 성분규격[식약처 고시, 제2013-244(2013.12.10)]

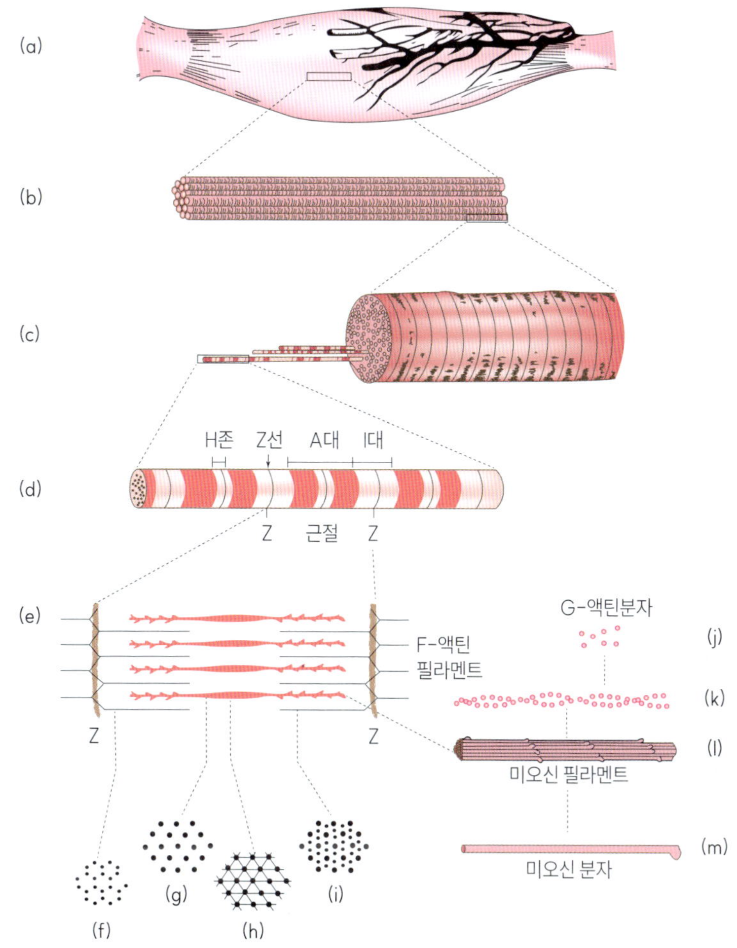

그림 10-1 근섬유의 구조

(2) 식육의 성분 및 조성

식육의 화학적 조성은 동물의 종류, 나이, 채취 부위, 영양 상태 등 여러 요인에 따라 달라진다(표 10-1). 일반적으로 수분함량과 지방함량은 상호 반비례 관계의 경향이 있어, 지방함량이 많은 고기는 상대적으로 수분량이 적어진다. 수분은 영양 성분은 아니지만 보수성에 따라 육의 풍미와 육질에 밀접한 관계가 있으므로 중요한 성분이라 할 수 있다.

표 10-1 각종 고기의 일반 성분(가식부 100g 중)

종류	수분(g)	단백질(g)	지질(g)	Ca(mg)	P(mg)	비타민 B_1(mg)	비타민 B_2(mg)
쇠고기(한우) 등심	55.3	15.61	26.3	11	147	0.02	0.35
쇠고기(한우) 양지	61	18.58	18.59	5	163	0.01	0.25
돼지고기 삼겹살	50.3	13.3	35.7	6	143	0.49	0.16
돼지고기 안심	74.4	22.2	3.2	3	211	0.87	0.29
닭고기	69.4	19	10.6	10	170	0.20	0.21
오리고기	64.6	16.63	18.99	16	155	0.12	0.21

자료: 농촌진흥청 국가표준식품성분(2025)

부위별 차이 및 등급 분류 식육은 부위에 따라 성분과 맛이 다르다. 국내에서 유통 중인 쇠고기와 돼지고기의 부위별 명칭은 그림 10-2와 같다.

- 쇠고기: 축산물품질평가원에 따르면, 쇠고기는 육량등급(소 한 마리에서 얻을 수 있는 고기의 양이 많고 적음)에 따라 A, B, C등급으로 구분하고, 육질등급(고기의 품질 정도)에 따라 1++, 1+, 1, 2, 3등급으로 구분한다.
- 돼지고기: 품질 정도, 도체 중량, 등지방 두께 및 외관 등을 종합적으로 고려하여 1+, 1, 2등급으로 구분한다.

TIP & NOTE 육량등급과 육질등급 비교

- 육량등급: 고기의 양적 가치(출하된 소에서 얻을 수 있는 고기 양)를 뜻하며, 소비자보다는 주로 생산·유통 단계에서 활용된다.
- 육질등급: 맛과 직결되는 마블링, 조직감, 색 등을 종합적으로 평가한 것으로, 소비자가 선택할 때 참고하는 주요 기준이다.

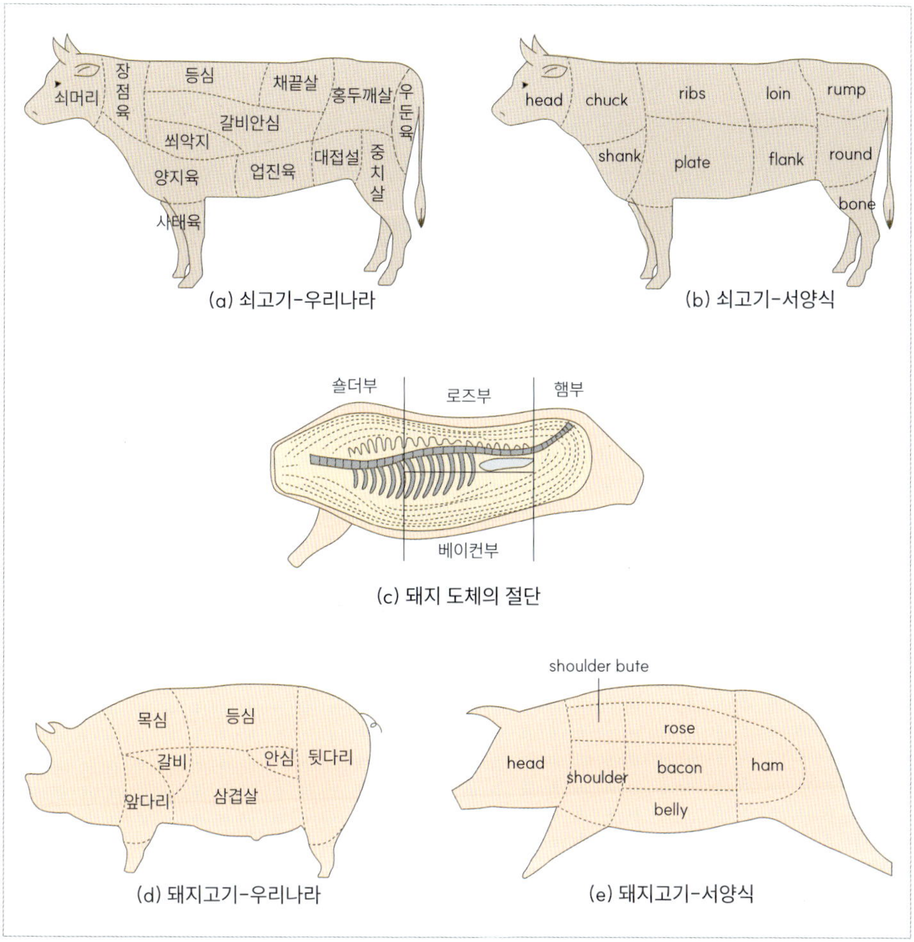

그림 10-2 식육의 부위별 명칭

단백질 단백질은 수분을 제외한 모든 고형분의 약 80%를 차지한다. 근육단백질은 조직 내에서의 기능, 존재 위치 그리고 각종 염용액에 대한 용해도의 차이에 따라 근원섬유 단백질, 육장 단백질, 결합조직 단백질로 구분된다.

근원섬유 단백질 근원섬유 단백질은 근육 전체 단백질량의 약 56%를 차지하며, 근육의 수축과 이완에 관계하는 단백질이다. 미오신(약 60%)과 액틴(약 20%)은 서로 결합하여 액토미오신을 형성한다. 근원섬유 내의 미오신과 액틴은 양손가락을 서로 엇갈려 끼운 상태와 같이 배열되어, 길이가 짧아지거나 길어지면서 근육의 수축과 이완에 직접 관여한다.

또한 이러한 근수축 운동 조절에 관여하는 트로포미오신 및 트로포닌과 같은 주요 조절 단백질도 존재한다. 이 단백질들은 육가공 시 제품의 결착성과 밀접한 관계가 있으며, 이들의 생화학적 변화는 육질을 좌우하고 육제품의 품질에 큰 영향을 준다.

육장(근장) 단백질 육장(근장) 단백질에는 주로 수용성 단백질과 세포 내 소기관 단백질이 포함된다. 대표적인 수용성 단백질은 미오겐, 글로불린 X, 미오알부민, 미오글로빈(육색소) 등이다. 또한 핵, 미토콘드리아와 같은 세포 내 소기관 단백질도 함유되어 있다. 그러나 이러한 수용성 단백질 대부분은 육가공에서 결착성과는 큰 관련이 없다.

결합조직 단백질 결합조직 단백질은 인대, 힘줄 등을 구성하는 단백질로, 주로 콜라겐(90% 이상), 엘라스틴, 레티큘린으로 구성되어 있다.

- 콜라겐은 물에 넣어 끓이면 젤라틴으로 변하며, 분자 간 가교결합의 정도에 따라 용해도가 달라진다. 일반적으로 동물이 성장함에 따라 불용성 콜라겐이 증가되어 식육의 경도가 증가한다.
- 엘라스틴은 건(腱)과 인대에 함유된 탄성이 높은 섬유지만, 함유량이 약 3%에 불과하여 식육의 성질에 크게 영향을 주지 않는다. 또한 물에 넣어 끓여도 연화되지 않고, 효소에 의해서도 잘 분해되지 않는다.
- 레티큘린은 아미노산 조성이 콜라겐과 유사하지만, 콜라겐과는 다른 당단백질이 결합되어 있는 것으로 알려져 있다.

지질 지질은 단백질 다음으로 많이 함유된 성분으로 동물의 종류와 부위, 영양 상태 등에 따라 그 함량 변동이 가장 크다. 또한 지방이 근육조직 내에 침착되면 육질이 향상된다.

당질 육류 속 당질은 글리코겐 함량이 사후 근육에서 일어나는 생화학적 변화와 밀접한 관련이 있다. 사후경직 해제 후 포도당과 젖산으로 변하여, 보수력과 연화도를 증가시키는 데 관여한다.

무기물 무기물 함량은 동물의 종류에 관계없이 약 1~1.5%이다. 특히 칼륨, 인, 황이 많고, 칼슘 등이 적게 들어 있는 전형적인 산성식품이다.

엑기스분 육류를 물에서 가열조리 시 용출되는 성분을 말한다. 주요 성분으로는 뉴클레오티드, 구아니딘, 아미노산 및 펩티드 등이 있으며, 육수의 정미 성분으로 감칠맛에 기여한다.

2) 육류의 사후경직과 숙성

동물의 근육은 사후 시간이 경과함에 따라 물리적·화학적 성질이 크게 변화한다. 이러한 근육의 사후 변화는 육질에 큰 영향을 주게 된다.

(1) 가축의 도살

가축과 가금은 건강할 때 도살하며 질병이 있거나 임신한 가축은 도살할 수 없다. 도살 전 12~24시간 동안 휴식을 취하게 하면서 절식시키되, 물은 자유롭게 먹게 하여 내장을 비우게 한다.

도살방법에는 타격법, 전살법, 총격법, 자격법, CO_2 가스법 등이 있으며, 이는 「축산물가공처리법 시행규칙」 제2조에 따른다. 방혈 후 도체를 절단하여 해체한 후, 검사에 합격한 것에는 보라색 검인을 찍는다. 이후 2℃ 내외의 냉각실에 저장한다.

(2) 육류의 사후 변화와 품질

사후경직 도살 직후의 고기는 부드럽고 탄성이 크며 보수력이 높다. 그러나 일정시간이 지나면 굳어지고 장력이 발생하여 보수력이 크게 저하하고, 질겨져 가열해도 먹기에 적합하지 않은 상태가 된다. 이러한 현상을 '사후경직'이라 한다.

사후경직은 근육 내 에너지 대사와 밀접한 관련이 있다. 동물의 사후 호흡이 정지하면 TCA 회로에 의한 ATP 공급이 중단되고, 미오신-ATP아제(myosin-ATPase)에 의해 분해가 시작된다. 동시에 글리코겐의 분해로 젖산이 생성된다.

ATP 농도가 어느 한계 이하로 저하되면 액틴과 미오신은 서서히 결합하여 액토미오신을 형성하며, 이때 사후경직이 시작된다. ATP 농도가 더욱 낮아지고, 젖산에 의해 pH가 계속 저하되어 최종 pH에 도달하면 액틴과 미오신 간의 불가역적 상호결합이 많아져 근육은 강력한 장력을 발생시키며 최대경직기에 이른다(그림 10-3).

경직이 시작되는 시간은 일반적으로 동물의 크기에 따라 다르다. 작은 동물은 30분

~1시간 정도로 빠르고(닭은 30분, 칠면조는 1시간 이내), 큰 동물은 1~12시간 정도로 느린 편이다(소는 6~12시간, 돼지는 1~3시간).

또한 최대 경직 시간은 동물의 종류, 나이, 영양 상태, 도살 시 흥분 상태, 온도 등에 따라 달라진다. 일반적으로 온도가 높으면 사후경직은 빠르고, 온도가 낮으면 사후경직은 늦어진다. 경직 중인 고기는 가열하여도 부드럽지 못하며, 가공 시에도 육단백질 수화력이 감소하여 결착성이 나빠지므로 좋은 제품을 얻을 수 없다.

경직 해제와 숙성 경직기를 지난 근육은 다시 연해지고 아미노태 질소가 증가하여 풍미가 좋아진다. 따라서 식육을 이용할 경우 먼저 근육의 경직 상태를 해제할 필요가 있는데, 이를 해경 또는 숙성이라 한다. 숙성은 근육 자체가 가지고 있는 효소가 단백질을 분해시켜 근육을 부드럽게 하는 과정으로, 자가소화라고도 한다.

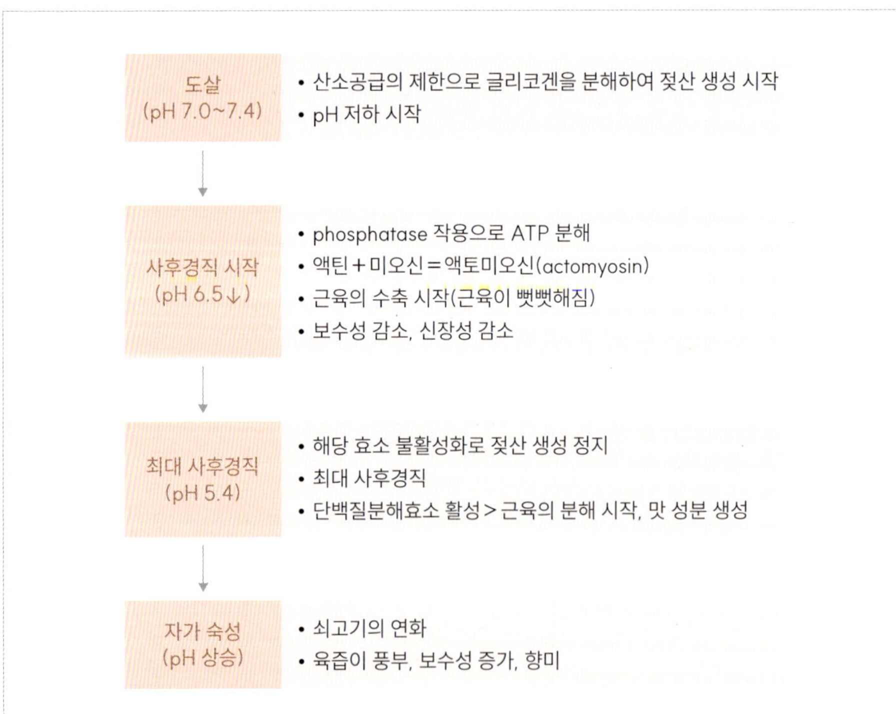

그림 10-3 소의 사후경직 및 숙성 중의 변화

숙성에 닭은 2일 정도, 돼지·말은 3~5일, 소는 7~10일이 필요하다. 온도에 따라서도 숙성 속도가 달라져, 쇠고기의 경우 0℃에서는 10일 정도, 8~10℃에서 4일 정도, 15℃에서 2일 정도가 적당하다. 그러나 고기는 각종 영양소가 풍부하고 경직이 해제될 무렵부터는 미생물의 증식이 활발해진다. 따라서 고온에서 숙성은 빠르나 부패가 수반되므로 저온에서 서서히 진행시키는 것이 안전하다. 바람직한 쇠고기 숙성 조건은 온도 0℃, 습도 80~85%에서 약 7~10일이다.

3) 육류의 가공

육가공이란 원료육을 용도에 맞게 절단하여 분쇄, 염지, 훈연 및 가열 등의 과정을 거쳐 육제품을 만드는 과정을 말한다. 일정한 품질과 기호성이 높은 제품을 만들려면 원료육의 특성과 각 공정의 목적 및 효과에 대한 이해가 필요하다.

(1) 육가공의 원리

염지 염지(curing)는 소금과 기타 첨가물을 혼합하여 고기에 간을 하는 것으로, 고기의 저장성을 높이고, 제품의 풍미와 빛깔을 개선하며, 보수성과 결착성을 높일 수 있는 가장 중요한 가공작업이다.

염지의 재료와 특징은 표 10-2와 같으며, 염지방법은 크게 완만염지법과 신속염지법 두 가지로 나눈다.

- **완만염지법**: 건염법과 습염법이 있다. 건염법은 식염과 염지제를 육에 뿌려 문지르거나 혼합하여 냉장온도에서 숙성시키는 방법이고, 습염법은 식염과 염지액에 육을 담가서 냉장온도에서 숙성시키는 방법이다.
- **신속염지법**: 대표적으로 염지액 주입법이 있으며, 혈관주입법과 근육주입법이 있다. 최근에는 수십 개의 바늘이 달린 주사기로 염지액을 주입한 후 염수에 담그는 방법이 햄과 베이컨의 일반적인 염지법으로 사용된다.

이 방법은 염지제가 육 전체에 균일하게 들어갈 수 있으며, 염지 기간이 단축된다. 또한 발색제로 부패를 유발할 수 있는 질산염 대신 아질산염을 사용하므로 위생적이다.

표 10-2 염지재료의 종류와 특징

염지재료	특징
소금	• 염지에 필수적인 재료 • 맛과 방부성 부여 • 염용성 단백질을 용출시켜 결착성 증진
아질산염 및 질산염	• 발색제로 사용되어 육색소를 안정화 • 미생물의 성장 억제 작용과 제품의 풍미 향상 • 나트로스아민과 같은 발암성 물질 유발 우려
설탕	• 제품의 풍미 개선 • 고기를 연하게 하므로 소금에 의하여 굳어지는 것 방지
기타	• 산화방지제: 지방이나 색소의 산화 방지 • 보존제: 세균의 발육 억제

만육 만육(grinding)은 초퍼를 사용하여 고기 속에 들어 있는 연골이나 결체조직 등을 파쇄하고, 고기를 갈아 다음 공정을 용이하게 하는 작업을 말한다. 원료육의 결체조직이 많으면 칼날에 결체조직이 엉겨 고기가 갈리지 않으므로, 이를 충분히 제거한 후 작업하는 것이 좋다.

유화 주원료인 고기와 지방, 부원료인 향신료와 조미료 및 증량제 등을 균일하게 세절·혼합하는 과정이다. 동시에 전체의 결착력과 유화력을 최대한 강화하는 것이 목적이다. 이 과정은 주로 소시지육을 만드는 데 사용되며, 사일런트 커터(silent cutter, 그림 10-4)를 사용한다.

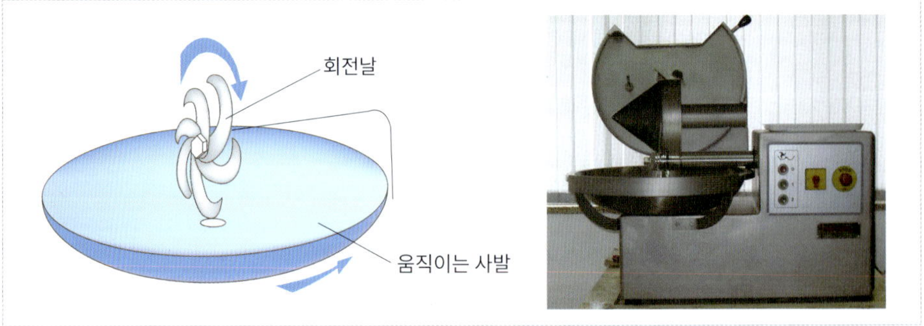

그림 10-4 사일런트 커터

자료: http://eqs.gwtp.or.kr

케이싱 케이싱(casing)은 다진 고기를 넣는 포장재료이자, 충전과정에서 사용되는 재료이다(그림 10-5). 케이싱은 내용물을 충전할 때 파손되지 않아야 하며, 충전 및 결찰 압력에 견딜 수 있어야 한다.

- **천연 케이싱**: 돼지와 양의 소화관이나 장관으로 만든 것으로 통기성이 있어 훈연이 가능하고, 신축성이 있으며 소화가 가능하므로 그대로 먹을 수 있다. 그러나 저장성이 낮으므로 진공포장이 필요하다.
- **인조 케이싱**: 셀룰로스, 재생콜라겐, 플라스틱 필름 등으로 만든다.

그림 10-5 소시지 충전과정

훈연 훈연(smoking)은 고기를 건조시키고 독특한 풍미와 색을 내며, 지질 산화 방지 효과가 있다. 염지한 고기나 세절육을 케이싱에 넣고 훈연하며, 연기 속의 페놀류, 알코올류, 알데히드, 케톤, 포름산, 포름알데히드 등의 작용으로 연화되고 방부효과도 얻을 수 있다. 훈연의 재료로는 수지가 적은 나무가 좋고, 나라와 지방에 따라 구하기 쉬운 수종을 사용한다. 일반적으로 활엽수가 좋고, 침엽수는 재료의 풍미를 나쁘게 한다.

훈연온도는 색택과 풍미에 영향을 주며, 이에 따라 훈연법을 구분한다.

TIP & NOTE **훈연의 목적과 장점**

- 육색의 고정·발색
- 색택과 풍미 부여
- 제품 표면의 pH 저하로 보존성 향상
- 산화 방지 물질의 부착효과
- 육질 안정
- 종제품의 기호성 향상
- 살균 및 정균 물질의 부착효과

가열 육가공에서 가열은 병원균을 사멸시켜 안전성을 높이고 변패균을 살균하여 보존성을 높이기 위함이다. 또한 육색이나 풍미 등에 독특한 기호성을 부여한다. 가열 시 중심부의 온도를 63℃에서 30분간 가열하는 방법 또는 이외 동등 이상의 효력을 갖는 방법으로 살균하여야 한다.

일반적으로 햄, 베이컨, 소시지는 제품을 물속에 넣고 가열하는 탕자법이나, 증기로 찌는 증자법을 사용한다.

(2) 식육가공품의 종류

정의 「축산물 위생관리법」에 의한 축산물 가공 기준 및 성분 규격에 의하면, 식육가공품이란 식육(소, 돼지, 양, 염소, 토끼, 닭, 칠면조, 오리, 꿩, 메추리 등 식생활 관습상 통상적으로 사용되는 고기와 식용 가능한 장기류 및 부산물)을 주원료로 하여 제조·가공한 햄류, 소시지류, 베이컨류, 건조저장육류, 양념육류, 분쇄가공육제품, 갈비가공품, 식육추출가공품, 식용우지, 식용돈지 등을 말한다.

햄류 과거에는 돼지의 넓적다릿살 및 엉덩이 부위육을 사용하여 만든 육제품을 '햄'이라 불렀다. 그러나 최근에는 앞다릿살, 등심, 안심 등을 세절하지 않고 원래 모양 그대로 정형하여 염지한 뒤 훈연·숙성하거나, 훈연·숙성 후 열처리한 고급 육제품도 생산되고 있다.

「축산물 위생관리법」에 따르면, 햄류란 식육을 부위별로 분류하여 정형·염지한 후 숙성·건조, 훈연 또는 가열처리한 것, 혹은 식육의 육괴에 다른 식품 또는 식품첨가물을 넣어 숙성·건조, 훈연 또는 가열처리하여 가공한 것을 말한다.

햄류에는 다음과 같은 유형이 있다.

햄의 종류

- **햄**: 식육을 부위별로 분류하여 정형·염지한 후 숙성·건조, 훈연 또는 가열처리하여 가공한 것을 말한다(뼈나 껍질이 있는 것도 포함한다).
- **생햄**: 식육 부위를 염지하거나, 여기에 식품첨가물 등을 첨가하여 저온에서 훈연 또는 숙성·건조한 것을 말한다(뼈나 껍질이 있는 것도 포함한다).
- **프레스햄**: 식육 육괴를 염지하거나, 여기에 다른 식품 또는 식품첨가물을 넣어 숙성·건조, 훈연 또는 가열처리한 것을 말한다(육함량 75% 이상, 전분 8% 이하 조건).

TIP & NOTE **대표적인 햄류의 제조공정: 한국형 발효생햄 제품 개발**

국내 돈육 소비 형태에 따라 삼겹살이나 갈비살 수입은 증가하는 반면, 저지방 부위(뒷다리, 앞다리, 등심 등)는 공급과잉으로 양돈 산업 경쟁력이 저하되고 가격 차이도 심하다. 이에 따라 구이용으로 부적합한 저지방 부위를 활용해 부가가치 향상을 위한 다양한 햄 제품이 개발되고 있다.

대표적인 제품으로 우리나라의 사계절을 이용하여 특별한 시설투자 없이 제조하는 농가형 생햄과, 온도·습도가 조절되는 발효실에서 제조하는 산업체형 생햄제품이 있다.

- 농가형 생햄 제조공정: 원료육 정형(겨울)→염지(겨울)→수침·세척(겨울)→건조 및 모양잡기(겨울)→발효(봄)→건조(여름, 가을)
- 산업체형 생햄 제품: 뒷다리 정형→염지(8주)→수침·세척(24시간)→정치(60일)→발효(60일)→건조(9개월 이상)

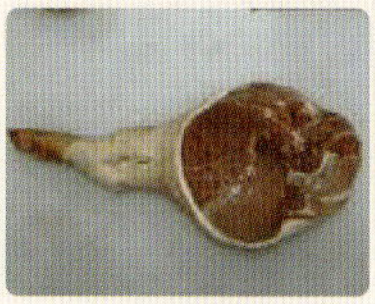
정형

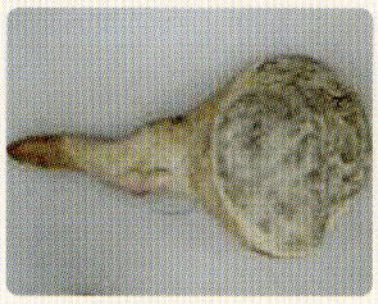
염지

발효

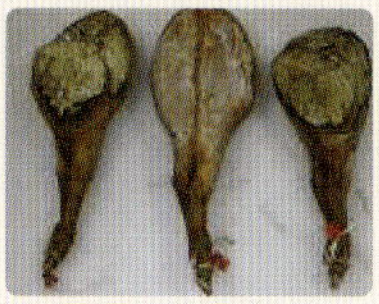
발효생햄 제품

자료: http://www.rda.go.kr

주요 제품

- 본인햄(bone-in-ham, regular ham): 뼈를 포함하여 가공한 햄으로, 피 빼기(혈교)→염지→훈연→포장의 단계로 가공한다. 피 빼기는 변패의 원인이 되는 잔존혈액을 제거하는 공정으로 소금, 질산염, 아질산염의 혼합염을 원료육 표면에 잘 비벼준 후 바닥에 구멍이 있는 염지통에 넣고 경사진 곳에 두어 혈액을 배출시킨다. 피 빼기가 끝나면 고기에 피클액을 주입하여 쌓고 염지액에 한 번씩 뒤집으면서 침지한 후, 흐르는 물에 담갔다 꺼내는 소금기를 빼는 수침공정으로 원료육 내외의 염농도를 균일하게 한다. 수침이 끝나면 다리 끝부분을 훈연실에 매달고 30℃에서 24시간 건조한 후 50~60℃에서 1~2일간 훈연한다. 훈연이 끝나면 훈연실에서 꺼내어 방냉하고 진공포장한다.
- 본레스햄(boneless ham): 뼈를 빼고 원통형으로 말아서 만든 제품으로, 보통 물에 익히므로 보일드롤햄(boiled rolled ham)이라고도 한다. 일반적으로 롱컷햄 부위를 사용하여 피 빼기, 염지, 수침을 한 다음 골반골, 슬개골, 대퇴골을 차례로 떼어내 고정형을 한

다. 골발과 정형이 끝나면 햄의 모양을 만들기 위해 틀에 넣어 압축하거나 면포로 싸서 양끝을 묶은 후 원통형이 되도록 나선형으로 감는다. 이때 끈이 느슨하면 결착력이 나빠지므로 유의한다. 본레스햄은 본인햄과 달리 저장성이 적으므로 40~50℃에서 5~6시간 건조한 후, 50~60℃에서 5~10시간 훈연한다. 훈연 후에는 제품의 중심온도가 65℃로 30분 이상 지속되도록 70~75℃ 물속에서 가열하며, 가열이 끝나면 냉각 후 진공포장한다.

- **프레스햄(pressed ham)**: 햄과 소시지의 중간적인 특성을 갖는 육제품으로 외관이나 조직은 햄에 가깝지만 제법은 소시지와 비슷하다. 적당한 크기로 토막 낸 원료육과 조미료, 식품 첨가물, 향신료, 녹말 등을 첨가하여 성형한 후 가열하여 만든 저급 햄이다.
- **로스트햄(roast ham)**: 돈육의 등심 부위를 정형하여 조미료, 향신료 등으로 염지시킨 후 케이싱 등에 포장하거나, 또는 포장하지 않고 훈연하거나 또는 훈연하지 않고 수증기로 찌거나 끓는 물에 삶은 햄으로 햄 표면에 지방층이 하얗게 덮여 있는 것이 특징이다.
- **부위별 햄**: 로인햄(loin ham, 돼지의 등심 부위육을 가공한 햄), 안심햄 또는 텐더로인햄(tenderloin ham, 안심부위육을 가공한 햄), 피크닉햄(picnic ham, 목등심 또는 어깨등심 부위육을 가공한 햄), 숄더햄(shoulder ham, 어깨 부위를 가공한 햄), 벨리햄(belly ham, 돈육의 뱃살 부위를 가공한 햄) 등이 있다.

세계적 제품

- **락스햄(Lachs ham)**: 등심, 어깨, 넓적다리 등을 훈연과정만 거치고 가열하지 않은 생햄으로 연어색이 특징
- **아르덴햄(Jambon d'Ardenne)**: 벨기에, 프랑스, 룩셈부르크에 걸친 아르덴 숲지대에서 발달한 저온숙성 햄
- **하몽(Jamón)**: 스페인식 전통 햄
- **세라노햄(Jamón Serrano)**: 스페인 산악지방에서 발달한 햄으로 돼지고기를 소금에 절여서 공기 중에 말린 햄
- **프로슈토(Prosciutto)**: 향신료가 많이 함유된 이탈리아 햄
- **파르마햄(Prosciutto di Parma)**: 이탈리아 파르마 지역의 햄으로 염지 후 공기 중에서 1년 이상 말려 숙성시킨 햄

TIP & NOTE

하몽(Jamón)

하몽은 돼지 뒷다리를 원료로 하여 가열하지 않고 소금에 절여 자연 건조와 숙성을 통해 제조하는 전통 스페인식 햄이다. 뒷다리를 정형 후 소금을 두껍게 덮어 약 7~14일간 염지한다. 염지 단계에서는 수분을 제거, 미생물 성장 억제, 단백질과 지방 분해효소의 활성화가 이루어진다. 염지 후에는 고기 표면의 소금을 제거하고 저온·고습 환경에서 수 주간 안정화 과정을 거친다. 이후 수개월에서 수년까지 온도와 습도가 조절된 자연 건조실에서 숙성하며, 이 과정에서 단백질과 지질이 서서히 분해되어 하몽 특유의 풍미와 감칠맛이 형성된다. 숙성 도중 표면에 발생하는 곰팡이는 지방 산화와 향미 형성을 도우며 외부 오염으로부터 제품을 보호하는 역할도 한다. 숙성이 완료된 하몽은 뼈를 포함한 형태로 유통되며, 절단 또는 소포장되어 판매되기도 한다.

잠봉(Jambon)

잠봉은 프랑스에서 유래한 햄으로, 돼지 뒷다리를 원료로 삶거나 건조·숙성하여 만드는 햄류를 통칭한다. 대표적으로 잠봉 드 파리(Jambon de Paris)와 잠봉 크뤼(Jambon cru)가 있다. 잠봉 드 파리는 삶은 햄으로, 정형한 뒷다리를 소금과 향신료, 허브 등을 넣은 피클액에 절인 뒤 저온에서 수시간 삶아 제조한다. 제품은 수분이 많고 부드러우며, 짠맛이 약하고 연한 분홍색 조직감을 가진다. 반면, 잠봉 크뤼는 하몽과 유사하게 염지 후 장기간 건조·숙성하는 방식으로 제조되며, 프랑스의 파르마햄이라 불릴 정도로 풍미가 깊다. 잠봉은 얇게 슬라이스하여 찬 상태로 제공되는 샌드위치, 플래터, 델리 메뉴 등에 주로 사용되며, 최근 국내에서는 고급 베이커리나 와인바 등에서 소비가 늘고 있다.

샤퀴테리(Charcuterie)

샤퀴테리는 프랑스어로 '육가공품'을 뜻하며, 햄, 소시지, 건조육, 테린, 파테 등 다양한 가공육 제품군을 포괄하는 전통 식육가공 문화이다. 원료는 돼지고기가 주를 이루며, 지역과 제품에 따라 소고기나 오리, 거위 등도 활용된다. 제조 방식은 염지, 발효, 건조, 훈연, 삶기, 젤라틴 가공 등 매우 다양하며, 대표 품목으로는 살라미, 소시송, 코파, 판체타, 파테, 리예뜨, 푸아그라 테린 등이 있다. 샤퀴테리는 냉장 유통되며 대부분 조리 없이 찬 상태로 섭취할 수 있는 것이 특징이다. 최근 국내에서는 홈파티 문화와 와인 소비 증가로 '샤퀴테리 플레이트'가 외식업계와 소매시장에서 고급 미식 트렌드로 부상하고 있다. 프랑스·이탈리아산 수입품 외에도 국내 육가공업체에서 샤퀴테리형 제품 생산이 시도되고 있다.

소시지류 소시지류라 함은 식육을 염지 또는 비염지 상태에서 분쇄하거나 잘게 갈아낸 것, 혹은 식육에 다른 식품 또는 식품첨가물을 넣어 훈연, 가열처리 또는 저온 발효·숙성·건조 처리한 가공육을 말한다. 이 제품은 육함량 70% 이상, 전분 10% 이하이어야 한다. 우리나라 「축산물 위생관리법」에서는 소시지, 발효 소시지, 혼합 소시지로 구분한다.

- **소시지**: 식육(육함량 중 10% 미만의 알류를 혼합한 것도 포함)에 다른 식품 또는 식품 첨가물을 넣어 숙성·건조시킨 것이거나, 훈연 또는 가열처리한 것을 말한다.
- **발효 소시지**: 식육에 다른 식품 또는 식품첨가물을 넣어 저온에서 훈연 또는 비훈연 발효하여 숙성·건조처리한 것을 말한다.
- **혼합 소시지**: 식육(전체 육함량 중 20% 미만의 어육 또는 알류를 혼합한 것도 포함)을 염지 또는 비염지 상태에서 분쇄하거나 잘게 갈아낸 것에 다른 식품 또는 식품첨가물을 넣어 숙성·건조시키거나, 훈연 또는 가열처리한 것을 말한다.

소시지는 원래 상등육을 얻을 수 없는 빈곤 계층의 소비자를 위해, 값싼 고기와 부산물을 이용하여 만든 가공품이다. 암퇘지(sow) 고기에 향신료 세이지(sage)를 넣어 만들었다는 의미에서 유래된 것으로 알려져 있다.

소시지 원료와 제조방법은 일정하지 않고, 각 지역 풍토나 소비자 기호에 따라 다양하다. 일반적인 소시지 제조공정은 제품 종류에 따라 일부 차이가 있지만, 대체로 원료육을 염지한 뒤 분쇄·혼합하고, 유화과정을 거쳐 균일한 조직을 만든 후 케이싱(정형)하여 건조와 훈연을 거쳐 마지막으로 살균(가열)처리한다(그림 10-6).

관례적으로 소시지는 크게 더메스틱 소시지(domestic sausage)와 드라이 소시지(dry sausage)로 나눈다.

MINI QUIZ **소시지는 어떻게 만들어졌으며, 그 이름은 어디서 유래했을까?**

소시지는 원래 값싼 고기와 부산물을 활용해 서민들이 먹던 가공품으로 시작되었다. 암퇘지(sow) 고기에 향신료 세이지(sage)를 넣어 만든 것에서 이름이 유래한 것으로 알려져 있다. 지역 풍토와 기호에 따라 제조방법과 원료가 다양하게 발전해 왔다.

- **더메스틱 소시지**: 훈연 후 익혀서 바로 먹을 수 있는 제품으로, 건조하지 않고 풍미에 중점을 두어 만든 것이기 때문에 장기 저장이 어렵다.
- **드라이 소시지**: 케이싱에 다져 넣고 말리거나, 말린 후 훈연하여 장기간 저장할 수 있게 만든 것이다. 보수성을 높이기 위해 전분이나 인산염을 첨가하기도 하고, 저장성 증진을 위해 솔빈산 등의 보존제를 사용하기도 한다(표 10-3).

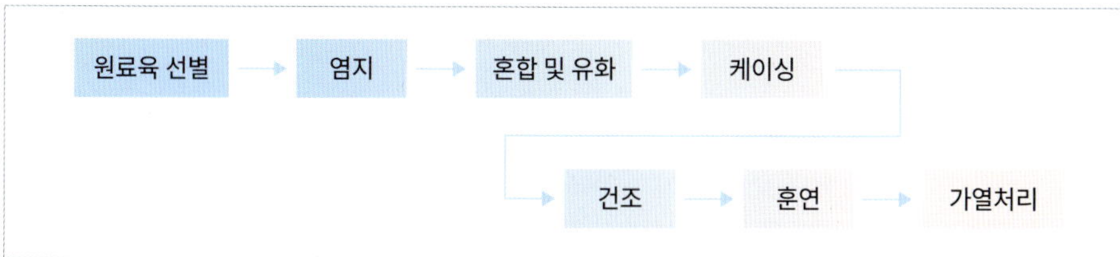

그림 10-6 소시지의 제조공정

표 10-3 소시지의 종류

종류			품명 및 특징
가열 소시지	일반가열 소시지	유화형 소시지	비엔나, 프랑크푸르터, 핫도그, 스트라스부르거, 뮌헤너, 복부어스트, 리오너, 볼로냐, 겔브부어스트 등
		입자형 소시지	폴리시 소시지, 레겐스부르거, 비어 소시지, 약드부어스트, 티롤러 소시지, 크라카우어
	부산물 소시지	간 소시지	간 함량이 10~30% 정도로 빵에 발라 먹는 소시지
		피 소시지	동물 혈액 함유. 블랙 푸딩(black pudding)이라고도 하며, 우리나라 순대도 일종
		젤리 소시지	돈육이나 돼지머리를 삶은 후 따로 삶아서 분쇄한 돈피와 혼합하여 충전한 후 열처리한 소시지
비가열 소시지	신선 소시지		바로 불에 굽거나 팬에서 익히는 제품으로 발색제를 첨가하지 않은 소시지. 포크 소시지, 뉘른베르거 그릴 소시지, 티롤러 그릴 소시지, 튀링거 그릴 소시지 등
	드라이 소시지	비발효 소시지	테부어스트, 메트부어스트, 세르베랄
		유산균 발효 소시지	살라미, 페페로니, 란트예거, 서머 소시지, 초리죠, 카바노치 등
		곰팡이 발효 소시지	살라메티, 살라미 소시지 등

베이컨 베이컨은 돼지 복부육(삼겹부위육) 또는 특정 부위를 정형한 후, 염지하여 훈연하거나 열처리한 제품이다.

일반적인 제조과정은 염지→수침→건조→훈연→냉각의 순서로 진행되며, 이후 얇게 슬라이스(2~3mm)하여 셀로판으로 진공포장한다. 원료육 염지는 건염법, 습염법, 주사법을 사용할 수 있다. 베이컨은 비가열제품이므로 10℃ 이하에서 15~25일 정도 유통이 가능하다.

- 등심 베이컨(loin bacon): 등심 부위육에 삼겹 부위가 등심 쪽으로 약 1/3 정도 부착된 상태의 제품
- 숄더 베이컨(shoulder bacon): 어깨 부위육을 토막 형태 또는 얇게 절단하여 염지·훈연한 제품
- 미트 롤 베이컨(meat roll bacon): 몸통 부위 삼겹육을 절단하여 얇게 정형한 후 둥글게 말아 염지·훈연한 제품
- 사이드 베이컨(side bacon): 돼지의 2분체를 통째로 골발·정형 후 가공한 제품

건조저장육류 식육을 그대로 또는 이에 식품 또는 식품첨가물을 첨가하여 건조하거나 열처리하여 건조한 가공품으로, 수분 55% 이하, 육함량 85% 이상이어야 한다. 대표적인 제품은 육포이다.

양념육류 식육에 식품 또는 식품첨가물을 넣어 양념하거나, 양념 후 가열처리한 것을 말한다. 또한 돈장, 양장 등 가축의 내장을 소금 또는 소금용액으로 염장(염수)하여, 식육이나 식육가공품을 담을 수 있도록 가공처리한 제품도 포함된다.

양념육은 육함량 60% 이상이어야 하며, 식육 케이싱 제품은 돈장이나 양장 등 가축 내장을 염지하여 만든 것을 말한다.

분쇄가공육제품 내장을 제외한 식육을 세절 또는 분쇄한 후, 다른 식품 또는 식품첨가물을 넣어 혼합한 것을 성형하거나 동결·절단하여 냉장·냉동한 제품을 말한다. 또한 훈연, 열처리, 또는 튀긴 것도 포함되며, 반드시 육함량 50% 이상이어야 한다. 대표적인 제품으로는 햄버거 패티, 미트볼, 돈가스, 너겟 등이 있다.

기타 가금류 가공제품 최근 건강에 대한 관심이 높아지면서, 포화지방산 함량이 소나 돼지보다 낮은 닭과 오리 등 가금류 가공식품이 다양해지고 있다. 대표적인 제품으로는 닭이나 오리를 1차 가공한 통닭 및 부위별 제품(가슴살, 안심, 닭다리, 날개 등), 냉동제품, 소시지, 통조림, 건조품, 훈제품 그리고 즉석조리식품 등이 있다.

4) 육류의 저장

육류는 단기간 저장 시에는 −2~3℃의 냉장온도에서, 장기간 저장 시에는 −29~−30℃의 냉동온도에서 저장한다.

쇠고기는 도살 후 10℃에서 약 7~10일 정도 저장할 수 있으나, 저장온도가 높아질수록 저장기간이 단축된다. −10~−18℃에서는 쇠고기를 6~8개월, 돼지고기를 3~4개월 저장할 수 있다.

냉동과정에서 생긴 얼음결정은 조직세포를 파괴하여, 해동 시 육즙이 유출되고 미생물이 증식하기 쉬우므로 급속냉동한다. 급속냉동을 하면 얼음결정이 미세하게 형성되어 수축과 변형을 최소화할 수 있으며, 해동 시 드립 유출량도 줄일 수 있다.

2. 알의 가공

알은 가금류로부터 생산되는 주요 산물로, 병아리가 되기 위해 필요한 모든 영양소를 함유하고 있다. 오리알, 거위알, 칠면조알, 메추리알 등이 있으나, 달걀을 가장 많이 먹는다.

달걀은 식품의 조리와 가공에 기포성, 기포안정성, 유화성, 보수성, 응고성 등 여러 가지 기능성을 제공하므로 제과, 제빵, 유제품 등 식품가공에 많이 이용되고 있다.

달걀은 타원형으로 난각, 난백, 난황의 세 부분으로 되어 있으며(그림 10-7), 난각의 색깔과 광택은 백색 또는 갈색으로 닭 품종에 따라 특유의 색깔을 갖는다. 색깔은 영양가와 무관하며 가격과도 상관관계가 없다.

달걀의 기본 가공은 선별·세척한 후 직접 또는 내용물을 분리하여 가공재료로 사용한다. 달걀을 비롯한 알가공품은 알이나 알의 내용물에 다른 식품 또는 식품첨가물 등을 가한 것이거나 분리, 건조, 냉동, 가열, 발효·숙성 등의 방법으로 가공한 난황액, 난백액, 전란분, 전란액, 난황분, 난백분, 알가열성형제품, 염지란, 피단 등이 있다.

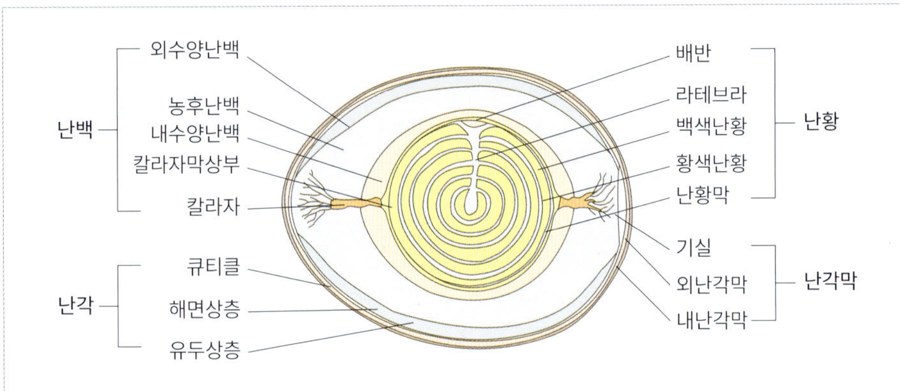

그림 10-7 달걀의 구조

1) 액상 달걀

액체 달걀 상태로 가공한 제품으로 달걀을 할란하여 여과, 균질 및 살균공정을 거쳐 생산된다. 액상 달걀의 종류는 다음과 같으며, 이들은 모두 알 내용물을 80% 이상 함유해야 한다.

- **전란액**: 알의 전 내용물이거나 이에 식염, 당류 등을 가한 것 또는 이를 냉동한 제품
- **난황액**: 노른자, 또는 노른자에 식염 및 당류 등을 가하거나, 이를 냉동한 것
- **난백액**: 흰자 또는 흰자에 식염 및 당류 등을 가한 것 또는 이를 냉동한 제품

살균 조건은 전란액은 64℃에서 2분 30초, 난황액은 60℃에서 3분 30초, 난백액은 55℃에서 9분 30초 가열 살균한 후 즉시 5℃ 이하로 냉각한다. 비살균 액란제품은 실금란, 오란, 연란을 제외한 정상란으로만 제조·가공하며, 할란 후 신속히 5℃ 이하로 냉각해야 하고, 72시간을 초과하여 보관하지 않도록 규정하고 있다.

2) 건조란

건조란은 전란분, 난황분 및 난백분이 있으며 이들은 모두 알 내용물이 90% 이상 함유되어

야 한다. 전란분은 신선란 또는 냉동란을 분무 건조하거나 피막 건조한 것으로 물을 가해 용해시켰을 때 풍미, 용해도, 영양가치가 신선란과 같아야 한다. 또한 전란분의 포립성은 신선란을 원료로 한 것보다 냉동 상태에서 분무 건조한 것이 좋다. 건조제품의 변색·변성 등이 방지되도록 당 성분을 제거한 후 건조하여야 하므로, 유산균과 같은 미생물에 의한 발효 또는 글루코스 옥시다제(glucose oxidase)와 같은 효소로 당을 제거한 후 건조한다. 주로 아이스크림, 쿠키, 케이크 등에 사용한다.

3) 동결란

달걀 껍데기를 벗겨서 동결한 것으로 저장성이 높다. 폴리에틸렌 봉지에 껍질을 깐 알을 넣고 −20~−30℃에서 동결하여 −50℃에서 저장한다. 해동하면 유동성을 잃고 겔 모양으로 굳기 쉬우므로, 동결 시 소금이나 설탕을 첨가하면 이를 억제할 수 있다.

4) 피단

피단(pidan)은 알껍질 외부로부터 조미·향신료 등을 알 내용물에 침투시켜 특유의 맛과 단단한 조직을 갖도록 숙성한 제품으로 알 내용물이 90% 이상 포함되어야 한다. 알칼리를 침투시켜 내용물을 응고·숙성시킨 조미달걀로, 중국에서 주로 만들어지던 알 가공품이었으나 최근에는 세계적으로 널리 알려졌다. 본래는 오리알을 원료로 했지만, 달걀을 사용하여도 무방하다.

피단을 제조할 때는 탄산소다, 초목회, 소금, 생석회, 물을 적당한 비율로 혼합하여 반죽한 것을 알껍질 표면에 1cm 두께로 일정하게 바른다. 그 후 항아리에 담아 냉소(冷所, 서늘한 곳)에서 3~4개월 발효시키면, 알칼리가 알 속으로 침투하여 난백을 응고시키고 투명한 적갈색을 띠게 된다.

또한 난황은 가장자리 부분이 응고되고, 외부는 흑녹색, 내부는 황갈색을 띠게 되며, 암모니아와 유화수소 등의 휘발성 물질이 생성되어 독특한 풍미를 갖는다.

달걀 난백은 오리알과는 달리 젤라틴화하여 단단해지므로, 오리알과 같은 방법으로 처리한 후 한 번 더 삶아 주면 오리알과 같은 상태가 된다.

5) 반숙란

반숙란은 달걀을 껍데기째 사용하여 가공한 제품이다. 먼저 세척과 소독으로 외부 오염을 제거한 후, 63~68℃의 물이나 저온 스팀에서 30분간 가열하여 흰자는 완전히 익히고, 노른자는 반쯤 익힌다. 이후 즉시 5℃ 이하의 냉수에 담가 급속냉각함으로써 과잉 익힘을 방지하고 품질을 유지한다.

간이 된 반숙란은 냉각 후 일정 시간 동안 간장이나 소금물로 만든 가염액(염지액)에 담그거나, 초음파 또는 압력을 이용하여 간이 배도록 한다. 이때 달걀 껍데기를 벗기지 않은 채로 담가 삼투압에 의해 간이 서서히 스며들게 하며, 제품에 따라 약 12~48시간 숙성시키기도 한다.

간이 완료된 후에는 껍데기 표면을 에탄올 분사, 자외선 처리, 오존 처리 등으로 2차 살균하고, 진공포장 또는 위생적인 개별 포장을 거쳐 0~5℃의 냉장 상태로 유통한다.

6) 구운란

구운란은 껍데기째 사용한 달걀을 고온의 열풍이나 오븐 등으로 장시간 가열하여 갈색의 껍질과 특유의 구수한 맛을 내는 가공란이다. 먼저 달걀을 세척·소독한 후, 건조기를 이용해 표면 수분을 제거하고, 90~130℃의 열풍 또는 복사열에서 5~15시간 가열하여 천천히 익힌다.

이 과정에서 껍데기와 내용물 모두 갈색을 띠며, 달걀 특유의 고소한 풍미가 생성된다. 익히는 동안 달걀 내부의 수분이 일부 증발하고, 난백은 진한 황갈색 젤 형태로 변하며, 노른자도 상대적으로 단단한 질감을 갖는다. 가열 완료 후에는 실온 또는 냉각된 상태에서 껍데기 표면을 에탄올, 자외선 또는 오존 등으로 2차 살균하고, 개별 포장 또는 집단 포장을 거쳐 유통한다.

7) 기타

그 밖의 알 가공품으로 전자레인지 조리만 하면 되는 달걀찜, 달걀말이 등의 스팀에그믹스 제품이나, 삶은 달걀과 마요네즈, 채소가 혼합된 달걀샐러드 믹스 등의 제품도 생산되고 있다.

TIP & NOTE 달걀

달걀의 1차 가공품은 많은 양의 달걀을 편리하게 취급하기 위해 껍데기를 제거한 '액란' 형태로 만들어 유통하는 것이 일반적이다. 액란은 껍데기 세척, 할란, 액란 살균과정 및 냉각과정을 거쳐 만들어지며, 필요에 따라 동결과정을 거친다. 액란은 식품첨가물(마요네즈, 커스터드, 케이크, 아이스크림, 면류 등), 공업용 재료(피혁광택제, 접착제 등), 의약 및 화장품 제조를 위해 이용된다. 또한 껍데기를 제거하여 유통되기 때문에 깨질 염려가 없어 유통비용이 절감되고 사용 시에도 껍데기를 처리하는 단계 및 쓰레기 처리비용이 발생하지 않으므로 효율적이다.

달걀의 2차 가공품은 1차 가공품인 액란에 조미나 향신료 등을 처리하거나 건조하여 만든 제품이 주를 이루는데, 외식업체나 식품가공업체에서 주로 이용한다. 대표적인 예로 전란분말, 난황분말, 난백분말 등이 있으며, 이는 장기 보관과 운송이 용이하고 계절에 따른 수급 불균형을 해소하는 데 기여한다. 최근에는 달걀 단백질의 기능성에 주목하여 스포츠 영양식품이나 특수의료용 식품 원료로 활용하는 연구도 활발히 진행되고 있다.

3. 유가공

1) 우유의 성분

우유의 조성은 대략 물 87%, 탄수화물 5%, 단백질 3.5%, 지질 3.3%, 무기질 0.7%로 이루어져 있다. 다만 이러한 영양소 함량은 동물의 종류, 품종, 계절, 사료, 연령, 영양 상태, 착유시간에 따라 달라질 수 있다. 그림 10-8은 우유의 성분을 공정에 따라 나타낸 것이다.

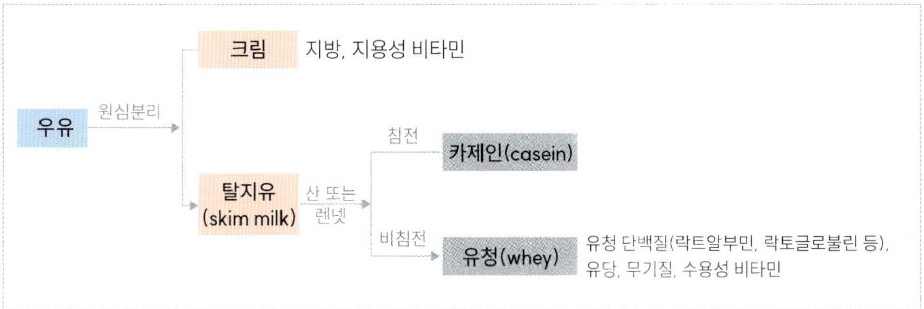

그림 10-8 우유의 조성

(1) 탄수화물

우유 속의 당은 대부분 유당으로, 약 5% 함유되어 있다. 유당은 설탕의 1/5 정도 감미도를 가지며, 물에 잘 녹지 않아 냉장이나 냉동 유제품에서 쉽게 침전되어 모래 같은 느낌을 주는 텍스처 문제를 일으킨다. 이러한 현상은 주로 용해성이 낮은 α-유당의 결정에 의해 일어난다. 그 밖에 우유에는 유당의 구성 단당류인 갈락토오스와 포도당도 소량 있으며, 극소량의 올리고당도 함유되어 있다.

(2) 단백질

우유 단백질의 구분 우유 단백질은 우유의 pH를 4.6으로 맞추었을 때 침전되어 부드러운 커드(curds)로 변화되는 카제인과, 용액으로 남아 있는 유청에 함유된 유청 단백질로 구분된다(표 10-4).

카제인 단백질은 우유 단백질의 약 80%를 차지하며, αs_1-카제인, αs_2-카제인, β-카제인 그리고 κ-카제인의 4개의 주요 카제인과 소량의 기타 단백질들로 구성된다. 카제인의 등전점은 4개 카제인을 합한 등전점인 pH 4.6이다.

카제인 분자는 마치 산딸기 같은 형태의 미셀이라는 구조로 존재한다. 각 단위 미셀에는 많은 인산기가 있어 칼슘이온에 의해 서로 결합한다. 이때 κ-카제인의 친수성 부분은 미셀의 표면에 존재하여 미셀이 수화되도록 함으로써 미셀들이 서로 결합하려는 것을 막아준다. 반면, 다른 카제인들은 미셀 내부에 서로 소수성 결합에 의해 연결되어 있다.

카제인 미셀들은 직경이 20~300nm 정도로 지방구보다는 작지만 빛의 투과를 효과적으로 차단하여 우유 특유의 불투명한 유백색이 되도록 한다.

카제인의 침전 조건 카제인은 다음 두 가지 조건에서 침전되어 커드를 형성한다. 첫 번째는 산 첨가에 의한 침전이다. 산이 첨가되면 pH가 카제인의 등전점 근처로 낮아져 침전이 일어나게 된다. 즉, 카제인 미셀 표면에 노출된 음전하가 산의 수소이온과 결합하므로 더 이상 분자들 사이의 음이온에 의한 반발력이 없어져 서로 결합되어 침전하는 것이다.

두 번째는 레닌에 의한 침전이다. 레닌은 송아지의 위벽에서 얻어지는 효소로서, κ-카제인(169개 아미노산)의 105번째 페닐알라닌과 106번째 메티오닌 사이의 펩티드 결합을 분해하여 친수성 부분을 분리시킴으로써, 카제인 미셀을 안정화시키는 기능을 잃게 한다. 분리된 파라-κ-카제인은 칼슘에 의해 불용화되고, 따라서 미셀들은 서로 결합하여 커드 형태의 응고물로 되는 것이다.

유청단백질의 특성 유청단백질은 우유단백질의 20% 정도로 우유에 녹아 존재한다. β-락토글로불린과 α-락트알부민이 주요 유청단백질이고, 그 외에 혈청알부민과 면역글로불린이 소량 존재한다. β-락토글로불린은 우유를 조리나 살균 등의 가열에 의해 κ-카제인과 복합체를 형성하며, 함황아미노산인 시스테인을 함유하여 열처리 가공 시 가열취(cooked flavor)의 원인이 된다. 또한 우유를 가열하면 밑바닥에 변성된 유청단백질들이 침전하여 눋는 현상이 나타나며 또한 침전된 유청단백질과 유당에 의해 비효소적 갈변반응이 진행되면서 색과 향미의 변화가 나타난다.

표 10-4 주요 단백질의 구성비율

단백질	전체 단백질 중 함량(%)	등전점(pH)
카제인	79.5	4.6
αs_1-카제인	30.6	4.2~4.6
αs_2-카제인	8.0	4.8~5.1
β-카제인	28.4	4.6~5.1
κ-카제인	10.1	5.3~5.8
유청단백질	19.3	-
β-락토글로불린	9.8	4.8
α-락트알부민	3.7	4.2~4.5
면역글로불린	2.1	4.0~6.0
혈청 알부민	1.2	4.7

(3) 지질

우유의 지질함량은 대략 3.3~3.7%이며, 이 중 약 98%가 중성지질이고, 인지질, 카로티노이드, 스테롤, 지용성비타민 등도 포함되어 있다. 우유의 중성지질은 지방산 조성이 특이하여 지방산의 길이가 탄소 4~10개의 짧은 지방산이 다른 식품에 비해 많은 것이 특징이다(표 10-5).

우유의 지방은 물에 지방구의 형태로 분산되어 유화 상태로 존재하는데, 각 지방구들은 인지질과 효소, 지단백 등의 유화제 역할을 하는 막에 둘러싸여 있다. 지방구의 크기는 0.1~10μm 정도로 1mL에 약 25억 개 정도가 분산되어 빛을 산란시킴으로써 우유가 불투명한 유백색으로 보이게 한다.

표 10-5 유지방의 지방산 조성

분류	전체 지방 중 함량(%)	지방산	전체 지방 중 함량(%)
포화지방산	62.3	부티르산(4:0)	3.3
		카프로산(6:0)	1.7
		카프릴산(8:0)	1.2
		카프르산(10:0)	2.3
		라우르산(12:0)	2.6
		미리스트산(14:0)	10.2
		팔미트산(16:0)	26.3
		스테아르산(18:0)	12.0
단일불포화지방산	28.7	올레산(18:1)	25.1
고도불포화지방산	3.6	리놀레산(18:2)	2.4

(4) 비타민과 무기질

우유는 비타민 B_2(리보플라빈), Ca과 P의 우수한 공급원이며, B_1(티아민), 나이아신과 비타민 A도 상당량 함유하고 있다. 따라서 철분과 비타민 C를 제외하면 매우 우수한 영양소 급원이다.

(5) 효소

우유에는 알칼라인 포스파타제, 리파제, 프로타제와 잔틴 옥시다제 등의 많은 효소가 함유되어 있다. 편의상 유해한 미생물들이 파괴되는 열처리가공을 했을 때 불활성화되는 알칼라인 포스파타제의 활성을 시험하여 살균 지표로 사용한다. 리파제는 유지방을 가수분해하므로 불활성화되어야 하는 반면, 잔틴 옥시다제는 플라빈효소(FAD)를 분해하여 리보플라빈을 생성시키는 유용한 역할을 한다.

2) 시유

우유는 영양소가 풍부한 좋은 미생물 배지이기도 하여, 젖소에서 착유되는 즉시 오염이 문제된다. 따라서 대부분의 목장에서는 착유와 우유 취급 시 깨끗한 환경 유지에 주의를 기울이고, 취급자도 철저한 위생관리를 하며 기구들도 소독하여 주의를 한다. 열처리 전 우유를 원유 또는 생우유라고 하며 시판되는 우유를 시유라고 한다. 현재 시유는 모두 열처리 가공된 우유이다.

「축산물 위생관리법」에서 우유류란 원유를 살균 또는 멸균 처리한 우유, 원유에 비타민이나 무기질을 강화하여 살균 또는 멸균 처리한 강화우유, 유가공품으로 원유 성분과 유사하게 환원한 것을 살균 또는 멸균처리한 환원유와 유산균 첨가 우유가 포함된다. 시유는 원유가 수집된 이후 일련의 가공 단계를 거쳐 안전하고 균일한 품질로 공급된다. 제조공정에는 집유, 여과와 표준화, 균질화, 살균, 냉각, 충전 및 포장 과정이 포함된다. 각 단계는 위생관리와 품질 유지에 중요한 의미를 가지며, 법적 규격에 맞도록 엄격히 수행된다. 그림 10-9에서 이러한 시유 제조공정을 단계별로 살펴본다.

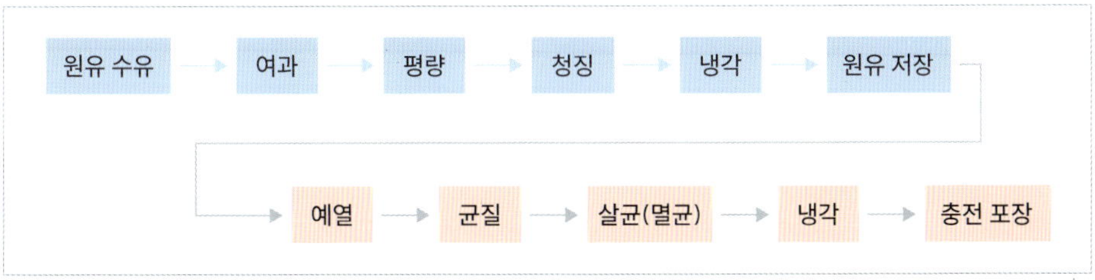

그림 10-9 시유의 제조공정

(1) 집유 및 수유

집유란 낙농장에서 생산하여 냉각 원유조에 보관하는 우유를 수집하는 과정이다. 집유된 우유는 신선도와 유제품 원료로서의 적합성을 판정하고 가격을 결정하기 위해 수유 검사를 실시한다.

원유의 등급은 표 10-6과 같이 원유의 세균 수와 체세포 수에 의해 결정된다.

표 10-6 원유의 위생등급 기준[식품의약품안전처 고시 제2017-25호(제2017.4.14. 개정)]

구분		기준
세균 수	1급 A	3만 미만 개/mL
	1급 B	3만~10만 미만
	2급	10만~25만 미만
	3급	25만~50만 이하
	4급	50만 초과
체세포 수	1급	20만 미만 개/mL
	2급	20만~35만 미만
	3급	35만~50만 미만
	4급	50만~75만 이하
	5급	75만 초과

(2) 청징 및 표준화

우유에 혼입되어 있는 먼지나 침전물을 제거하기 위해 여과를 하거나 낮은 속도의 원심분리를 한다. 표준화란 시유의 성분 규격에 맞도록 유지방, 무지고형 성분 및 강화 성분 함량을 조절하는 과정이다. 주로 탈지우유나 유지방을 사용하여 지방함량을 일정하게 한 다음 필요한 경우 비타민 D나 A를 강화한다.

(3) 균질화

우유를 잠시 방치하면 유지방구들이 서로 모여 덩어리를 이루어 표면으로 떠오른다. 이렇게 우유의 수용액층에서 지방층이 분리되는 현상을 '크리밍(creaming)'이라고 부른다.

균질화(homogenization)는 우유를 균질기에 넣어 2,000~2,500psi의 압력으로 작은 구멍(노즐)으로 통과시키는 공정으로, 우유의 지방구들을 2μm 이하의 작은 지방구로 미세하게 만들어 서로 결합하여 떠오르는 것을 방지한다. 균질 우유를 7℃ 냉장온도에 48시간 보관한 후 크림분리가 일어나지 않아야 한다.

균질화 처리를 한 우유는 점도가 증가되고, 분산된 입자의 미세화로 빛의 분산이 증가하여 더 희게 보이게 된다. 그러나 균질우유는 열에 대해 더 불안정하고, 빛에 더 민감하며 거품이 더 잘 일어난다. 또한 균질화 과정에서 작은 지방구들의 표면에 카제인이 흡착되므로 균질우유로 만든 커드가 더 부드럽다.

(4) 살균

우유에 존재하는 병원성 미생물을 사멸하는 열처리 공정으로, 제6장의 가열살균 방법 중 다음 3가지 방법에 의해 이루어진다. 살균 후 세균수는 유산균을 제외하고 1mL당 20,000 이하이어야 하며, 포스파타제 효소 활성이 음성이어야 한다.

- 저온살균(low temperature long time pasteurization, LTLT): 저온 장시간 살균법으로 우유를 63~68℃에서 30분간 유지하는 열처리 방법이다. 기계설비가 적게 들지만 면적을 많이 차지한다.
- 고온살균(high temperature short time pasteurization, HTST): 고온 단시간 살균처리법으로 72~76℃에서 15~20초 동안 열처리하는 살균방법이다. 열교환기를 이용하여 짧은 시간 내 효율적으로 열처리가 가능하다.
- 초고온살균(ultra high temperature pasteurization, UHT): 일반적으로 살균처리된 우유는 냉장보관하면서 유통되지만, 초고온살균은 냉장보관 없이도 안전하게 유통·저장할 수 있는 방법이다. 우유를 130~150℃로 신속히 가열하여 0.5~5초 동안 유지함으로써 실온에서 자랄 수 있는 모든 미생물을 완전히 사멸한다. 멸균 용기에 넣어 포장하면 상온에서 장기간 저장이 가능하다. 초고온살균 시유는 높은 열처리 때문에 가열 냄새가 나는 것이 특징이다.

(5) 냉각

살균처리 후 즉시 7~10℃ 이하로 냉각해야 미생물 번식을 최소화할 수 있다. 저온살균 후에는 표면 냉각기를 사용하며, 고온 및 초고온 살균기는 대체로 냉각장치도 같이 있어서 열처리 후 즉각적인 냉각이 가능하다.

(6) 충전 및 포장

살균우유는 유리병, 플라스틱 용기, 종이팩 및 테트라팩 등의 포장용기에 충전되어 냉장 유통되며, 멸균된 우유는 보통 테트라팩 등에 무균 포장되어 실온에서 유통된다.

3) 우유제품

시중의 우유제품으로는 저지방 우유, 무지방 우유, 유당 분해 우유, 가공유, 산양유 등이 있다.

(1) 저지방 또는 무지방(탈지) 우유

저지방 우유는 원유의 유지방분을 부분 제거하여 유지방 함량을 낮춘 원유를 살균 또는 멸균 처리한 우유제품으로 1% 또는 2%의 유지방 함유 제품이 많다. 무지방 우유는 탈지우유라고도 하며, 원유 또는 저지방 우유의 유지방분을 0.5% 이하로 조정한 후 살균 또는 멸균 처리한 우유제품이다.

(2) 유당 분해 우유

원유나 우유 또는 저방이나 무지방 우유를 유당 분해효소로 처리하여 유당을 분해 또는 유당을 물리적으로 제거하고 살균 또는 멸균 처리한 우유를 말한다. 이 제품은 유당 분해효소(락타아제)가 없거나 적어서 유당을 소화하지 못하는 유당불내증을 가진 소비자를 위한 것이다.

(3) 가공유

원유 또는 유가공품을 원료로 하여 이에 다른 식품이나 식품첨가물 등을 가한 후 살균 또는 멸균 처리한 우유제품을 말한다. 무지유고형분(탈지분유와 성분 규격이 같은 것) 4% 이상을 함유해야 하며, 초코우유·딸기우유·바나나우유 등이 이에 해당한다. 이 밖에도 카페에서 우유가 첨가된 커피(카페라떼, 카푸치노 등)를 제조할 때 풍부한 우유거품이 만들어지도록 설계된 커피 전용 우유도 생산되고 있다.

4) 농축유

우유의 약 88%는 물이므로 저장하기에는 부피가 크다. 따라서 원유·우유·저지방 우유 또는 무지방 우유를 그대로 농축하거나 식품 또는 식품첨가물을 가하여 농축한 유가공품을 농축유라 한다. 농축유에는 표 10-7과 같이 농축 우유, 탈지농축 우유, 가당연유, 가당탈지연유, 가공연유 등이 있다.

농축유(무당연유)와 탈지농축 우유는 우유나 탈지우유를 그대로 농축한 것이며, 가당연유와 가당탈지연유는 당류(설탕, 포도당, 과당, 올리고당류)를 첨가하여 농축한 것이다. 가공연유는 식품 또는 식품첨가물을 가하여 농축한다. 일반적으로 상온 이하의 진공 상태에서 농축하여, 고온 증발로 인한 향미와 색의 변화를 최소한으로 줄인다.

농축유 통조림 제품들은 미생물들이 완전히 제거되도록 116℃에서 약 15분간 멸균한다. 이 과정에서 유당과 단백질이 마이야르 반응에 의해 갈변하며, 특히 가당연유에서는 비효소적 갈변반응이 더 많이 일어난다.

제조공정 중 유당접종은 정제 멸균한 유당결정분말(핵)을 연유를 교반하면서 조금씩 넣어주는 공정으로, 농축과정에서 석출되는 유당결정으로 인해 모래 같은 촉감이 발생하지 않도록 한다.

표 10-7 농축유의 조성

항목 \ 유형	농축우유, 탈지농축우유	가당연유	가당탈지연유	가공연유
수분(%)	-	27.0 이하	29.0 이하	-
유고형분(%)	22.0 이상	29.0 이상	25.0 이상	22.0 이상
유지방(%)	6.0 이상(농축우유)	8.0 이상	-	-

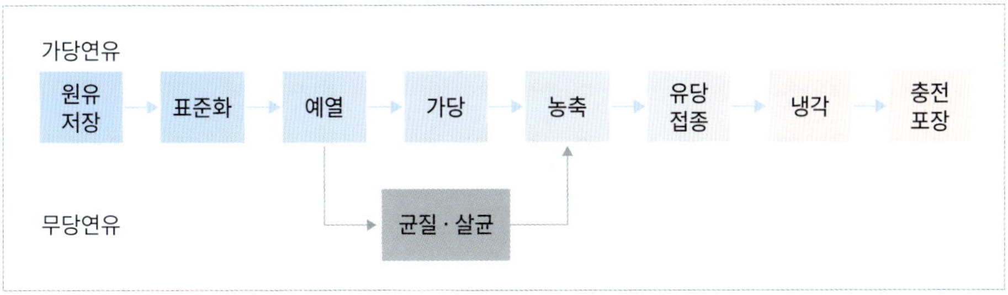

그림 10-10 가당연유와 농축유(무당연유)의 제조공정 예시

5) 분유

분유는 우유의 수분 대부분을 제거하여 수분함량을 5% 이하로 건조시킨 제품으로, 냉장보관 없이도 장기간 저장과 유통이 가능하다. 또한 다량의 수분으로 인한 미생물 오염과 운반비용 문제를 해결할 수 있다. 대략적인 제조공정은 그림 10-11과 같으며, 건조방법으로는 주로 분무건조법과 진공건조법이 쓰인다.

그림 10-11 전지분유, 탈지분유, 조제분유의 제조공정 예시

분유의 종류에는 우유를 건조한 전지분유(원유에서 수분을 제거하여 분말화), 탈지유를 건조한 탈지분유, 원유에 당류(설탕, 과당, 포도당, 올리고당류)를 가하여 분말화한 가당분유 및 혼합분유(전지분유나 탈지분유에 곡분, 곡류가공품, 코코아 가공품, 유청, 유청분말의 식품 또는 식품첨가물을 가한 분유)가 있다. 또한 모유와 유사한 조성으로 영양 성분을 조정하여 건조한 조제분유제품도 있다.

건조 후 분유에는 유당, 지방 그리고 카제인 미셀 및 침전된 유청 단백질이 고농도로 들어있다. 이들이 물에 들어가 수화될 때 서로 뭉쳐 덩어리지는 현상이 발생하는데, 이를 해결하기 위해 분유의 인스턴트화가 이루어진다. 즉, 건조물에 수분을 첨가하여 끈끈하게 만든 다음 다시 건조하여 스펀지 같은 입자의 분유를 제조함으로써 이 문제를 해결한다.

분유는 오래 저장하면 마이야르 반응에 의해 색과 향미를 잃고, 지방이 산패되어 산패취가 나게 되므로 진공충전이나 질소충전으로 포장한다.

6) 크림

우유의 지방질을 원심분리원리를 이용하는 크림 분리기(그림 10-12)로 분리하여 살균한 후 냉각하여 제품화한 것이다(그림 10-13). 원유에서 분리한 유지방 제품인 유크림(유지방 30% 이상), 유크림에 식품이나 식품첨가물 등을 가한 가공유크림(유지방 18% 이상)과 건조하여 분말화한 분말유크림(유지방 50% 이상)으로 분류된다.

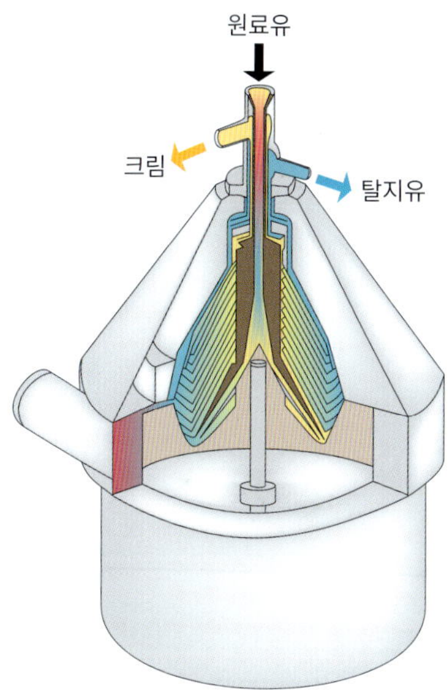

그림 10-12 크림 분리기
자료: http://www.westfalia-separator.com

또한 크림 제품들에는 유지방 함량에 따라 하프크림(유지방 10~18%), 라이트크림(18~30%), 커피크림(10~30%), 휘핑크림(40% 이상) 및 더블크림(45% 이상)과 2차 원심분리를 통해 유지방 함량을 80%까지 높인 플라스틱크림 등이 있으며, 유크림을 살균처리 후 젖산균으로 발효시켜 산에 의한 응고 후(산도 0.6%) 균질화한 제품으로 발효크림(cultured sour cream, 18% 이상)이 있다.

크림은 유지방 함량이 높아 풍부한 맛과 질감을 주며, 제과·제빵, 커피, 아이스크림 등 다양한 식품산업에 활용된다. 휘핑크림은 거품 형성력이 뛰어나 디저트 장식에 쓰이고, 저지방·식물성 대체 크림과 분말유크림은 각각 건강 지향 소비와 장기 저장·수출용으로 이용된다.

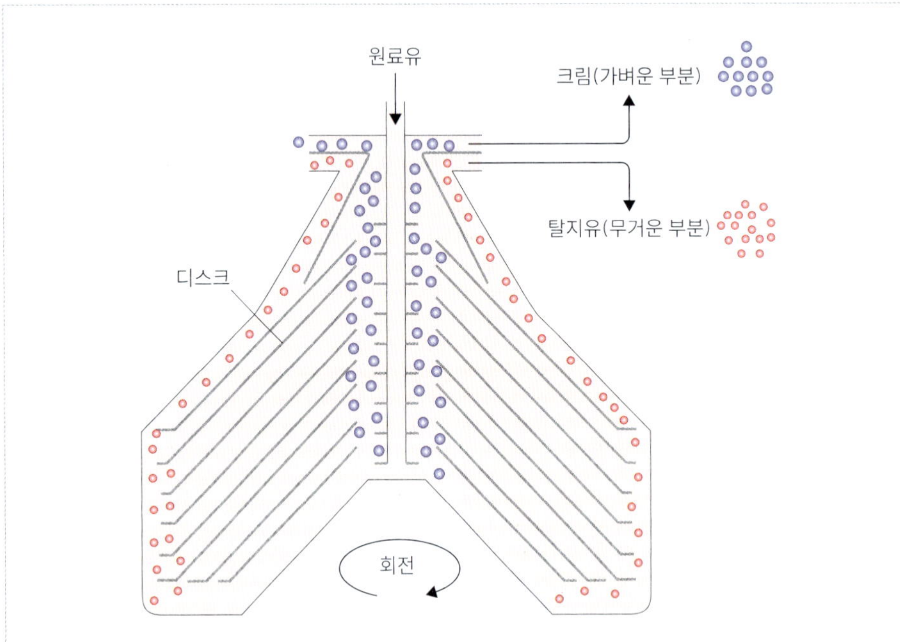

그림 10-13 크림 분리의 원리

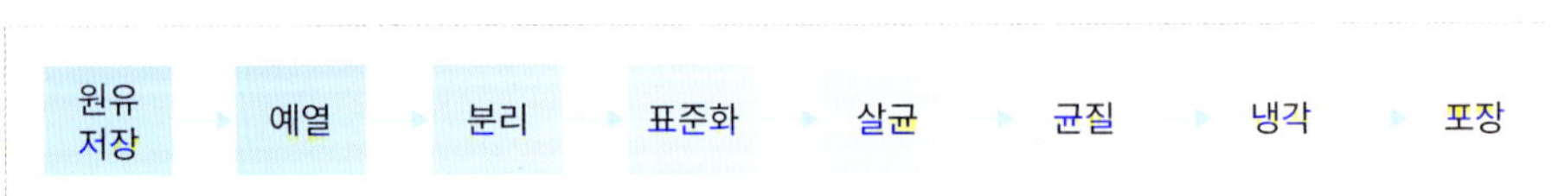

그림 10-14 유크림 제조공정 예시

7) 버터

원유의 유지방분을 분리하여 교반 및 연압한 유가공품으로 약 15%의 물과 80% 이상의 지방이 함유된 유중수적형 유화식품이다. 우유에서 유지방을 분리한 뒤 교반하여 지방입자를 모아 작은 덩어리들로 만들고, 이를 반죽해 남아 있는 물이 지방 속에 분산되도록 만든 것이 버터이다.

버터의 종류에는 소금을 가한 가염버터, 소금이 첨가되지 않은 무염버터와 원료 크림에 유산균을 넣어 발효시킨 발효버터와 발효시키지 않은 버터인 감성버터가 있다.

버터의 제조과정은 다음 그림 10-15와 같다.

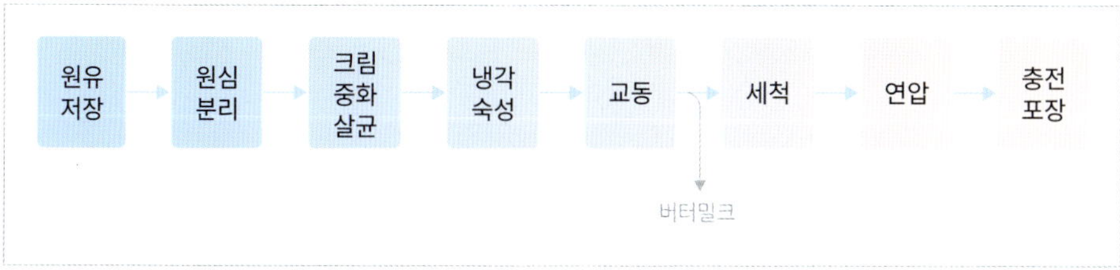

그림 10-15 버터의 제조공정 예시

① **원심분리(크림 분리)**: 우유 중 크림층을 분리하여 약 35%의 지질을 함유한 크림을 얻는다.

② **크림중화(산도 조절)**: 크림의 산도가 높으면 지방 손실이 크고 버터의 풍미와 보존성도 떨어지므로, 크림의 산도가 0.1~0.14%로 유지하도록 조절한다. 산도가 높으면 중탄산나트륨으로 중화한다.

③ **살균**: 크림의 살균과정과 동일하다.

④ **숙성**: 저온(2~4℃)에서 12시간 정도 보존하여 지방을 결정화시킨다.

⑤ **교반(교동)**: 결정화된 지방을 교반하여 작은 알갱이로 응집시킨다. 이때 색을 내기 위해 안나토나 카로틴 색소를 첨가한다.

⑥ **버터밀크 배출, 세척 및 가염**: 아래층(물층)의 버터밀크를 제거하고, 모인 버터 입자에 2~3℃의 냉수를 가해 교반하면서 세척한다. 이후 보존성과 풍미 향상을 위해 소금을 약 1.0~2.5% 첨가한다.

⑦ **연압**: 모아진 지방 알갱이를 방망이로 밀거나 천천히 교반하여 버터조직을 균일하게 만든다. 이로써 연속상의 지방 속에 소량의 수분이 균일하게 분산된 유중수적형 식품인 버터가 된다.

⑧ **포장 및 제품화**: 버터의 종류와 용도에 따라 적절한 용기나 은박지에 포장한다. 제조과정에서 소금, 물, 미량의 커드가 포함되므로 최종 버터의 무게는 원료 크림의 지방량보다 많아진다. 이처럼 지방질 무게 이상으로 늘어난 버터량을 '증량(overrun)'이라 한다.

MINI QUIZ

버터는 언제부터 먹었고, 어떻게 만들어질까?

버터를 먹은 시기는 정확하게 알 수 없으나, 기원전 3세기 고대 바빌로니아에서 이미 버터를 만들었다는 기록이 전해지고 있어 그 역사가 매우 오래되었음을 짐작할 수 있다. 그러나 당시의 버터는 음식으로서보다는 바르는 약이나 화장품의 용도로 사용되었으며, 매우 고가였다고 한다.

버터는 갓 짜내 균질화 과정을 거치지 않은 원유를 그대로 두어 상부의 걸쭉한 유지방(생크림)을 건져낸 후 천천히 흔들어 만들어 낸다. 오늘날에도 일부 유목민은 우유 위의 생크림을 건져내 가죽주머니에 넣고 나뭇가지에 걸어둔 뒤 막대기로 천천히 두드려 버터를 만든다고 한다.

버터의 대용품, 마가린은 어떻게 만들까?

1867년 프랑스의 나폴레옹 3세는 군대 보급과 가난한 사람을 위한 저렴한 버터 대용품 개발을 촉구하였다. 이에 프랑스 화학자 이폴리트 메주 무리에(M. Mouries)는 소 지방에 우유를 혼합하여 단단히 굳힌, 진주(Margarite, '진주'라는 뜻)처럼 반짝이는물질을 만들어내는 데 성공했고, 이것이 최초의 마가린이었다.

현재의 마가린은 정제된 동·식물성 기름과 경화유를 적절한 비율로 배합한 후, 유화제·향료·색소·소금 등을 섞어 유화시켜 제조한다. 오늘날 마가린은 버터의 대표적인 대용품으로 확고히 자리잡게 되었다.

자료: http://www.seoulmilk.co.kr

8) 치즈

우유를 응유효소인 렌넷 또는 젖산으로 응고시킨 후, 세균이나 곰팡이 등으로 숙성시켜 만든 자연치즈와, 자연치즈를 원료로 하여 다른 식품 또는 식품첨가물 등을 가한 후 유화시켜 가공한 가공치즈로 구분된다. 치즈는 생산지, 수분함량, 원료 등에 따라 수백 가지의 종류가 있다.

(1) 자연치즈

자연치즈(natural cheese)는 원유, 탈지유, 크림 또는 버터밀크에 젖산균, 응유효소(렌넷), 또는 유기산을 이용하여 카제인을 응고시킨 후 유청을 제거하여 가압 성형 후 숙성시켜 만든 제품이다. 일반적인 제조공정은 그림 10-16과 같다. 치즈의 숙성과정 중에는 치즈 종류마다 다양하게 접종된 세균이나 곰팡이에 의해 단백질이 분해되어 아미노산과 크고 작은 펩티드 분해물이 생성되어 특유의 향미와 질감이 형성되며, 지질의 화학적 변화로 지방산과 락톤, 알코올, 케톤류, 알데히드와 에스테르 등의 다양한 유기화합물들이 숙성치즈 특유의 향미를 형성한다. 자연치즈는 경도(수분함량)에 따라 표 10-8과 같이 분류한다.

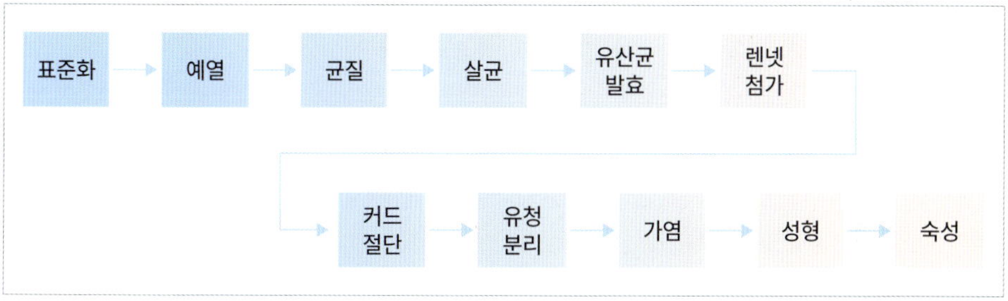

그림 10-16 자연치즈의 제조공정 예시

표 10-8 자연치즈의 유형

항목 \ 유형	유고형분(%)	유지방(%)	대표 숙성 미생물	치즈 제품
경성치즈	60.0 이상	24.0 이상	세균	에멘탈, 그뤼예르, 고우다, 에담, 체다, 콜비, 파마산, 로마노 치즈 등
반경성치즈	40.0 이상	9.8 이상	세균	브릭, 먼스터, 림버거, 하바티 치즈 등
			푸른곰팡이	로크포르(프랑스), 스틸톤(영국), 블루(프랑스) 치즈 등
연성치즈	35.0 이상	7.0 이상	흰곰팡이	카망베르, 브리, 클로미에 치즈
생치즈	18.0 이상	3.6 이상	숙성하지 않음	코티지, 리코타, 모차렐라 치즈 등

(2) 가공치즈

가공치즈(processed cheese)는 종류가 다르거나 숙성기간이 서로 다른 자연치즈를 원료로 혼합·분쇄한 뒤, 적절한 유화제와 함께 가열·유화시킨 것을 포장·냉각한 제품이다. 품종과 숙성도가 다른 자연치즈를 배합하여 새로운 풍미와 조직을 가진 제품이 개발되고 있다. 가공치즈는 품질이 균일하고 모양과 무게를 자유로이 선정할 수 있는 장점이 있는 데다, 또한 버리는 부분이 없어 이용률이 높고 경제적이어서 세계적으로 대량생산되고 있다.

「식품공전」에 따르면 가공치즈는 다음과 같이 분류된다.

- 경성가공치즈: 유고형분 50% 이상, 유지방 25% 이상
- 반경성가공치즈: 유고형분 46% 이상, 유지방 18.4% 이상
- 혼합가공치즈: 유고형분 38% 이상, 유지방 7.6% 이상
- 연성가공치즈: 유고형분 34% 이상, 유지방 6.8% 이상

대표적인 가공치즈 제품에는 분말형 파마산치즈와 롤치즈, 슬라이스치즈 및 크림치즈 등이 있다.

9) 아이스크림

아이스크림은 원유와 크림, 우유 고형물을 주원료로 하여, 다른 식품이나 식품첨가물(향미, 색소)이 공기와 섞여 냉동, 경화한 유가공품이다. 비교적 높은 지방함량 때문에 부드러운 텍스처와 풍부한 향미를 가지며, 우유 고형물은 텍스처와 향미를 더욱 증진시킨다. 안정제로는 젤라틴, 알긴산나트륨 등의 검류가 사용되며, 감미료와 향료도 첨가된다.

그림 10-17이 아이스크림 제조공정의 예시이다. 아이스크림 믹스의 동결과정에서는 공기의 혼합에 의해 부피가 증가하는데, 원료에 비해 증가한 부피의 비율을 증용률(오버런, overrun)이라 한다. 일반적으로 아이스크림은 70% 이상, 아이스밀크는 50~80%, 셔벗은 30~40%, 빙과는 25~30%의 증용률로 제조된다. 증용률이 높으면 공기 거품이 너무 많아 허전함이 강하고, 이보다 낮으면 너무 단단하게 느껴진다.

「식품공전」에 따르면 아이스크림은 유지방분 6% 이상, 유고형분 16% 이상을 함유해야 한다. 아이스밀크는 유지방분 2% 이상, 유고형분 7% 이상을 함유하며, 셔벗은 무지유고형분 2% 이상을 함유한 제품이다. 또한 아이스크림류이면서 조지방 2% 이하, 무지유고형분 10% 이상의 제품을 저지방아이스크림으로 분류하고, 조지방 5% 이상, 무지유고형분 5% 이상의 아이스크림을 비유지아이스크림이라 한다.

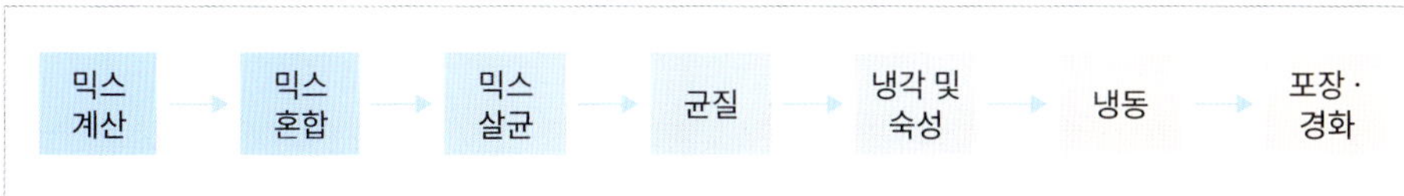

그림 10-17 아이스크림 제조공정 예시

10) 발효유

여러 가지 미생물들이 우유나 유제품의 유당을 발효시켜 유산이 생성된 발효유제품 제조에 이용되고 있다. 젖산균(유산균, 주로 *Streptococcus lactis*, *Lactobaccilus casei*, *L. bulgaricus*, *L. lactis*와 *L. belveticus*)이 함께 작용하여 적당한 pH 범위에 도달할 때까지 계속 발효가 일어난다.

발효유제품의 걸쭉한 물성은 카제인 미셀이 서로 결합되거나 또는 β-락토글로불린과 함께 결합되어 나타나는 현상이다. 상당량의 β-락토글로불린이 미셀에 결합되면 이액현상이 없는 안정한 겔이 형성된다. 버터밀크는 발효 결과 다소 걸쭉한 반면 요구르트는 발효와 가열을 조절하여 커드 같은 겔상이 형성되어 호상요구르트가 제조된다.

발효유에는 요구르트, 유산균음료, 발효버터유, 냉동발효유 등의 젖산발효유와 젖산발효와 효모에 의한 알코올 발효로 제조된 쿠미스, 케피어 등의 알코올 발효유가 있다. 발효유의 일반적인 제조공정은 그림 10-18과 같으며, 원료로 주로 탈지유를 사용하여 안정제, 감미료, 향료 등을 혼합하여 살균·냉각하고 스타터인 젖산균을 첨가한 뒤 용기에 넣고 발효실에서 너무 시지 않도록 pH 4.5~5.5 정도까지 발효시킨다.

「식품공전」에 규정된 발효유의 유형은 표 10-9와 같다.

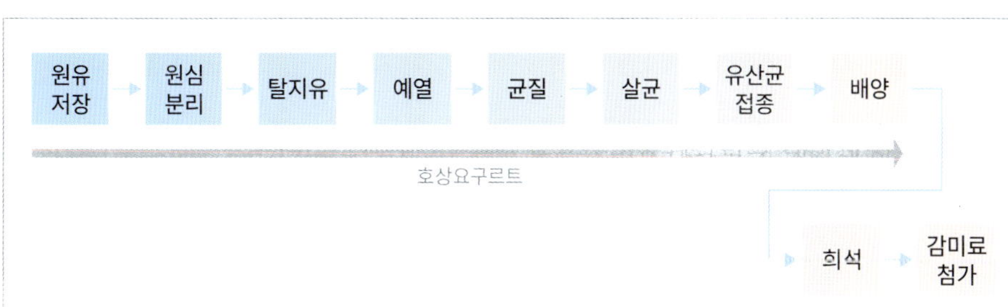

그림 10-18 액상 및 호상요구르트의 제조공정 예시

표 10-9 발효유의 유형

항목 \ 유형	발효유	농후발효유	크림발효유	농후 크림 발효유	발효버터유	발효유분말
수분(%)	-	-	-	-	-	5.0 이하
유고형분(%)	-	-	-	-	-	85 이상
무지유 고형분(%)	3.0 이상	8.0 이상	3.0 이상	8.0 이상	8.0 이상	-
유지방(%)	-	-	8.0 이상	8.0 이상	1.5 이하	-
유산균 수 또는 효모 수	1mL당 10,000,000 이상	1mL당 100,000,000 이상(단, 냉동제품은 10,000,000 이상)	1mL당 10,000,000 이상	1mL당 100,000,000 이상(단, 냉동제품은 10,000,000 이상)	1mL당 10,000,000 이상	-

11) 유청단백 가공품

유청단백은 우유에서 치즈 제조 시 분리되는 유청에서 추출한 고단백 성분으로, 높은 영양가와 우수한 소화 흡수율 덕분에 다양한 식품에 활용되고 있다. 유청단백은 농축유청단백(WPC), 분리유청단백(WPI), 가수분해유청단백(Hydrolyzed Whey Protein) 등 형태에 따라 구분되며, 각각의 특성에 따라 식품에 적용된다. 대표적인 유청단백 가공품으로는 운동선수 및 일반 소비자에게 인기 있는 단백질 보충용 '프로틴 파우더'가 있다. 이 제품은 물이나 우유 등에 타서 간편하게 섭취할 수 있으며, 맛과 용해성, 소화율 개선을 위해 다양한 가공기술이 활용된다.

또한 유청단백은 단백질 강화 음료, 에너지바, 고단백 스낵 등에 첨가되어 간편하면서도 고단백 식품으로, 소비자들의 수요가 증가하고 있다. 베이커리 및 제과류에서는 빵이나 쿠키, 머핀 등의 반죽에 첨가되어 단백질 함량을 높이고, 조직감을 개선하는 역할을 한다. 더불어 고단백 요구르트, 아이스크림, 크림치즈 등 유제품에도 유청단백이 첨가되어 영양가를 강화하고 식감을 개선한다.

특히 노인용·환자용 의료식품 등 특수 영양식 분야에서는 유청단백을 기반으로 한 분말,

액상, 젤리 형태의 제품이 개발되어 고단백 보충 식품으로 사용되고 있다. 유청단백 가공 시에는 고유의 쓴맛과 우유 특유의 향을 개선하고, 베이커리 등의 열처리 과정에서 단백질 변성을 최소화하며, 소화 흡수율을 높이는 기술적 고려가 중요하다.

이처럼 유청단백은 다양한 형태와 용도로 식품 산업 전반에 폭넓게 활용되며, 영양 강화와 기능성 식품 개발의 핵심 원료로 자리 잡고 있다.

CHAPTER 11

수산물 가공

학습 목표

1. 수산물의 분류와 주요 성분의 특성을 이해한다.
2. 가열·조리 시 일어나는 단백질과 조직 변화의 원리를 설명한다.
3. 수산물의 선도 변화와 저장 조건을 파악한다.
4. 연제품·건제품·훈제품·조미식품·통조림의 제조 원리와 특징을 이해한다.

1. 수산물의 분류와 성분

수산물은 육류에 비해 비교적 저렴하게 이용할 수 있는 단백질 급원이며, 육류에 비해 지질의 조성이 우수하지만 등푸른생선같이 불포화지방산의 함량이 높은 것은 산패되기 쉽다. 또한 수산물은 종류가 다양하고 수분이 많으며 조직이 연하여 부패가 쉽고, 취급과정에서 여러 가지 오염원에 노출되는 경우가 많아 식중독의 위험이 크다. 따라서 위생적으로 안전하고 식품의 가치를 연장하기 위한 여러 가지 가공과 저장방법이 활용되고 있다.

1) 수산물의 분류

- **어류**: 어류는 바닷물고기인 해수어와 민물고기인 담수어로 나눌 수 있다. 지방함량에 따라 지방이 5% 이하인 대구·농어·민어, 지방이 5~15%인 방어·꽁치·고등어, 지방이 15% 이상인 송어 등으로 분류한다.
- **연체류**: 문어, 오징어, 낙지처럼 몸이 부드럽고 마디가 없다.
- **조개류(패류)**: 우렁이처럼 딱딱한 껍데기 하나로 이뤄진 권패류와 대합, 바지락, 홍합처럼 2개의 몸이 붙어 있는 이매패가 있다.
- **갑각류**: 새우, 게, 가재처럼 키틴질의 딱딱한 껍질에 쌓여 있고 여러 마디로 이루어져 있다.

2) 수산물의 조직

어류는 머리, 동체, 꼬리, 지느러미로 이루어져 있다. 어류에 따라 색이 다른 것은 진피 밑의 색소과립세포의 색소립과 비늘의 차이 때문이다.

갑각류인 새우는 머리, 가슴, 배 부분으로 나뉘며, 껍데기 속에 살이 있다. 이 껍데기는 키틴질로 구성되어 있다. 게는 새우와는 형태가 달리, 단단한 갑각으로 몸 전체가 덮여 있다.

연체류인 오징어는 어류와는 다른 구조를 가지고 있다. 오징어의 근육조직은 4개의 층으로 이루어져 있으며, 제1·2층은 껍질이 쉽게 벗겨지지만 제3·4층은 껍질이 근육과 밀착되어 있어 벗기기가 어렵다. 따라서 껍질을 제거할 때는 행주로 문지르거나, 뜨거운 물에 1~2초 담갔다가 찬물로 식히면 잘 벗겨진다.

3) 수산물의 성분

수산물은 단백질 15~24%, 지질 0.1~22%, 그 외 탄수화물과 무기질 등으로 구성되어 있다. 수산물의 성분은 종류, 나이, 성별, 부위, 계절, 서식지 등에 따라 다르며, 특히 지방은 산란 전에 가장 많아, 이 시기의 수산물은 맛과 영양이 우수하다.

(1) 영양 성분

- **단백질**: 어육의 단백질 함량은 20% 내외이다. 주요 아미노산으로는 세린, 트레오닌, 메티오닌, 시스틴 등이 포함된다. 문어·오징어·조개·새우의 상쾌한 맛은 베타인에 의한 것이다.
- **지방**: 수산물 중 특히 어류의 지방함량은 생선의 종류에 따라 크게 차이가 있다. 어류의 지방은 실온에서 액체이고, 중성지방이 대부분이며 산란기와 계절에 따라 그 양이 다르다. 생선은 고도로 불포화된 지방산의 함량이 높아 산화되기 쉬운데, ω-3계 지방산인 EPA와 DHA는 프로스타글란딘을 생성하여 혈중 콜레스테롤 감소와 혈전 예방에 효과적이다.
- **무기질**: 무기질에는 Na, K, Mg, P 등이 풍부하다.
- **비타민**: 연어의 붉은색은 비타민 A의 전구체인 카로틴에 의한 것이다. 참치류에는 비타민 D가 많으며, 대구의 간에는 비타민 A가 풍부하다.

(2) 맛 성분

생선의 맛 성분 중 가장 많은 성분이 아미노산이다. 글리신, 알라닌, 글루탐산이 대표적인 지미(旨味) 성분이다. 트리메틸아민 옥사이드는 신선한 생선에서 강한 단맛을 내며, 베타인은 청량한 단맛을 준다. 또한 핵산물질인 IMP, AMP, ATP는 구수한 맛을 형성한다. 오징어의 구수한 맛은 TMAO와 타우린, 프롤린에서 기인한다.

(3) 냄새 성분

생선은 선도가 떨어지면 특유의 비린내가 발생한다. 민물고기의 비린내는 피페리딘과 아세트알데히드의 축합물에서 비롯된다. 바닷물고기의 비린내는 TMAO가 환원되어 생성된

TMA와 델타-아미노발레랄에 의한 것이다.

오징어의 냄새는 황을 함유한 아미노산이 분해되면서 생기는 황화수소, 암모니아, 피페리딘, 트리메틸아민 때문이다.

(4) 색

어류는 크게 흰살생선과 붉은살생선으로 나눌 수 있다. 흰살생선에는 도미, 광어, 대구 등이 있으며, 주로 해저에 서식한다. 다랑어, 가다랭이는 대표적인 붉은살생선이다.

연어와 송어의 황색은 아스타잔틴에 의한 것이다. 생선의 껍질이 붉거나 노란 것은 붉은색의 아스타잔틴과 노란색의 루테인 때문이다. 청록색은 프테린과 담즙색소에 의해 나타나며, 갈치의 은색은 구아닌에 요산이 섞인 침전물이 빛을 굴절·반사하면서 나타난다.

2. 조리에 의한 변화

1) 가열에 의한 변화

생선을 가열하면 모양과 풍미, 촉감이 변하여 더 맛있게 될 뿐만 아니라 위생적으로도 안전해진다.

(1) 결합조직 단백질의 변화

결합조직 단백질인 콜라겐은 물에 잘 녹지 않는 불용성 단백질이다. 그러나 물속에서 가열하면 변성되어 먼저 수축하고, 계속 가열하면 수용성 단백질인 젤라틴으로 변하여 용출된다.

콜라겐이 갑자기 수축하는 온도를 열수축온도라 한다. 따뜻한 수온에 사는 생선의 열수축온도는 50~56°C이고, 냉수에 사는 생선의 열수축온도는 38~40°C이다. 생선은 낮은 온도에서 가열해도 젤라틴이 용출되며, 이렇게 나온 국물은 식으면 겔화되어 굳는다.

(2) 근육 섬유단백질의 변성

근육 섬유단백질의 주성분인 액토미오신은 45°C에서 응고한다. 수용성 단백질인 미오겐은

50~60°C에서 응고된다. 이처럼 응고온도가 다른 단백질들이 섞여 있으므로 어육의 열에 의한 변성은 단계적으로 일어난다.

가열에 의한 어육의 무게 감소는 근육의 수축으로 탈수가 일어나기 때문이다. 신선한 생선일수록 탈수에 의한 무게의 감소량이 적다. 생선은 평균 약 15~20%, 연체동물은 약 35~40%의 무게가 감소된다.

결합조직 단백질인 콜라겐과 근육단백질은 가열에 의해 상반된 영향을 나타낸다. 생선은 콜라겐이 소량 존재하므로 가열효과는 주로 근육단백질에 의해 일어난다. 생선을 벗겨질 때까지 가열하면 근육단백질의 변성이 일어나면서 콜라겐이 연화되어 섬유들이 분리되고, 이때도 생선살은 여전히 연하다. 하지만 계속 가열하면 근육단백질에 좋지 않은 변화가 생겨 더 질겨지게 된다. 즉, 생선을 과도하게 조리하면 풍미가 떨어진다. 생선으로 만든 음식의 질과 전체적 풍미는 근육이 조각으로 분리되자마자 가열을 중단해야 가장 좋으며, 조리온도 자체는 크게 중요하지 않다. 그러나 고온으로 조리하면 생선의 근육 온도가 빠르게 증가하기 때문에 과도한 가열이 일어나기 쉽다.

(3) 껍질의 수축과 지방의 용출

생선을 가열하면 껍질이 수축되거나 살이 굽어지는 경우가 있다. 이것은 콜라겐 단백질이 수축하기 때문인데, 껍질의 수축온도는 37~58°C 정도이며 따뜻한 곳에 사는 생선일수록 수축온도가 높다. 생오징어를 삶으면 돌돌 말리는 것도 콜라겐의 수축에 의한 것이다. 또한 가열로 인해 껍질이 수축하면 지방이 용해되어 외부로 녹아나오는데, 지방함량이 높을수록 이 현상이 더 심하다.

(4) 열응착성

생선을 가열할 때 석쇠나 프라이팬에 붙는 현상을 열응착성이라 한다. 이것은 약 50°C부터 시작되어 온도가 높아질수록 강해진다. 열응착성은 미오겐 단백질 사슬이 구부러져 구형을 이루고 있던 것이 가열로 결합이 끊어지고 펩티드 사슬이 흩어지면서 다른 물질과 결합할 활성기가 많이 생기고, 이 활성기가 금속면에 닿아 달라붙기 때문에 나타난다.

2) 식초의 영향

생선에 식초를 넣으면 신맛이 식욕을 돋우고 비린내를 줄이는 효과가 있다. 또한 식초는 생선 단백질을 응고시켜 질을 단단하게 한다. 식초의 효과를 높이려면 소금을 넣어 수분을 제거하고 단백질을 용출하여 겔화시킨 후 식초를 넣는 것이 좋다. 식초에는 생선 표면에 부착된 미생물을 살균하는 효과도 있다.

3) 소금의 영향

생선을 가공할 때 소금이나 장류 같은 소금이 함유된 조미료를 사용하면 생선의 맛이 좋아질 뿐만 아니라 생선의 질도 변하게 된다. 미오겐은 물 또는 낮은 염용액에서는 용출량이 적기 때문에 투명하고 점도가 낮은 용액을 형성한다.

그러나 소금의 농도가 2%를 넘으면 단백질 용출량이 급격히 증가하고, 2~6%에서는 미오신과 액틴이 용출되어 액토미오신을 형성한다. 이 액토미오신 분자가 서로 엉켜 입체적 망상구조를 형성하면서 겔이 되는데, 이것이 어묵의 원리이다.

소금을 뿌려 생선을 절일 경우, 소금의 양이 많을수록 생선의 수분함량은 감소한다. 한편, 생선을 소금물에 담가 절일 경우, 20% 이상의 소금물에서는 소금 농도가 높을수록 탈수가 빠르고 탈수량도 많다. 반대로 소금 농도가 낮아지면, 시간 경과에 따라 생선 내부의 수분함량이 증가한다.

3. 수산물의 선도

일단 잡힌 수산물은 생선의 크기, 치사 조건, 방치 상태에 따라 사후 변화가 달라지며, 이것은 선도에도 영향을 미치므로 잘 처리하여야 한다.

1) 선도에 영향을 미치는 요인

(1) 생선의 종류

민물고기는 바닷물고기보다 쉽게 부패된다. 또한 바닷물고기 중에서는 붉은살생선이 흰살생선보다 쉽게 변질된다.

(2) 어획방법

어획방법도 선도에 영향을 미친다. 그물로 잡힌 생선은 그물에 걸려 많이 움직이게 되므로 선도를 유지하려면 낚시어획법이 좋다. 그물에서 장시간 시달린 생선은 근육의 강한 수축으로 ATP가 급격히 소비되고 글리코겐이 분해되어 젖산이 생기므로, 사후경직이 빨리 시작되고 해소도 빨라 연화도 빨리 진행된다.

그물어획법도 정치망과 저인망에 따라 차이가 있는데, 저인망의 경우는 오랜 시간 시달리므로 선도 저하가 빠르다. 따라서 살아 있는 어류는 자연적인 피로사보다 어획 직후 바로 죽여 선도 저하를 막아야 한다. 이때 사용하는 방법에는 강한 전류, 마취, 냉각사가 있으나 모두 현실적이지 못하다. 또한 수확한 어체는 잘 세척할 경우 오물과 미생물을 감소시킬 수 있다.

(3) 보관온도

근육의 ATP 분해속도, 자가소화작용, 부패세균의 번식속도는 온도가 낮을수록 늦어진다. 따라서 선도 유지 면에서 수산물을 저온에서 보관하는 것이 중요하다. 생선은 세척한 후 차가운 묽은 소금물로 혈액과 오물을 제거하고 온도를 낮춘다. 이때 너무 차가운 물에 담그거나 오래 담그면 수분과 염분이 어육 속으로 침투하여 경직을 촉진하므로 주의해야 한다. 그 다음 생선을 빙장하거나 동결 저장하여 가공원료로 사용한다.

2) 어패류의 사후 변화

어패류의 사후 변화는 해당 과정 같은 생화학적 변화를 시작으로, 근육의 사후경직→경직의 해소→자가소화·육질 연화→세균 증식·선도 저하→부패의 단계를 거치게 된다.

(1) 사후경직

어류가 죽으면 근육이 수축하고 단단해지며 약간 불투명하게 보인다. 이는 어류의 체내 대사가 호기 조건에서 혐기 상태로 바뀌면서 젖산이 생성되고 pH가 낮아지기 때문이다. 동시에 인산크레아틴이 소모되고 ATP도 감소하여 액토미오신이 수축하게 되며, 결국 경직 상태가 된다. 이 과정을 사후경직(rigor mortis)이라고 한다.

어류는 포유류보다 사후경직의 지속시간이 짧아, 사후 1~7시간 만에 경직이 시작되어 5~22시간 정도 지속된다. 보관온도가 낮을수록 경직이 시작되는 시간과 지속시간이 길어지며, 어획 후 즉시 죽이거나 내장을 제거하면 같은 효과를 얻을 수 있다. 또한 어획 직후 얼음에 넣어 냉장저장하면 생선의 사후경직을 지연시킬 수 있다.

(2) 자가소화

사후경직이 풀리면 어육 내의 분해효소 작용으로 연화가 일어나는 자가소화(자가분해)가 시작된다. 이 과정은 온도가 낮을수록, pH가 산성일수록 늦어진다. 자가분해의 최적온도는 해수어의 경우 40~45°C, 담수어는 23~27°C이며, 최적 pH는 4~5 정도이다.

어류의 자가소화작용을 억제하려면 저온으로 유지해야 하므로 냉장이나 냉동은 어류의 저장을 위해 좋은 방법이다. 그러나 어류를 얼렸다가 녹이거나 또는 손상을 입히거나 거칠게 다루면 연화현상이 가속화된다. 자가소화가 지나면 어류는 미생물의 작용으로 조직이 매우 물러지고, 휘발성 지방산이 생성되면서 각종 냄새 성분이 발생하여 부패취를 낸다.

(3) 부패작용

어패류의 부패는 수중 세균에 의해 일어난다. 플라보박테리움(*Flavobacterium*), 슈도모나스(*Pseudomonas*), 아크로모박터(*Achromobacter*) 세균은 어류가 살아 있을 때 어체에 존재하다가 빠르게 증식하여 근육을 부패시킨다. 갑각류의 경우 어류와 큰 차이는 없으나, 키틴질을 분해하는 세균이 존재하며, 조개류에는 어류와 거의 같은 세균이 존재한다.

4. 수산 연제품

수산 연제품은 어류의 고기 부분을 수세하여 세절한 후, 조미료, 전분, 향신료를 가해 성형하고 가열하여 만든 제품이다. 이 제품은 일본에서 처음 만들어졌는데, 예전에는 어육에 소금을 첨가하고 고기를 갈아 만든 고기풀을 구워 제조하였다. 그 후 가공법이 발달하면서 오늘날과 같은 연제품이 만들어졌다.

연제품은 어류의 종류나 크기에 관계없이 원료의 사용 범위가 넓고 다양한 맛을 낼 수 있다. 또한 어떤 소재라도 배합이 가능하며, 외관·향미·물성이 어육과는 달라 바로 섭취할 수 있다는 점에서 일반 수산 가공식품과는 다른 특징이 있다.

1) 제조과정

어육의 고기풀을 가열하면 젤리상 제품이 되며, 여기에 소금을 가하면 탄력이 강한 연제품이 된다. 주로 조기류, 갈치, 전갱이, 상어류 등이 쓰이나, 요즘은 다양한 어류가 원료로 사용된다. 수산 연제품의 제조공정은 그림 11-1과 같다.

그림 11-1 수산 연제품의 제조공정

① 채육: 머리와 내장을 제거한 어체에서 뼈, 껍질, 살코기를 분별·수집하는 과정이다.

② 수세: 살 부분에 들어 있는 혈액, 지방, 수용성 단백질 등을 제거하여 제품의 색을 희게 하고, 염용성 단백질의 비율을 높여 탄력과 보존성을 향상시키는 과정이다. 고기의 5~10배 물로 교반하여 세척하며, 이를 3~4회 반복한다.

③ 세절: 만육기(meat chopper)로 결체조직과 작은 뼈를 잘게 자르는 과정이다. 처음부터

구경이 작은 플레이트나 무딘 칼을 사용하면 발열로 인해 육단백질이 변성되므로 주의한다.

④ **고기갈이**: 고기 가는 기계(stone grinder)에 소금을 넣어 갈고, 전분과 부원료를 혼합한다.

⑤ **성형**: 적당한 모양으로 만든다.

⑥ **가열**: 중심 온도가 75°C 이상이 되도록 가열하여 익힌다.

⑦ **냉각·저장**: 가열 후 빨리 냉각하여 품질을 유지해야 한다. 일반 연제품은 냉풍을 이용하고, 포장제품은 흐르는 물에 상온 이하로 급랭시킨다. 냉각이 끝난 제품은 2~3°C에서 저장한다.

2) 연제품의 종류

(1) 판붙이어묵(kamaboko)

생선의 머리, 내장, 지느러미를 제거한 후 롤식 채육기에 걸어 정육만을 취한 다음 수세한다. 수세는 이취를 제거하며 탄력을 준다. 물기를 없애고 잘 다져서 고기풀을 얻고 재료들을 섞어 간다. 재료를 혼합한 후 이것을 나무판에 반원통상으로 붙여 증기로 찐다. 1단 가열로 치밀한 겔 구조를 만들고, 2단 가열로 구조를 안정화시킨다.

(2) 부들어묵(chikuwa)

꼬챙이에 고기풀을 원통상으로 말아 붙여 배소시킨 것을 부들어묵이라 한다. 만드는 법은 판붙이어묵과 비슷하나 약간 거친 편이며 정형한 후 배소로에서 구워 완성한다.

(3) 튀김어묵(fried kamaboko)

어육 고기풀을 기름에 튀긴 것으로 급속한 가열로 탄력이 강하고 기름에 튀겨서 맛이 좋다. 상어류, 정어리의 고기풀

에 채소를 잘게 다져 혼합하기도 한다. 1단 가열은 120~140°C에서, 2단 가열은 180°C 전후에서 한다.

(4) 어육소시지(fish sausage)

어육이나 고래 고기를 원료로 육소시지처럼 제조한다. 원료육이 싸고 대량생산이 가능하여 가격이 저렴하다. 또 PVDC 같은 기밀을 유지할 수 있는 합성수지를 케이싱으로 사용하고, 고온에서 장시간 살균하여 저장성이 좋다. 어육소시지와 어육햄의 제조공정은 그림 11-2와 같다. 어육소시지는 어육을 잘게 썬 다음 유지, 조미료, 향신료 등을 첨가하고 갈아서 케이싱에 넣어 가열처리한 것이며, 어육햄은 육편을 소금에 절여 조미한 다음 연결육을 첨가 혼합하여 포장재료에 넣어 가열처리한 것이다.

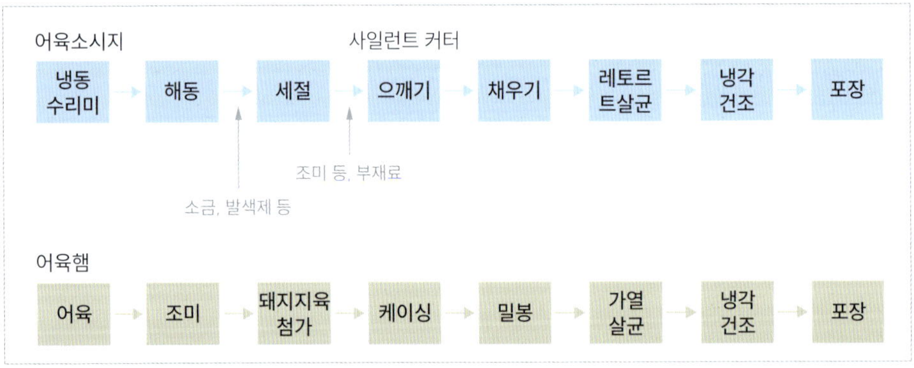

그림 11-2 어육소시지와 어육햄의 제조

TIP & NOTE 구조화 수산가공품

구조화 수산가공품은 생선 가공품의 하나로, 분쇄한 어육을 이용한다. 이 제품은 다진 어육을 지방, 색소 그리고 냉동저장 중 향미나 저장 문제를 일으킬 수 있는 성분들을 완전히 물로 세척한 다음, 보존제로 솔비톨이나 설탕을 넣고 냉동하여 제조한다. 이러한 중간 조리 해산 가공식품을 '수리미'라고 한다.

수리미의 주요 재료는 대구이며, 그 외에 비싸지 않고 식용 가치가 낮은 생선도 이용된다. 수리미 제조를 위해서는 뼈를 제거하고 포를 뜨는데, 포를 사용하면 밝은 색과 우수한 겔 형성 능력을 가진 높은 등급의 수리미를 만들 수 있다. 포 뜬 생선을 다질 때 미세한 구멍이 뚫린 통에 넣어 갈면 특히 품질이 좋은 제품이 된다. 다진 생선은 완전히 세척한 후 탈수하여 수분함량이 약 82%가 되도록 한다. 이후 보존료나 냉해 방지제를 첨가하여 냉동한다.

수리미를 식품으로 활용하는 주요 방법은 모조게살이나 새우제품 같은 구조화 수산가공품이다. 다져진 생선은 게나 새우와 비슷한 텍스처 특성이 없기 때문에, 최종 제품이 실제 게살이나 새우의 텍스처와 유사하도록 섬유화하고 다른 성분들을 첨가한다. 난백과 전분을 첨가하면 수리미가 고무 같은 질감 없이 바람직한 텍스처를 갖게 된다. 전분은 수리미에 고무 같은 텍스처를 주지만, 난백은 이러한 질감 형성을 방지하므로 두 성분은 상호 보완적인 역할을 한다. 또한 소량의 기름을 첨가하면 냉동·해동 특성이 개선된다.

제조과정에서는 수리미를 판 모양으로 압출 성형한 후 가열하여 전분을 호화시키고, 단백질을 지나치게 단단하거나 질겨지지 않도록 변성시킨다. 마지막으로 게나 새우 제품처럼 표면에 색을 입히면 제품이 완성된다.

대구

대구살

게맛살

5. 수산 건제품

수산물의 수분을 제거하여 미생물의 번식이 어렵도록 만들어 저장성을 갖도록 한 것을 수산 건제품이라고 한다. 어패류와 해조류의 수분함량이 약 40% 이하가 되면 세균의 발육이 정지되고, 약 13% 이하이면 곰팡이의 번식도 억제된다.

건조방법은 햇볕과 바람에 의한 천일건조, 실내나 그늘에서 말리는 음건법, 그 외 열풍건조, 진공건조, 동결건조법을 이용한다.

1) 자연건조수산물(소건품)

수산물을 그대로 건조한 것으로, 원료를 전처리하고 세정한 뒤 건조하여 제품화한다. 방법은 단순하지만 수작업이 많고 많은 양을 한번에 처리할 수 있다.

소건품의 예로, 마른 오징어와 마른 미역이 있다. 마른 오징어의 표면에는 흰 가루가 있는데, 이것은 오징어의 타우린 성분이다.

미역은 탈염과 염장미역으로 구분된다. 탈염미역은 목회나 끓는 물 또는 담수에서 염분을 없앤 것이며, 염장미역은 채취한 그대로 또는 물로 씻어 건조한 것이다.

2) 염건품

어패류를 먼저 염지한 후에 건조한 것으로, 전처리와 세정을 한 뒤 염지하고 씻어 건조시킨다. 예를 들어, 굴비는 염지 시 사용하는 소금량이 원료의 약 17~25%이며, 완성품의 수분함량은 약 10% 정도이다.

염건품의 제조공정은 그림 11-3과 같다.

원료 → 전처리 → 세정 → 염지 → 수세 → 건조 → 제품

그림 11-3 염건품의 제조공정

3) 자건품

어패류를 찐 후 건조한 것이다. 어체의 비린내를 제거할 수 있고, 세균 살균과 자가소화효소 파괴로 부패를 막는다. 또한 수분과 지방이 일부 제거되어 건조가 쉬워진다.

대표적인 식품은 마른 멸치이며, 멸치를 소금물에 삶는 이

유는 색택을 좋게 하기 위해서이다.

4) 동건품

전처리한 원료를 동결과 융해를 반복하여 수분을 제거한 건조 제품이다. 이 과정에서 동결 시 조직이 파괴되고, 융해할 때 액즙이 유출되어 가용성 성분의 손실이 큰 것이 결점이다.

동건품의 대표적인 예는 마른 명태(황태)로, 손질한 명태를 20마리씩 꿰어 얼리고 녹이는 과정을 반복하여 수분함량 20~25%의 제품을 만든다.

동건품의 제조공정은 그림 11-4와 같다.

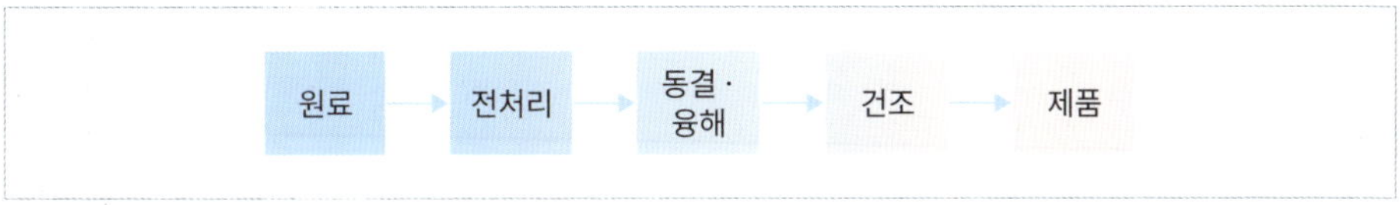

그림 11-4 동건품의 제조공정

5) 저장

수산 건제품은 온도, 습도, 광선, 공기에 안전하지 못하므로, 저장 중에 흡습, 산화, 변색, 이취가 생길 수 있다. 따라서 가능한 한 낮은 온도에서 습기를 피해 보관해야 한다.

6. 수산 훈제품

수산 훈제품은 어패류를 염지한 후, 훈연실에서 건조·훈연하여 독특한 풍미와 저장성을 갖도록 한 것이다. 수산 훈제품의 제조공정은 그림 11-5와 같다.

훈연방법에는 육류와 같이 비교적 낮은 온도(20~26°C)에서 1주 이상 훈연하는 냉훈법과 고온(50~60°C)에서 몇 시간 훈연하는 온훈법이 있다.

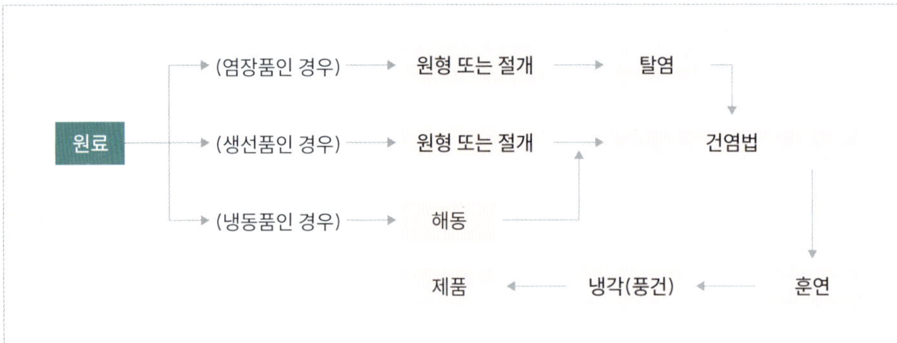

그림 11-5 수산 훈제품의 제조공정

1) 냉훈 청어

청어는 지방함량이 약 5~8% 정도로 적은 것을 훈연재료로 사용한다. 염지과정을 거치고 그늘에 말린 후, 약 3~4주 동안 18~25°C의 온도에서 훈연한다.

2) 온훈 고등어

고등어는 가공 중에 히스타민이 생성될 우려가 있으므로 신선한 원료로 짧은 시간에 제조하여야 한다. 염지한 고등어는 처음에 25°C에서 시작하여 10시간에 걸쳐 90°C에 도달하도록 가공한다.

3) 훈제품의 저장

냉훈제품은 수분함량이 10% 이하이고, 살균력이 있는 훈연 성분이 피막되어 있어 세균 번식은 염려하지 않아도 된다. 그러나 머리 부분은 고온에 장시간 방치하면 부패할 수 있다.

또한 곰팡이가 발육할 가능성이 있으므로 습기가 많은 곳은 피해 보관하여야 한다. 훈제품을 저장할 때는 표면에 샐러드유를 도포하여 공기 접촉을 막는 것이 좋으며, 건조하고 낮은 온도에서 보관한다.

7. 수산 조미식품

수산 조미식품은 어패류에 적당한 조미를 하여 생으로 또는 구워서 쉽게 먹을 수 있도록 한 것이다. 만들 때는 다음 사항에 유의한다.

- 취급과 저장성이 좋은 제품이 되도록 포장한다.
- 소금, 설탕, 식초를 사용하여 조미와 동시에 방부효과를 높인다.
- 어패류는 내장과 먹을 수 없는 부분을 모두 제거하고 정육만 사용한다.

1) 조미 건제품

대표적인 조미 건제품은 조미 쥐치포이다. 이는 쥐치의 내장과 껍질을 제거하고 세편뜨기를 한 후, 설탕, MSG, 소금으로 조미하여 만든다. 조미한 후에는 천일건조하거나 저온에서 열풍건조한다.

2) 조미 배건품

대표적인 조미 배건품은 조미 오징어이다. 오징어를 씻어 껍질을 벗기고 살짝 데친 후 빙수에 냉각시킨 다음 조미한다.

조미료는 식염, 설탕, MSG, 호박산, 구연산, 솔빈산칼륨 등을 혼합하여 원료에 넣고 일정시간 보관한 후 건조한다. 이후 수분 분포를 균일하게 하기 위해 하루 정도 쌓아 두었다가, 고온에서 구운 뒤 포장한다.

8. 통조림

수산 통조림은 제법에 따라 보일드 통조림, 조미 통조림, 기름담금 통조림 등으로 나눌 수 있다.

- **보일드 통조림**: 원료육을 그대로 또는 소량의 소금을 첨가하여 만든다.
- **조미 통조림**: 원료를 조미료로 조미하여 만든다.
- **기름담금 통조림**: 조리한 생선에 식물성 기름을 첨가하여 만든다.
- **훈제 기름담금 통조림**: 훈제한 생선에 식물성 기름을 가하여 만든다.

CHAPTER **12**

유지식품 가공

학습 목표

1. 유지의 분류와 지방산 조성을 이해한다.
2. 채유와 정제 공정의 원리를 설명한다.
3. 결정화와 가공 처리의 특징을 이해한다.
4. 주요 유지 가공품과 저장 관리법을 파악한다.

유지는 보통 실온에서 액체인 것을 '유(oil)'라고 하고, 고체인 것을 '지(fat)'라고 하며 동물성 유지와 식물성 유지가 있다. 지방질을 표면적 성질과 원료에 의해 구별하면 그림 12-1과 같다.

동물성 유지 중에 어유는 대개 액체유로 고도불포화지방산이 많고 요오드가가 높다. 동물지에 속하는 체지는 대개 반고체로 포화지방산이 많고 우유지방(유지방)은 반고체로서 포화지방산 및 불포화지방산이 많다.

식물성 유지 중에서 식물유는 불포화지방산 함량에 따라 건성유, 반건성유, 불건성유로 나뉜다. 건성유는 아마인유처럼 올레산이 적고 리놀레산, 리놀렌산이 많아 공기 중에 산소를 흡수하여 고화하는 성질이 있어 기름이 마른다. 요오드가가 높아 보통 130 이상이다.

불건성유는 올리브유처럼 올레산과 포화지방산으로 구성되어 있는 것으로 공기 중에 고화되지 않으며, 요오드가는 100 이하이다. 반건성유는 대두유나 쌀겨유처럼 건성과 불건성의 중간이다.

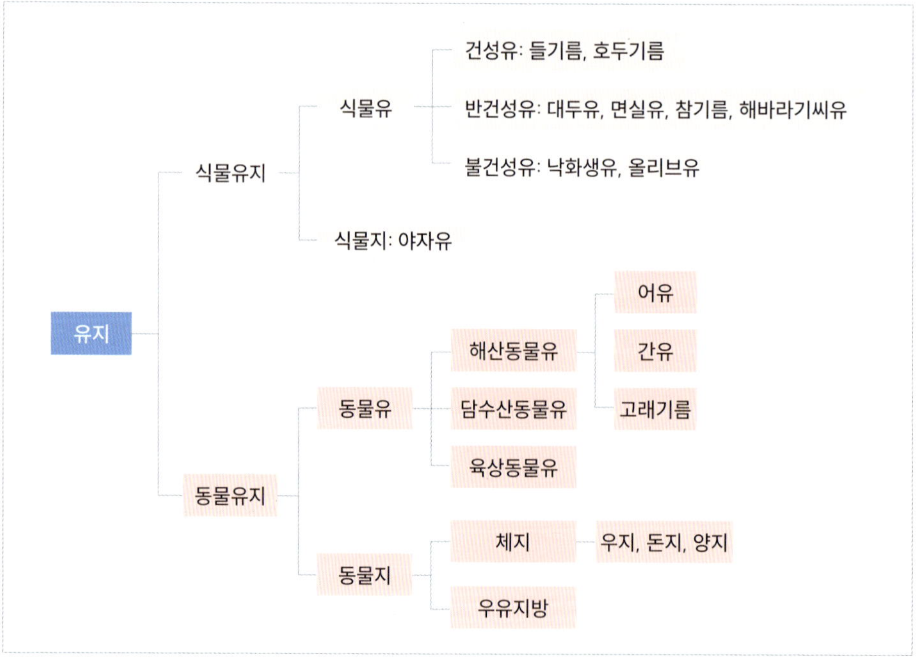

그림 12-1 유지의 분류

그림 12-2 아마인유

그림 12-3 쌀겨와 쌀겨유

1. 유지의 제조

1) 분류

유지는 크게 식물유지와 동물유지로 구분된다. 표 12-1에 이를 세분하여, 각 유지의 지방산 함량을 나타내었다.

2) 재료

식물유지의 원료는 대두, 유채, 면실, 낙화생, 해바라기씨, 참깨 등이며, 팜유의 원료가 되는 야자, 피마자유의 원료인 피마자 등이 종자로 이용된다.

대표적인 식용유 재료인 대두의 주생산지는 미국, 브라질, 중국 등으로 우리나라에서 생산되는 대두는 주로 콩나물, 두부, 장류제조에 이용되고, 가공용으로 이용되는 대두는 거의 수입에 의존하고 있다. 콩기름은 리놀레산 함량이 높아 저장성이 떨어지므로 고도 불포화지방산 함량이 낮은 품종을 육종하려고 하고 있다.

대표적인 식물성유인 카놀라유는 유채에서 추출하는데, 우리나라 제주도에서 생산되는 유채는 인체에 유해할 수도 있는 에루스산의 함량이 높아 개량종으로 전환되었고, 캐나다산 유채는 1970년대 초반 에루스산 함량이 낮은 품종으로 개량되었다. 에루스산 함량이 적은 품종은 카놀라유 제조에 이용된다.

그 외에도 옥수수 배아, 참깨, 해바라기씨, 포도씨 등이 주된 식물성유의 재료이다.

표 12-1 각종 유지의 지방산 조성

구분 / 유지		지방산(%)																		
		4:0	6:0	8:0	10:0	12:0	14:0	16:0	18:0	20:0	22:0	24:0	16:1	18:1 (*n*-9)	18:2 (*n*-6)	18:3 (*n*-3)	20:1	20:5 (*n*-3)	22:1	22:6 (*n*-3)
식물성	면실유	-	-	-	-	-	1	29	4	미량	-	-	2	24	40	-	-	-	-	-
	낙화생유	-	-	-	-	-	미량	6	5	-	3	1	미량	61	22	-	-	-	-	-
	해바라기씨유	-	-	-	-	-	-	11	6	-	-	-	-	29	52	-	-	-	-	-
	옥수수기름	-	-	-	-	-	-	13	4	-	-	-	-	29	54	-	-	-	-	-
	참기름	-	-	-	-	-	-	10	5	-	-	-	-	40	45	-	-	-	-	-
	들기름	-	-	-	-	-	-	6.1	2.5	0.2	-	미량	미량	12.0	14.3	57.9	0.2	-	미량	-
	카놀라유	-	-	-	-	-	-	3.8	1.6	-	-	-	-	32.9	17.5	9.0	12.4	-	42.4	-
	대두유	-	-	-	-	-	미량	11	4	미량	미량	-	-	25	51	9	-	-	-	-
	올리브유	-	-	-	-	-	미량	14	2	미량	-	-	2	64	16	-	-	-	-	-
	포도씨유	-	-	-	-	-	미량	6.2	3.6	0.1	미량		미량	13.9	69.5	0.4	0.2	-	-	-
	아보카도유	-	-	-	-	미량	미량	12.3	1.4	0.2	0.3	0.1	4.8	58.5	11.6	0.5	0.2	-	-	-
	팜유	-	-	-	-	-	1	48	4	-	-	-	-	38	9	-	-	-	-	-
	잇꽃씨유	-	-	-	-	-	미량	8	3	미량	-	-	-	13	75	1	-	-	-	-
	코코넛유	-	0.5	9.0	6.8	46.4	18.0	9.0	1.0	-	-	-	-	7.6	1.6	-	-	-	-	-
	팜핵유	-	-	2.7	7.0	46.9	14.1	8.8	1.3	-	-	-	-	18.5	0.7	-	-	-	-	-
	코코아버터	-	-	-	-	-	-	26.2	34.4	-	-	-	-	37.3	2.1	-	-	-	-	-
동물성	우지	-	-	-	-	-	6.3	27.4	14.1	-	-	-	-	49.6	2.5	-	-	-	-	-
	돈지	-	-	-	-	-	1.8	21.8	8.9	0.8	-	-	4.2	53.4	6.6	0.8	0.8	-	-	-
	양지	-	-	-	-	-	4.6	24.3	30.5	-	-	-	-	36.0	4.3	-	-	-	-	-
	닭기름	-	-	-	-	1.9	2.5	36.0	2.4	-	-	-	-	8.2	48.2	0.8	-	-	-	-
	버터(무염)	2.8	1.6	0.9	1.9	2.5	7.0	21.7	7.6	미량	미량	미량	0.8	13.1	1.5	0.1	미량	-	미량	-
	정어리기름	-	-	-	-	-	6.4	12.7	0.9	-	-	-	-	8.8	12.7	-	14.1	-	20.8	-
	연어기름	-	-	-	-	-	3.3	9.8	4.2	-	-	-	-	3.5	13.8	-	3.9	13.0	3.4	18.2

자료: 국가표준식품성분 DB 10.3.(2025)

그림 12-4 유채

그림 12-5 팜유

3) 전처리

품질이 좋은 유지를 얻고 채유량과 수율을 높이기 위해 원료와 채유방법에 따라 각종 전처리를 한다. 먼저 원료 중에 있는 불순물을 제거한 후, 참깨나 유채처럼 입자가 작은 원료를 제외하고는 껍질을 제거하여 수율을 높인다.

유지의 추출을 쉽게 하기 위해 분쇄과정을 거치기도 하고, 원료의 산화효소 작용을 불활성화시키고 착유를 쉽게 하기 위해 열처리를 한다. 열처리를 하면 원료의 수분함량을 줄일 수 있고, 유지의 점도를 저하시켜 착유가 쉬워지며, 효소의 불활성화로 유리지방산 생성이 억제된다. 또 착유 후 미생물의 오염에 안전하고 유해물질을 불용화시킬 수 있는 효과를 얻을 수 있다.

4) 유지추출법

유지의 추출법에는 융출법(rendering), 용매추출법, 압착법이 있다. 융출법은 동물성 원료에서 유지를 추출할 때 사용한다. 압착법은 참기름처럼 유지원료에 힘을 가해 유지를 채취하는 방법이며, 용매추출법은 주로 대두를 유기용매로 연속추출할 때 사용한다.

(1) 융출법

라드와 쇠기름은 주로 동물조직에서 융출(습열 또는 건열)하여 얻는다. 건열융출은 조직을 가열하여 유출되는 지방을 모은 다음, 나머지를 짜내는 과정이다. 식용지방은 거의 습열

융출한다. 습열융출은 압력을 가한 상태에서 뜨거운 물이나 수증기로 조직을 처리하는 과정이다. 처리 후 지방을 물과 분리시키는데, 산패 방지를 위해 항산화제를 함께 사용하기도 한다.

(2) 압착법

식물성 지방은 고온압착이나 저온압착으로 채취한다. 저온압착은 실온에서 기계적 압착기나 나사형 압착기를 사용하여 종실에서 식물성 기름을 추출하는 과정이다. 저온압착으로 추출되는 기름은 품질은 좋지만 고온압착에 비해 채유량이 많지 않다.

고온압착 시에는 수증기로 조직을 70°C 정도로 데운 다음 기름을 짜낸다. 압착온도가 높을수록 검질, 이취, 유리지방산이 많이 존재하기 때문에 질이 낮아진다. 이때 검질은 탈검에 의해 제거될 수 있다. 압착한 기름 종자에 남아 있는 지방질은 용매추출법으로 분리할 수 있다.

(3) 용매추출법

용매추출법은 원료를 휘발성 용매로 처리하여 원료 중의 유지성분을 용해시킨 후 채유하는 방법이다. 사용되는 추출기는 용매 사용량이 적고, 입자의 분말이 적으며 맑은 추출액을 얻을 수 있어야 한다. 추출용 용매로는 헥산이 많이 이용되고 있다.

TIP & NOTE **유지추출법 핵심 정리**

융출법은 열(습열·건열)로 지방을 녹여내는 방법으로, 항산화제로 산패를 방지한다. 압착법은 기계적 압력으로 기름을 짜내며, 저온압착은 품질이 좋고 고온압착은 수율이 높다. 고온압착 시 생기는 검질·이취는 탈검과정으로 제거할 수 있다. 압착 후 남은 지방은 용매추출법으로 회수한다. 용매추출법은 헥산 등 휘발성 용매로 유지 성분을 녹여 분리하는 방법이다. 대량 채유와 맑은 추출액을 얻는 데 유리하다.

2. 유지의 정제

정제되지 않은 원유(crude oil)에는 수분, 흙, 섬유질, 단백질, 탄수화물, 색소, 냄새 성분 등 여러 가지 불순물이 함유되어 있다. 따라서 유지의 품질을 높이기 위해서는 정제를 하여야 한다.

1) 전처리

정제를 위한 전처리는 원유 중의 불순물을 제거하고 정제공정을 쉽게 하기 위해 침전 탱크에서 불순물을 가라앉히는 정치, 여과, 원심분리 등을 한다.

2) 탈검

유지의 인지질, 단백질, 탄수화물 등의 콜로이드성 불순물을 검질이라고 하며, 이를 제거하는 과정을 탈검(degumming)이라고 한다.

탈검에는 산첨가, 수화, 흡착 혹은 흡착제 사용, 물리적 방법이 있다. 일반적으로 유지에 물을 첨가하여 열처리를 하거나 산을 첨가하면 검질이 팽윤되어 응고하는데, 원심분리로 제거한다.

콩기름의 탈검으로 얻어지는 부산물인 레시틴은 계면활성작용과 유화작용을 하여 식품 첨가물로뿐만 아니라 화장품, 섬유 제조 등에도 이용된다.

3) 탈산

원유에 함유된 유리지방산은 제품의 품질을 떨어뜨리므로 제거하여야 한다. 탈산(deacidification)은 알칼리정제, 탄산알칼리정제, 가성소다와 석회 이용, 수증기정제, 추출용액이나 이온교환수지를 이용하는 방법으로 수행된다. 대표적인 방법인 제니스법은 묽은 알칼리와 기름방울

그림 12-6 활성탄

을 접촉시켜 정제하는 것으로 유지의 산화를 막고 위생적이며, 설비와 인원을 절약할 수 있는 장점이 있다.

4) 탈색

식물성 원유에는 카로틴, 잔토필, 고시폴 등의 색소물질이 함유되어 있는데, 이를 제거하는 공정을 탈색(bleaching)이라고 한다. 탈색방법으로는 흡착탈색, 산소나 과산화물에 의한 탈색, 혐기 상태에서 가열하는 탈색방법 등이 있다. 공업적으로는 활성백토 또는 활성탄을 사용하여 흡착탈색하는 방법이 많이 이용되고 있다.

5) 탈취

원유가 가지고 있는 유지의 불쾌취를 제거하는 과정이 탈취(deodorization)이다. 유지의 냄새는 저급 카보닐 화합물, 저급 지방산, 저급 알코올, 유기용매 등으로, 이 냄새 성분은 유지 본래의 성분이거나 제조과정에서 생성된 것, 또는 변패에서 온 것일 수 있다. 탈취는 높은 진공 상태에서 고온처리를 하여야 하는데, 보통 진공수증기 증류를 하면 색깔이 엷어지고 과산화물뿐만 아니라 냄새 성분과 지방산도 제거된다. 탈취장치에는 회분식(batch)과 반연속식, 완전연속식이 있다. 회분식의 경우 감압하여 220~250°C에서 수증기 증류를 하면 탈취된다.

3. 결정 크기의 조절

지방 제조의 마지막 과정은 지방의 결정화이다. β' 결정은 매우 안정하고 크기가 작은 이상적인 결정형이다. 주결정이 β'인 매끈한 지방의 형성에는 적당한 교반과 냉각온도의 조절이 필요하다. β' 결정은 길이 1μm 정도의 바늘 모양 결정이며, 20~45μm 정도의 매우 큰 β 결정이 형성되면 텍스처가 거칠어진다. 수소화된 면실유는 β' 결정을 형성하므로 지방 제조에 이용된다. 면실유와 쇠기름 조각은 β' 결정의 형성을 촉진하므로 쇼트닝 제조에 자주 사용된다.

초콜릿에 사용되는 지방은 템퍼링(tempering)을 하는데, 이때 여러 결정 형태의 혼합물인 지방이 만들어진다.

템퍼링은 초콜릿의 지방이 안정한 형태의 지방 결정을 형성하도록 도와준다. 템퍼링하지 않으면 작은 결정이 녹아서 거친 β 결정으로 재결정한다. 초콜릿을 조금 따뜻하게 보관하거나 오래 저장하면 β 결정이 형성되면서 표면에 다소 변색된 과립이 만들어진다. 이러한 초콜릿 표면의 변화는 블룸(bloom)이라고 하는데, 보기에 좋지 않다.

그림 12-7 초콜릿

MINI QUIZ **템퍼링이란?**

템퍼링은 액체 지방이 결정화할 때 방출하는 결정화 열을 제거하여 온도를 조절하는 과정으로, 지방을 일정 온도에서 보관하여 원하는 형태의 지방결정이 형성되고 안정화되도록 한다. 템퍼링을 거친 지방은 보통 25℃ 이상에서 저장될 수 있으며, 텍스처 특성을 유지하고 있다.

4. 유지의 가공

유지는 사용 목적에 따라 필요한 물리·화학적 성질을 갖도록 가공할 필요가 있다. 그중 수소화에 의한 경화유의 제조, 에스터 교환반응에 의한 유지 성질의 변화, 유지의 분별이 대표적인 가공공정이다.

1) 수소화

수소화(hydrogenation)는 유지 지방산의 이중결합을 단일결합으로 바꾸어 포화지방산을 만듦으로써, 유지의 융점을 상승시키고 고체화하는 공정이다.

$$-CH=CH- \xrightarrow{\text{수소, 니켈, } 180^\circ C} -CH_2-CH_2-$$

이 과정을 통해 이중결합이 있는 리놀렌산과 리놀레산, 올레산은 포화지방산인 스테아르산이 된다. 이러한 수소화반응으로 만들어진 유지를 경화유라고 한다. 수소화로 융점 상승, 고체지방량의 증가, 산화나 열안정성에서 안정과 색, 냄새, 맛 개량 등의 효과를 얻게 된다.

그림 12-8 마가린

일반적으로 수소화에는 니켈, 구리를 0.05~0.1%, 온도 140~200°C, 압력은 상압에서 5kg/cm^{2}까지의 범위로 사용한다.

수소화는 이성화 반응 같은 부반응과 이성체의 유해성, 포름알데히드, 메틸케톤의 수소취 등의 문제가 생길 수 있다. 식물성 기름은 수소화 반응에 의해 액체에서 고체인 마가린이나 쇼트닝이 될 수 있다. 땅콩버터는 농축 고형물과 기름으로 분리되는데, 수소화를 함으로써 오래 저장해도 균질 상태를 유지하는 스프레드로 변형된다.

수소화 과정에서 일부 불포화지방산은 트랜스형 입체구조로 이성화한다. 천연에 널리 존재하는 이중결합의 입체구조는 시스형이다. 트랜스형은 심장병, 뇌졸중, 당뇨, 유방암 등을 유발하는 것으로 알려져 있다. 식사에 함유된 트랜스형 지방산은 나쁜 영향을 줄 수 있기 때문에 트랜스형 지방산이 적은, 건강에 좋은 스프레드를 만들고자 노력하고 있다. 녹는점이 높은 트랜스형 지방산은 냉각 분획(chill fractionation)에 의해 제거할 수 있다.

2) 에스터 교환

유지의 에스터 교환(esterification)은 유지와 지방산의 반응, 유지와 알코올의 반응 그리고 유지 내에서의 반응으로 나눌 수 있다.

공업적으로는 유지의 분자 내에서나 분자 사이에서 지방산의 교환에 의한 에스터 교환반응이 많이 이용되고, 교환방법으로는 무작위 에스터 교환과 지향성 에스터 교환이 있다. 전자는 융점 이상의 온도에서 이루어지며 지방산기가 글리세리드에 재배열된다. 후자는 융점 이하의 온도에서 이루어지므로 포화지방산만으로 이루어진 중성지방은 석출된다. 에스터 교환반응은 마가린이나 쇼트닝과 같은 가소성 유지의 제조에 많이 이용되고 있다.

돼지기름(lard)의 경우 지향성 에스터 교환을 한 경우 고체지 지수(solid fat index)가 저온에서는 감소하고 고온에서는 증가하여, 가소성을 보이는 온도 범위가 넓어져 쇼트닝성이 증가한다.

그림 12-9 쇼트닝과 라드

자료: https://www.latorta.com

3) 동유처리

동유처리(winterization)는 냉장온도에서 고체가 되는, 녹는점이 높은 지방을 제거하는 정제방법이다. 냉장온도로 냉각했을 때 침전된 고체를 여과하여 제거하면, 저온에서도 액체성을 유지하는 샐러드유가 된다. 샐러드 드레싱과 같은 흐르는 소스에 사용되는 기름 정제에 중요한 과정이다. 올리브유는 향미가 좋은데, 향미 성분이 이 공정 중에 제거되므로 동유처리하지 않는다.

그림 12-10 드레싱

5. 유지 가공품

1) 기름

튀김용 기름은 품질 면에서 산화와 열에 안정해야 한다. 안정성은 여러 가지 요인에 의해 영향을 받는데, 연기와 자극취가 없고 물리·화학적인 변화가 없어야 한다.

여러 종류의 기름이 식품에 사용되고 있다. 땅콩유, 옥수수유, 면실유, 해바라기씨유, 카놀라유, 올리브유 그리고 대두유는 널리 사용되는 기름이

그림 12-11 유지가공식품

다. 마카다미아너트와 같은 견과류에서 얻은 기름과 미강유와 같이 특수한 기름도 판매되고 있다. 미강유는 항산화작용을 하는 토코트리에놀과 갱년기 증상 완화, 심혈관계 질환 예방의 기능이 있는 오리자놀을 함유하고 있는 것으로 알려져 있다.

서양요리에서 가장 흔하게 사용하는 올리브유는 다른 식물성 기름과는 달리 상급품은 정제과정을 거치지 않고 직접 이용한다. 착유 시 처음 추출되는 상급품의 기름을 엑스트라 버진(extra virgin)이라 하며, 정제유와 혼합한 것도 시판되고 있다. 강한 냄새를 가진 저급품은 대두유나 면실유와 같은 부드러운 향취의 기름과 혼합하여 사용한다. 올리브유는 올레산이 65~85%로 특이하게 많고, 리놀레산이 적어 산화에 안정하다.

그림 12-12 올리브와 올리브유

샐러드기름은 생식용이므로 색이 엷고 냄새가 없으며 풍미 변화가 없고, 저온에서 투명해야 하므로 정제 시 고체기름을 제거하는 동유 처리과정이 필요하다.

2) 경화유

(1) 마가린

버터는 유지방을 교반할 때 형성되는 유중수적형 유화액이며, 빵의 스프레드로 오랫동안 사용되어 왔다. 그러나 식물성 기름의 수소화 기술이 발달함에 따라 버터 대용으로 마가린도 많이 사용되고 있다. 마가린은 식용유지를 수소화하고 물과 첨가제를 가하여 유화시킨 후 급랭하여 숙성시켜, 가소성과 유동성을 갖는 버터 유사품으로 만든 것으로 유지 성분이 80% 이상, 수분함량이 17% 이하여야 한다.

마가린에는 대부분의 특성이 버터와 비슷한 막대 마가린, 다가불포화지방산이 많아 녹는 점은 낮지만 퍼짐성이 좋은 연질 또는 통 마가린, 지방함량이 다른 마가린의 반 정도이고 물은 2배 이상 많은 다이어트 마가린이 있다. 그 외에 마가린은 표 12-2와 같이 분류한다.

표 12-2 마가린의 종류

분류 기준	종류	특성
유지함량	표준 마가린	유지함량이 80% 이상인 것
	저지방 마가린	유지함량이 80% 이하인 것
물성	가소성 마가린	가소성을 부여한 것
	경질 마가린	상온에서 딱딱하고 잘 녹지 않음. '막대 마가린'이라고 함
	연질 마가린	우리나라에서 판매되는 대부분의 마가린 형태
	유동성 마가린	냉장 상태에서 드레싱과 같은 성상을 가진 것

그림 12-13 연질 마가린과 경질 마가린

휘핑버터와 휘핑마가린은 스프레드에 공기를 휘핑하여 만든 것으로, 부피가 크고 가벼우며 단위 부피당 열량이 적다.

마가린의 유용성 원료는 유상으로 만들고, 수용성 원료는 수상으로 만든 후 이들을 유화시켜 유중수적형(W/O) 유화액을 만든다. 유화원료는 급랭과 교반으로 균일한 조직을 형성하여 안정화시킨다. 마가린은 유지를 다량 가지고 있어 칼로리가 높다.

옥수수 마가린과 같은 일부 마가린은 한 종류의 기름으로 만든다. 소비자가 혈청 콜레스테롤 저하에 도움이 되는 다가불포화지방산이 많은 마가린을 선호하기 때문이다. 대부분의 마가린은 여러 종류의 기름을 혼합해서 만들며 성분 표시에는 통상적인 방법으로 기름의 양을 표기하고 있는데, 표시된 기름 중 하나 또는 그 이상이 제품을 만드는 데 사용된다는 것을

그림 12-14 땅콩과 땅콩버터

나타내고 있다.

땅콩버터와 견과로 만든 버터도 식물성 기름으로 만든 스프레드이다. 이 스프레드가 일반 버터나 마가린과 다른 점은 기름 외에 너트 단백질과 다른 성분을 함유하고 있다는 것이다. 마가린 제조과정을 간략히 나타내면 그림 12-15와 같다.

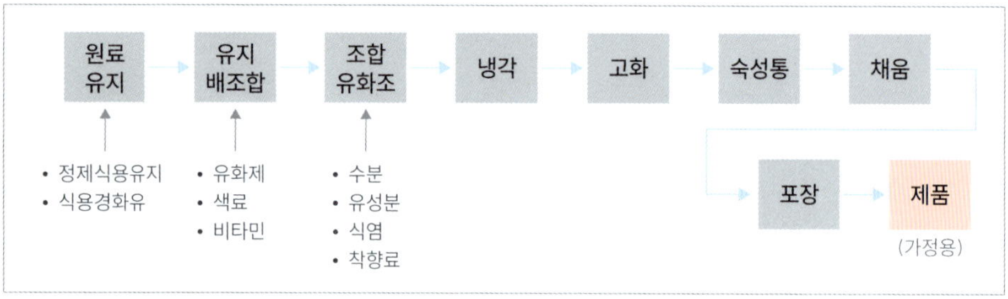

그림 12-15 마가린의 제조공정

TIP & NOTE 마가린에 사용하는 유화제

마가린을 만드는 유화제는 종류와 용도가 다양하며 수화성과 유화성의 정도에 따라 사용 용도가 달라진다. 유화제의 HLB(Hydrophilic-lipophilic Balance)가 4~6인 유화제는 W/O형 유화액을 만들 때 사용되고, 8~18 범위의 유화제는 O/W형 유화액을 만드는 데 사용된다.

(2) 쇼트닝

쇼트닝과 라드는 가소성이 큰 지방이다. 가소성이란 고체지방의 물리적 특성 때문에 나타나는 퍼지거나 된 지방거품으로 휘핑하는 능력을 말하는데, 실제로 고체지방은 다수의 지방결정과 구성물 전체에 퍼져 있는 기름으로 이루어져 있다. 천연 라드는 다소 거친 텍스처를 가지기 때문에 라드로는 질이 좋은 케이크를 만들 수 없지만 이 문제는 분자 간 에스터 교환에 의해 개선될 수 있다. 지방산 조성 등은 돼지사료의 변화나 유전자 조작에 의해 변형시킬 수 있다.

쇼트닝은 식용 동·식물성 유지, 식용 경화유 또는 이들의 혼합물을 급랭, 연합하여 가공한 크림 상태 또는 고형 상태의 식품을 말한다. 식물유지를 주로 사용하여 만든 가소성 유지로 제과·제빵에 널리 이용된다. 쇼트닝은 가소성, 크림성, 유화와 분산이 잘 이루어지는 성질을 가져야 한다.

쇼트닝 제조의 중요한 과정은 식물성 기름을 수소화하여 원하는 조점도를 갖도록 하는 것이다. 쇼트닝에 모노글리세리드와 다이글리세리드를 첨가하여 반죽의 유화형성 능력을 높인다. β-카로틴으로 노란색을 내고 버터향을 사용하여 버터와 비슷하게 만든 쇼트닝도 있다. 쇠기름은 식품산업에 널리 이용되는 고체지방으로 β′ 결정의 쇼트닝을 만들기 위해 제조 도중에 작은 조각을 넣기도 하며 단독으로는 사용되지 않는다(그림 12-16).

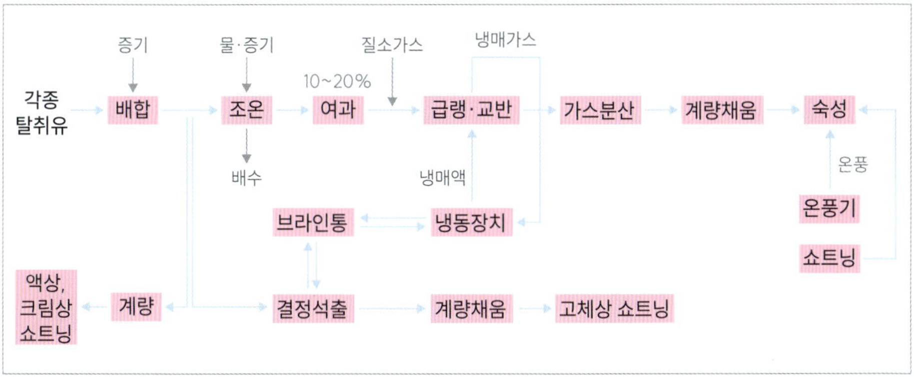

그림 12-16 **쇼트닝의 제조공정**

> **TIP & NOTE** **제빵 시 쇼트닝의 역할**
>
> 빵 반죽에서 쇼트닝은 글루텐과 전분 입자 사이에 막 상태로 퍼져 있다가 빵을 구우면 전분 구조가 파괴되고 글루텐이 축소되어 고체화되는데, 이때 탄산가스와 수증기를 보유할 수 있도록 돕는다. 제빵 시에 쇼트닝의 작용은 글루텐 형성을 억제하여 부드럽고 바삭한 식감을 제공한다.

3) 마요네즈

마요네즈는 식용유, 식초, 난황, 조미료, 향신료 등을 혼합하여 O/W형으로 유화시킨 반고형 제품이다. 샐러드 드레싱은 마요네즈에 전분, 유화제를 첨가한 것이고, 프렌치 드레싱은 난황을 첨가하지 않은 것

그림 12-17 **프렌치 드레싱**

이다. 마요네즈에 사용하는 원료 식용유로는 면실유, 옥수수기름, 대두유 등이 쓰이는데 국내에서는 대두유가 많이 사용되고 있다. 난황은 마요네즈에 응고성과 점성을 주며 식초는 pH를 낮춰 방부효과를 준다. 마요네즈 제조공정은 그림 12-18과 같다.

그림 12-18 마요네즈 제조공정

4) 지방 대체제

최근 많은 열량을 내지 않으면서 지방의 바람직한 특성을 나타낼 수 있는 지방 대체제는 다양한 소재로 만든다.

(1) 단백질 소재 대체제

미국의 몬산토사(Monsanto Company)의 제품인 심플레스(Simplesse)는 냉동 후식류에 사용되는 지방 대체제로 미립자 형태의 유단백질과 난백으로 만든다. 심플레스는 단백질 소재 대체제이므로 열을 사용하는 제품에는 적합하지 않다. 심플레스는 식품 단백질과 물로 만들어지기 때문에 쉽게 FDA의 승인을 받았다. 단백질과 물의 비율은 1:2이며, 물이 많이 함유되어 1.3kcal/g를 공급한다.

(2) 탄수화물 소재 대체제

엔라이트(N-Lite)는 전분 소재 지방 대체제로서 검질과 무지방분유 같은 천연 식품 소재로 만든다. 스텔라(Stellar)도 전분 소재 지방 대체제이다. 이 제품은 에이이스텔리사(A.E. Staley Manufacturing Company)에서 제조하며, 옥수수 전분으로 만든다.

슬렌디드(Slendid)는 헤르쿨사(Hercules)에서 만들어진 또 다른 탄수화물 소재 대체제이다.

오트림(Oatrim)은 귀리로 만든 지방 대체제이다. 오트림을 가열할 때 형성되는 겔은 1g당 1kcal 이하의 열량을 제공한다. 오트림은 우유 함유 음료, 샐러드 드레싱, 육류, 치즈 스프레드, 고식이섬유 빵에 사용된다.

폴리덱스트로스(polydextrose)는 전분 중합체에 소량의 솔비톨과 구연산을 혼합한 것이다. 이것은 부피 증가제, 텍스처 개량제, 보습제로 사용된다. 폴리덱스트로스는 1kcal/g으로 열량을 공급한다. 난소화성이므로 하루에 90g 이상 섭취하면 변통효과가 있다.

(3) 지방 소재 대체제

지방 소재 대체제는 일반 유지에 대한 대체제로 사용된다. 살라트림(Salatrim)이 대표적인 예이다. 베네팻(Benefat)이라는 명칭으로 판매되는 살라트림은 긴 사슬지방질과 6~12개의 탄소로 구성된 짧은 사슬지방질 분자 간의 에스터교환에 의해 생성된 구조화 중성지방이다. 살라트림은 5kcal/g를 공급한다.

카프레닌은 비헨산(22:0), 카프르산(10:0) 그리고 카프릴산(8:0)으로 구성되어 있다. 카프레닌은 5kcal/g 정도를 공급한다.

올레스트라(Olestra)는 탄수화물과 지방의 혼합물인 지방 대체제로, 수크로스 폴리에스터로 분류된다.

TIP & NOTE **지방을 대체하는 방법**

조리를 할 때 레시피에 있는 유지를 다른 것으로 대체해야 할 때가 있다. 버터를 다른 지방으로 대체할 때, 버터는 지방 80%와 수분 16.5% 정도를 함유하고 있다는 것을 알아두어야 한다. 막대 마가린은 버터와 조성이 비슷해서 동량의 마가린으로 대체할 수 있지만, 향미와 텍스처에 미묘한 차이가 있다. 통 마가린은 녹는점이 낮기 때문에 과자 제조에 사용하면 막대 마가린 또는 버터보다 과자를 더 퍼지게 한다.

쇼트닝과 라드는 동량의 버터나 마가린으로 대체할 수 없다. 쇼트닝은 100% 지방이기 때문에 버터 대신 사용하려면 버터의 90% 정도, 즉 버터 한 컵당 쇼트닝 7/8컵 정도를 사용해야 한다. 라드는 100% 지방이므로 동량의 쇼트닝으로 대체할 수 있다. 쇼트닝이나 라드를 버터 대신 사용할 때 소량의 소금을 사용하면 향미가 좋아진다.

6. 유지의 저장

유지는 저장이나 가공 중에 자동산화 같은 변화의 과정을 겪게 된다. 유지는 산화와 가수분해에 의해 품질이 저하되는데, 특히 리파제에 의해 분해되거나 자동산화에 의해 저분자물질이 생성되어 연기 생성, 착색, 풍미 저하 등의 품질 저하를 가져온다.

유지의 산화를 유발하는 요인은 착유 원료, 제조방법, 유지의 내부적 요소, 유지의 외부적 요소, 보존 조건, 제조 조건, 제품의 상태 등이다. 그중에 특히 불포화지방산을 가진 식물성 기름은 자동산화에 의한 품질 저하가 문제가 된다.

따라서 유지는 밀폐 용기를 사용하여 산소를 차단하여 보관하고, 온도가 높으면 산화반응이 촉진되므로 저온저장한다. 빛은 유리 라디칼 반응을 유도하므로 갈색병에 담아 광선을 차단하거나 암소에 보관한다. Fe^{2+}, Cu^{2+} 등의 금속이 산화반응 촉매 역할을 하므로 EDTA와 같은 킬레이트제를 첨가하거나 토코페롤, BHA, BHT 등의 항산화제를 첨가할 수 있다.

TIP & NOTE **유지의 품질 측정**

- 물리적 방법: 유지의 향미, 색깔, 융점, 응고점, 고체지수, 비중, 점도, 굴절률, 발연점, 인화점 등을 통해 유지의 품질을 측정한다.
- 화학적 방법: 화학적으로 유지의 품질을 측정하는 방법에는 산가, 검화가, 아세틸가, 요오드가, 불검화물가, 과산화물가, 카보닐가 등이 있다.
  - 산가: 정제되지 않은 유지나 오래 저장된 유지에서 분해되는 지방산의 양을 측정하는 것으로 산패된 유지는 산가가 높다.
  - 검화가: 유지 1g을 비누화(검화)시키는 데 필요한 수산화칼륨의 mg 수를 말한다. 검화가는 지방산의 분자량에 반비례한다.
  - 아세틸가: 유지 속의 수산기(-OH)를 가진 지방산의 함량을 표시하는 값이다.
  - 요오드가: 유지 100g에 흡수되는 요오드의 g 수로 유지의 불포화도를 결정하는 값이다.
  - 불검화물가: 검화 반응(알칼리로 가수분해) 후에도 비누화되지 않는 물질의 양을 의미하며, 보통 지방 100g 중 포함된 불검화 물질의 g 수로 표시한다. 정제유는 불검화물가가 낮고, 비정제유나 천연기름은 불검화가가 상대적으로 높다.
  - 과산화물가와 카보닐가: 각각 유지 중의 과산화물의 함량과 카보닐 화합물의 양, 즉 유지의 산화 정도를 측정하는 값이다.

CHAPTER 13

음료 가공

학습 목표

1. 음료의 분류와 주요 특징을 이해한다.
2. 발효주·증류주·혼성주의 제조 원리를 이해하고 그 예를 알아본다.
3. 청량음료, 주스류, 유제품 음료의 제조과정과 특징을 이해한다.
4. 커피와 차의 가공방법과 품질 특성을 파악한다.

음료(beverage)는 사람이 마실 수 있도록 만든 액체를 통틀어 일컫는다. 성분이나 제조방법, 탄산 존재 여부, 생리적 효과 등에 따라 나눌 수 있지만, 일반적으로 알코올 함유 여부에 따라 알코올성 음료와 청량음료, 유제품 음료, 차와 커피 등의 비알코올성 음료로 구분한다(그림 13-1).

「식품공전」에 따르면 음료류는 다류, 커피, 과일·채소류 음료, 탄산음료류, 두유류, 발효음료류, 인삼·홍삼음료 등 음용을 목적으로 하는 것을 말하고, 주류는 별도로 분류한다.

그림 13-1 음료의 분류

자료: (사)한국베버리지마스터협회

1. 알코올성 음료

알코올성 음료는 제조방법에 따라 발효주, 증류주, 혼성주로 나눌 수 있다.

1) 종류

(1) 발효주

효모(yeast)가 당분을 발효시켜 알코올과 이산화탄소를 생성하는 방식으로 발효주(fermented beverages)의 알코올 도수는 보통 15 % ABV 이하이며, 대표적으로 맥주, 포도주, 막걸리, 청주 등이 해당된다.

제조방식에 따라 분류하면, 단발효주는 포도주처럼 원료 내의 당분이 효모에 의해 바로 알코올로 발효하여 제조한 술이며, 복발효주는 원료 중의 전분을 당화(saccharification)시키고 생성된 당을 알코올로 발효시킨 것인데, 당화가 먼저 이루어지고 알코올 발효가 일어난 맥주는 단행복발효주에 해당하고, 전분의 당화와 알코올 발효가 동시에 일어나는 막걸리 등은 병행복발효주에 해당한다.

TIP & NOTE **술의 도수**

% ABV(alcohol by volume)는 술 100mL에 들어 있는 알코올의 mL 수를 나타내는 단위이다. 예를 들어, 12% ABV 와인은 100mL 중 12mL가 알코올임을 뜻한다.

(2) 증류주

증류주(distilled spirits)는 발효된 주류를 증류하여 알코올 도수를 높인 술로서 보통 도수는 20% 이상이며 40% 내외이다. 증류주에는 위스키, 보드카, 진, 럼, 테킬라, 소주, 브랜디 등이 포함된다.

(3) 혼성주 또는 리큐어류

발효주나 증류주에 과일, 허브, 향료, 설탕 등을 첨가하여 복합적인 향미를 살린 술로, 혼성주(compound), 리큐어(liqueur), 칵테일(cocktail), 베르무트(vermouth) 등이 포함된다.

2) 제조과정

(1) 포도주

잘 익은 포도를 수확한 후 파쇄하여 포도즙을 얻는다. 적포도주는 포도껍질, 씨와 함께 발효하여 색과 타닌을 추출하고, 백포도주는 껍질과 씨를 분리한 뒤 착즙하여 발효한다. 포도즙(또는 껍질이 포함된 상태)에 자연효모 또는 양조용 상업 효모를 투입하여 당분을 알코올로 변환시킨다. 발효가 끝나면 죽은 효모나 침전물(lees)을 제거하고 필요에 따라 여과하거나 안정제를 사용하여 와인을 맑게 만든다. 이후 와인을 스테인리스 탱크, 오크통, 또는 병에서 숙성(aging)시킨다. 숙성이 끝난 와인을 병에 담고 밀봉한다. 스파클링 와인(예: 샴페인)은 일반 와인을 병에 담은 후 추가로 당과 효모를 넣어 병 안에서 2차 발효시켜서 탄산을 생성하여 제조한다.

그림 13-2 포도주의 제조과정

(2) 맥주

맥주는 보통 보리, 물, 홉(hop), 효모를 주원료로 하여 만들어지며, 제조과정은 그림 13-3과 같다. 보리를 물에 불린 후 싹을 틔워 맥아(malt)를 만든다. 이를 통해 전분을 당분으로 바꾸는 효소가 생긴다. 적절한 시점에 건조하여 싹의 성장을 멈춘다. 건조해 만든 맥아를 분쇄하고 따뜻한 물과 섞어 효소의 작용으로 전분을 당(주로 맥아당)으로 분해한다. 이때 단맛이 나는 맥즙(wort)이 생성된다. 맥즙을 걸러 고형물(찌꺼기)을 제거하고 홉(hop)과 함께 끓여 쓴맛과 향, 보존성을 부여한다. 끓인 후에는 불순물을 제거하고 식힌다. 식힌 맥즙에 효모(yeast)를 넣고 발효 탱크에서 발효를 진행한다. 일정 기간 저온에서 숙성하여 잡맛을 줄이고 맥주의 풍미를 안정화시킨다. 효모와 침전물을 걸러낸 뒤, 탄산을 조절하고 병, 캔 또는 통(keg)에 포장한다.

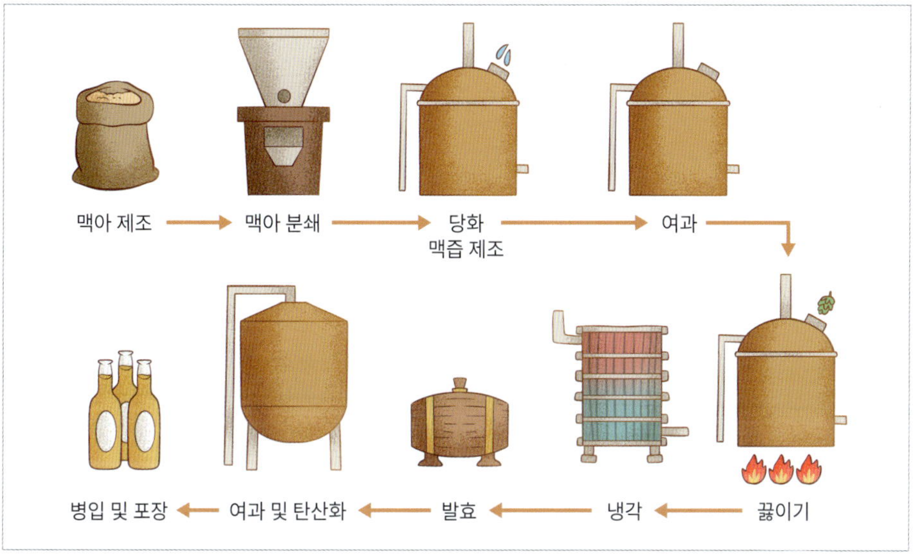

그림 13-3 맥주의 제조과정

(3) 막걸리

막걸리는 한국 전통 발효주로, 주로 쌀, 누룩, 물을 이용해 만든다. 다른 술과 달리 전분질을 당화하고 발효하는 과정이 동시에 이루어지는 복합발효 방식으로 제조된다. 누룩은 발효에 필요한 곰팡이, 효모, 박테리아 등을 포함하고 있어 당화와 발효를 동시에 도와준다. 막걸리 제조를 위해서는 먼저 쌀을 깨끗이 씻고 일정 시간 동안 불리고(보통 6~12시간), 불린 쌀은 고르게 쪄질 수 있도록 수분함량을 조절한다. 불린 쌀을 찜솥에서 찐 뒤 30~35℃ 정도로 식힌다. 식힌 찐 쌀에 물과 누룩을 섞어 발효통에 넣고 일정한 온도(약 25~30℃)에서 발효시킨다. 이때 누룩의 효소가 쌀 전분을 당으로 분해(당화)하며, 동시에 효모가 당을 알코올로 발효시킨다. 이를 병행복발효라 한다. 발효가 시작되면 위로 거품과 탄산이 올라오고, 향이 나는데 발효 도중에는 중간중간 저어주며 산소 공급과 균일한 발효를 유도한다. 발효가 끝난 막걸리는 며칠에서 몇 주간 저온 숙성할 수 있다. 발효된 막걸리를 걸러 찌꺼기(지게미)를 제거하고, 걸러낸 맑은 액체를 병에 담아 밀봉한다.

고두밥 짓기(쌀을 씻고 불린 후 찜) → 식히기(찐 쌀을 적정 온도로 식힘) → 고두밥, 누룩, 물 혼합 → 당화 · 발효 → 숙성 → 여과 및 병입(지게미 제거 후 포장)

그림 13-4 막걸리의 제조과정

TIP & NOTE

탁주(생탁주)	살균탁주
• 발효 후 살균하지 않은 탁주	• 열처리를 통해 살균한 탁주
• 살아 있는 효모와 유산균 존재	• 대부분의 미생물 사멸(효모 없음)
• 산뜻하고 약간 톡 쏘는 맛	• 부드럽고 단맛이 강조됨
• 자연 발효로 인한 은은한 탄산 존재	• 탄산 거의 없음
• 반드시 냉장보관	• 실온 보관 가능(개봉 전 기준)

(4) 위스키(whisky)

그림 13-5 피트(peat)

자료: https://en.wikipedia.org

위스키는 곡물(보리, 옥수수, 호밀 등)을 원료로 발효, 증류, 오크통 숙성을 거쳐 만드는 증류주(distilled spirit)로 알코올 도수 40% 내외이며, 일반적으로 수년간 숙성시켜 제조한다. 몰트(malt) 위스키는 보리(맥아), 그레인(grain) 위스키는 보리 외에 옥수수, 밀, 호밀 등의 곡물을 이용한다.

위스키 제조를 위해서는 먼저 맥아를 제조(malting)하는데 보리를 물에 불려 발아시킨 후 건조한다. 발아 후 건조(kilning) 시 피트(peat, 이탄)(그림 13-5)를 사용하면 훈연향이 생성되며 몰트위스키에 특유의 향을 부여한다. 건조한 맥아를 분쇄한 뒤 따뜻한 물과 섞어(mashing) 곡물의 전분을 당분으로 변환시켜 당화액(wort)을 얻는다. 여기에 효모를 넣어 발효시키고 알코올 농도 약 6~8%의 '워시(wash)'가 생성되면 몰트위스키의 경우 1차 증류기(wash still)에서 알코올 농도 20% 정도로 농축하고, 2차 증류기(spirit still)에서 중류(middle cut) 부분을 얻어 숙성시킨다.

그레인 위스키는 주로 연속식 증류기를 사용한다. 증류 후 알코올 농도는 약 65~70%가 되는데, 오크통(버번통, 셰리통 등)에 최소 3년 이상(스카치 기준) 숙성시킨다. 숙성 중 알코올 농도 감소, 색·향·맛이 변화한다. 숙성 후 물을 섞어 40~46%로 도수를 조정하여 병입한다.

그림 13-6 위스키 제조공정의 예

자료: https://doi.org/10.3390/beverages9030064

2. 비알코올성 음료

1) 종류

(1) 청량음료

청량음료(soft drinks)는 일반적으로 당이 첨가된 물 기반의 음료로, 대개 산도(acidity)가 균형을 이루도록 제조된다. 일부 청량음료에는 소량의 알코올이 포함되어 있으나 전체 부피의 0.5% 미만이어야 한다.

청량음료는 갈증을 해소해 주는 음료로, 일반적으로 당도 10~11%, 산도 0.3~0.5%(보통 구연산, citric acid) 수준으로 조제되며, 향미제, 색소, 보존제, 탄산, 카페인 등이 첨가되기도 한다. 탄산 함유 여부에 따라 탄산음료와 비탄산 음료로 분류한다.

청량음료의 분류

탄산음료 탄산 청량음료는 이산화탄소가 첨가되어 거품이 이는 탄산 맛이 있는 음료를 말한다. 탄산음료는 다시 크게 콜라 계열과 비콜라 계열로 분류할 수 있는데, 콜라 계열 탄산음료는 인산(phosphoric acid)을 산미 조절제로 사용한다. 인산은 강한 산미를 부여하고, 전형적인 콜라의 건조하고 발사믹 맛을 나타내는 데 효과적이다. 비콜라 계열 탄산음료는 일반적으로 구연산을 산미 조절제로 사용하며, 과일 풍미와 밝고 상큼한 산미를 제공한다.

비탄산 음료 비탄산 청량음료는 이산화탄소가 첨가되지 않아 탄산의 청량감이 없는 음료로, 물, 광천수, 스포츠 음료 등이 이에 해당한다.

청량음료의 원료 및 제형 가장 단순한 형태의 청량음료는 기본적인 영양 성분인 당류, 산, 향료, 착색료, 화학 방부제를 물에 혼합한 것으로 구성되며, 여기에 이산화탄소를 첨가하여 제품에 '탄산이 있는', '발포성의' 또는 '톡 쏘는' 특성을 부여한다.

일반적으로 청량음료의 단맛을 내기 위해서는 설탕이나 액상과당이 사용되며, 이러한 음료의 당도는 7~14g/100mL이다. 다이어트 청량음료에는 아스파탐(aspartame), 사카린(saccharin), 아세설팜 K(acesulfame K), 수크랄로스(sucralose) 등이 첨가되어 칼로리를 낮춘다.

표 13-1 청량음료 구성 성분

구성 성분	일반적인 사용 수준
물	98% v/v까지
당	7~12% m/v
과즙	10%까지 다양한 범위로 사용
고감미료	설탕 당도 환산 기준에 따라 사용(예: 아스파탐 단독으로 사용 시 0.40~6% m/v 범위로 사용 가능)
탄산	0.30~6% m/v
산	0.030~0.05% m/v
향미료	• 천연 동일, 인공: 0.10~28% m/m • 천연: 0.5% m/m까지
에멀션(emulsion)	0.1% m/v
색소(천연 또는 합성)	0~70ppm
보존제	법적 허용 한도 적용(예: 소르빈산은 EU의 경우 250ppm까지)
항산화제(BHA, 아스코르빈산 등)	100ppm 미만, 사용 국가의 법규에 따라 달라질 수 있음
퀼라야(Quillaja) 추출물(사포닌)	EU의 경우 200mg/L까지, 미국의 경우 95mg/L까지
하이드로콜로이드(점액성 검류)	0.1~0.2%(GMP 기준), 원하는 효과를 내기 위한 최소 사용량
비타민/무기질	일일섭취허용량 적용

자료: Ashurst P. R. (2016). Chemistry and Technology of Soft Drinks and Fruit Juices. 3rd ed. 95쪽, Wiley Blackwell.

이산화탄소와 탄산화 공정 CO_2를 첨가하면 음료에 '탄산이 있는', '발포성의' 또는 '톡 쏘는' 느낌이 생기며, 생성된 탄산은 맛의 날카로움을 증가시킨다. 기포는 CO_2 농도가 포화 평형 값의 3~5배에 이를 때 형성되는 것으로 알려져 있다. 기포의 수와 크기는 감각적인 측면에서도 음료에 영향을 준다. 또한 CO_2의 첨가는 효모와 곰팡이에 대해 효과적인 항균 작용을 한다. 청량음료에서 CO_2의 농도는 매우 다양하며, 일반적으로 CO_2 기체의 부피(음료 1부피에 용해된 이산화탄소의 부피)로 표시된다.

탄산화(carbonation)는 이산화탄소를 음료에 첨가하여 탄산 청량음료를 만드는 과정으로, 이산화탄소는 압력 밀폐 용기에 주입하여 첨가할 수 있으며, 시스템이 밀폐되어 있기 때문에 기체 주입으로 인해 내부 압력이 증가하고, 이로 인해 CO_2의 용해도가 상승한다. 최대 9g/L의 CO_2가 용해될 수 있으며, 이는 토닉워터처럼 고탄산 음료의 한계치이다. 반면, 시

스템 압력을 낮추면 헤드스페이스(용기 상단 기체 공간)의 CO_2 농도가 줄어들며, 이로 인해 기체가 탈착(desorption)된다(Barker et al., 2002a, 2002b).

표 13-2 CO_2 농도에 따른 탄산 수준

탄산 수준	CO_2 부피 수
약한 탄산	2.0~3.0
중간 탄산	3.5~4.0
강한 탄산	4.5~5.0

주: 혼합용 음료(예: 진토닉)→가장 높은 탄산 수준
대형 용기 제품→더 높은 탄산 필요(보존성 때문)
자료: Ashurst P. R. (2005). In Chemistry and Technology of Soft Drinks and Fruit Juices. Sheffield Academic Press, England, pp. 90-128.

(2) 영양음료

영양음료에는 주스류와 유제품 음료가 있다.

과일주스 껍질과 씨를 제거하고 성숙한 과일의 식용 부분에서 얻는 비발효성 액체로, 기계적 착즙, 분쇄, 체 거르기 등 물리적 수단을 통해 얻으며, 화학적 방부제 없이 물리적 방식(예: 살균, 냉장)으로만 보존되어야 한다. 과일주스는 다음과 같이 분류할 수 있다.

- **직접 착즙주스(Not-From-Concentrate, NFC)**: 과일을 기계적으로 압착해 추출한 주스로, 가당이나 농축·희석 과정을 거치지 않는다.
- **농축 과일주스(Concentrated Fruit Juice, CFJ)**: 과일주스에서 물을 물리적으로 제거해 Brix 값을 원래의 1.5배 이상으로 높인 제품이다(국제식품규격, Codex). 소비 시에는 식용수로 희석하여 원래 농도로 재구성(reconstitution)한다.
- **농축 환원 주스(Juice from concentrate)**: 농축 과일주스를 물로 희석하고, 적절히 가공해 소비용 주스로 만든 형태이다.
- **과일퓌레(Fruit Purée/Concentrated Purée)**: 과일의 식용 부분을 체, 분쇄 등을 통해 즙은 제거하지 않고 액체화한 것으로, 농축 퓌레는 물을 제거해 Brix 농도를 50% 이상 높인 형태이다.

- 넥타(Fruit Nectar): 과일주스, 농축주스, 퓌레 등을 기반으로, 물과 설탕(또는 꿀, 당류)을 첨가하여 만든 음료이다. 국제식품규격 기준에 따라 최소 과즙 또는 퓌레 함량이 규정되어 있으며, 과일 종류에 따라 25~50% 범위이다.

채소주스 적절히 성숙한 채소의 식용 부위에서 얻은 비발효성 액체로, 과일주스와 마찬가지로 물리적 방식으로 제조하고 보존한다. 당근주스, 토마토주스 등이 있다.

유제품 음료 국제식품규격에 따르면, 유제품 음료(dairy-based beverage)는 우유 또는 크림과 유청 등과 같은 유제품 성분으로부터 제조된 액체 형태의 제품을 말한다. 향료 및 감미료, 기타 성분이 첨가될 수 있으며, 주로 살균·냉장 등의 물리적 방법을 이용하여 보존한다. 전통적 유제품 음료로는 케피어, 쿠미스, 아이란, 음용 요구르트, 버터밀크 등이 있다.

(3) 기호음료

커피 커피는 커피 체리(coffee cherry, 그림 13-7)라고 불리는 열매에서 얻은 씨앗(coffee bean)을 볶아 추출하여 마시는 음료로 아라비카(*Coffea arabica*)종과 로부스타(*Coffea canephora*)종이 대표적이다(표 13-3).

커피는 수확→전처리(가공)→건조→탈곡→선별→로스팅 과정을 거쳐 만들어진다.

커피 수확 시 수작업으로 잘 익은 열매만 선별하는 경우 고품질의 커피를 얻을 수 있는데, 대규모 농장에서는 주로 기계로 수확한다. 수확한 커피 열매의 과육 및 점액질을 제거하고 생두(green bean)를 건조시켜 보관이 가능하도록 수분함량을 약 10~12%까지 줄인다.

그림 13-7 커피 체리, 생두와 볶은 커피콩

건조된 원두의 껍질(parchment)을 제거하고, 크기, 밀도, 색상에 따라 원두를 분류한 뒤 180~240°C에서 로스팅하여 갈색의 향긋한 커피콩을 얻는다.

커피의 생두는 초록색을 띠며, 로스팅 과정에서 메일라드 반응(Maillard reaction)과 캐러멜화(caramelization)가 일어나면서 갈색으로 변하고 풍부한 향을 나타내게 된다.

로스팅 정도에 따라 커피의 맛은 크게 달라지는데, 라이트 로스트의 경우 색이 밝고 상큼한 산미가 특징이며, 꽃과 과일의 향이 두드러진다. 원두 본연의 특성이 잘 드러나고 일반적으로 커피의 고유한 맛을 가장 많이 느낄 수 있다. 미디엄 로스트를 하면 고소하고 달콤하며 적당한 산미와 바디감을 갖는 균형 잡힌 맛을 나타내어 아메리카노나 드립커피에 많이 사용된다. 다크 로스트는 짙고 진한 맛을 나타내고, 쓴맛과 탄 맛이 두드러진다. 기름이 표면에 맺히는 경우가 많고 신맛이 거의 사라지며, 초콜릿, 그을린 맛이 강하게 나타나 에스프레소, 프렌치 로스트, 이탈리안 로스트 등에 이용된다.

표 13-3 커피의 품종

종(Species)	재배 비중	주요 산지	특징
Arabica (*C. arabica*)	약 60~70%	고도 1,000~2,000m 의 고지대	• 부드럽고, 풍부한 맛과 복합적인 향을 나타냄. 산미가 풍부하고, 과일, 꽃, 달콤한 향 등이 두드러지며, 깨끗한 맛 제공 • 낮은 카페인 함량(0.8~1.4%) • 병충해에 취약 • 주로 고급 원두커피, 스페셜티 커피에 이용
Robusta (*C. canephora*)	약 30~40%	저지대·고온 다습한 지역	• 쓴맛이 강하고 초콜릿 같은 진한 향미가 특징임. 아라비카에 비해 산미가 낮음 • 높은 카페인 함량(1.7~4%) • 병충해에 강함 • 에스프레소 블렌드에서 아라비카와 함께 쓰임. 인스턴트커피 제조 시 많이 이용
Liberica (*C. liberica*)	<1%	서아프리카· 동남아 일부	• 과일향, 목질향을 나타냄

그림 13-8 커피 로스트기

MINI QUIZ 커피 맛과 향을 바꾸는 과정은 무엇인가?

커피는 로스팅 과정에서 메일라드 반응과 캐러멜화가 일어나면서 맛과 향이 크게 달라진다. 로스팅을 통해 초록색의 생두가 갈색으로 변하며 향긋한 커피향이 생성된다.

라이트 로스트는 밝은색을 띠고 산뜻한 산미와 꽃·과일 향이 두드러진다. 미디엄 로스트는 고소함과 단맛, 적당한 산미가 어우러져 균형 잡힌 풍미를 가진다. 다크 로스트는 진하고 쓴맛, 탄맛이 강하며 산미가 거의 사라지고 초콜릿·그을린 향이 나타난다.

그림 13-9 인스턴트커피의 제조과정

자료: https://www.dongsuh.co.kr

한편, 간편하게 마시는 인스턴트커피는 그림 13-9의 과정으로 제조된다. 스프레이 건조와 동결건조를 할 수 있는데, 스프레이 건조는 대량생산에 적합하며 비용 면에서도 효율적이고, 동결건조는 커피의 풍미, 향, 영양 성분을 더 잘 보존하여 우수한 품질의 커피가 만들어진다.

차 차(tea)는 전 세계에서 가장 많이 소비되는 음료 중 하나로, 수천 년 전부터 이용해 왔다. 차는 차나무(*Camellia sinensis*)의 잎을 이용하여 만든 음료로 종류와 맛, 향은 재배 지역, 가공 방식, 발효 정도에 따라 다양하다. 차의 성분 중에는 카페인, 폴리페놀(특히 카테킨), 아미노산, 탄수화물, 미네랄 등이 중요한 역할을 하는데, 각 성분은 차의 맛, 향, 건강에 영향을 미친다. 차는 제조방법에 따라 그림 13-10과 같이 분류할 수 있다. 각 유형은 찻잎의 처리 방식과 산화 및 발효 정도에 따라 맛과 향이 달라진다.

녹차(Green Tea)

- 녹차는 찻잎을 수확한 후, 폴리페놀산화효소에 의한 산화를 최소화하기 위해 열처리(증기 또는 덖음)를 한다. 이 과정에서 차의 신선한 향과 산미가 강조된다.
- 녹차는 상큼하고 신선한 맛, 약간의 풀향을 나타낸다. 항산화 물질인 카테킨이 풍부하며 일본의 센차, 중국의 롱징(용정차) 등이 있다.

황차(Yellow Tea)

- 황차는 녹차와 비슷하지만, 감싸기 등의 특별한 발효과정을 거치는데, 찻잎을 일정 시간 습기 있는 상태로 쌓아두어 자연발효를 촉진시켜 차에 부드럽고 달콤한 맛을 더한다.
- 맛이 부드럽고 달콤하며, 꽃향과 미묘한 과일향이 특징적이다. 예로 중국의 황산차(Huangshan Maofeng)가 있다.

백차(White Tea)

- 백차는 가장 처리과정이 단순한 차로, 수확한 후 찻잎을 가볍게 건조시켜 발효가 거의 일어나지 않도록 하며 새싹 또는 망울만을 사용해 만들어진다.
- 매우 부드럽고 섬세한 맛을 지니며, 약간의 단맛과 풀향, 꽃향이 느껴진다. 다른 차에 비해 상대적으로 맛이 순하고, 발효되지 않아서 산미도 거의 없다. 실버니들(Silver Needle), 백호은침(White Peony) 등이 있다.

녹차(Green Tea)
- 수확(Harvest)
- 찌기(Steaming)/효소 불활성화(Fixing, kill-green, de-enzyming)
- 말기(Rolling)
- 건조(Drying)

황차(Yellow Tea)
- 수확(Harvest)
- 위조(Withering)
- 효소 불활성화(Fixing, kill-green, de-enzyming)
- 감싸기(포황, 包黄, Wrapping)/문황(闷黄, Yellowing)
- 건조(Drying)

백차(White Tea)
- 수확(Harvest)
- 위조(Withering)
- 건조(Drying)

우롱차(Oolong Tea)
- 수확(Harvest)
- 위조(Withering)
- 비비기(Bruising)
- 효소 불활성화(Fixing, kill-green, de-enzyming)
- 말기(Rolling)
- 건조(Drying)

홍차(Black Tea)
- 수확(Harvest)
- 위조(Withering)
- 말기(Rolling)
- 발효(Fermentation)
- 건조(Drying)

흑차(Dark Tea)
- 수확(Harvest)
- 위조(Withering)
- 효소 불활성화(Fixing, kill-green, de-enzyming)
- 말기(Rolling)
- 건조(Drying)
- 쌓기(Piling)
- 발효(Fermentation)

그림 13-10 **차의 종류와 제조과정**

자료: https://doi.org/10.3390/foods13223580

우롱차(Oolong Tea)

- **제조과정**: 우롱차는 녹차와 홍차의 중간 정도로 산화시킨 차이다.
- **특징**: 우롱차는 신선하면서도 깊은 풍미가 있으며, 꽃향기와 과일향이 섬세하게 어우러져 있고, 발효 정도에 따라 산미가 적당히 섞이며, 뒷맛이 깔끔하다. 대만의 알리산(Ali Shan), 중국의 타이완 우롱, 다윈 우롱 등이 해당한다.

홍차(Black Tea)

- 홍차는 산화가 완전히 이루어진 차로 수확한 후 찻잎을 말리고 산화를 통해 차의 색은 짙

어지고, 특유의 달콤한 향이 생성된다.

- 풍부하고 진한 맛, 강한 향과 함께 부드러운 단맛과 떫은맛이 있다. 카페인 함량이 높아 각성효과가 크다. 대표적으로는 다즐링, 얼그레이, 아쌈, 기문(Keemun) 등이 있다.

흑차(Dark Tea)

- 흑차는 발효된 차로, 후숙과정을 거치면서 숙성되어 맛과 향이 더욱 깊어진다. 보통 압축된 형태로 판매되며, 나중에 물에 풀어 마신다.
- 발효가 오래되면서 특유의 흙향과 숙성된 맛이 나며, 시간이 지나면 맛이 달콤하고 부드러워진다. 푸얼차(보이차)가 대표적이다.

TIP & NOTE

황차 제조공정과 특성

- 효소 불활성화(Fixing): 살청(殺靑, kill-green)이라고도 하며, 일반적으로 팬(pan)에서 덖거나 찌는 방식으로 열을 가하여 찻잎의 산화를 멈추는 과정을 의미한다. 녹차, 황차, 우롱차 등의 가공에서 매우 중요하다.
- 감싸기(Wrapping): 덖거나 찐 후 따뜻한 상태의 찻잎을 종이, 천 또는 찻잎 자체로 감싸는 과정으로 따뜻하고 습한 환경을 조성하여 찻잎 내부에서 천천히 화학적 변화가 일어나도록 한다.
- 문황(闷黄, Yellowing): 감싸기 상태에서 일어나는 비효소적 산화와 미세한 발효과정으로 엽록소가 분해되어 찻잎에 노란빛이 돌기 시작하고 폴리페놀(차의 쓴맛 성분)이 천천히 산화되며, 쓴맛과 떫은맛이 줄어든다. 독특한 향과 부드럽고 달콤한 맛이 생성되어 녹차 특유의 떫고 풋풋한 맛을 줄이고, 부드럽고 깊은 풍미와 노란색을 띠게 하는 것을 목적으로 한다.

차마고도(茶馬古道, Tea Horse Road)

차마고도는 '차(茶)와 말(馬)의 교역이 이루어지던 고대 길(古道)'이라는 뜻으로, 중국의 운남(云南)성과 쓰촨(四川)성 등지에서 티베트, 네팔, 인도 등지로 차를 운송하던 송나라부터 명·청 시대까지 활성화된 교역로이다. 티베트 고원에는 차가 생산되지 않기 때문에, 차가 필요했고, 중국 남부에서는 말이 부족했기 때문에 티베트에서 말을 수입했다. 따라서 차를 티베트로 보내고, 말을 중국으로 들여오는 '차-말 교환'이 이뤄졌다.

대표적인 경로는 운남성 푸얼(普洱)—리장(丽江)—티베트 라싸(拉萨)를 잇는 길과 쓰촨성 야안(雅安)—캉딩(康定)—티베트로 이어지는 길이었는데, 이 길은 험난한 산악 지형을 지나며 수천 km에 달하는 매우 고된 길이었고, "동양의 실크로드"라고 불리기도 하였다.

보이차(普洱茶, 푸얼차)는 중국 운남성의 대엽종 찻잎을 발효시켜 만든 후발효차로, 숙차(熟茶)와

생차(生茶)가 있는데, 생차는 찻잎을 자연 발효시키는 전통 방식으로 만들어 시간이 지나면서 맛과 향이 깊어지고 숙차는 인위적으로 미생물을 이용해 빠르게 발효시킨 방식으로 짙은 색과 부드러운 맛이 특징이다.

보이(普洱)는 원래 운남성 보이현의 지명에서 유래한 것으로 보이차는 찻잎을 원반 모양(병차), 벽돌 모양(전차), 둥근 공 모양(투차) 등으로 압축하여 유통한다. 보이차는 차마고도를 통해 운반되던 대표적인 차이다.

티베트 등 고지대에서는 신선한 채소가 귀했기 때문에, 소화와 건강에 좋은 보이차가 특히 사랑받았고 이 과정에서 보이차는 오래 이동하면서 자연스럽게 발효가 진행되어 특유의 향과 풍미가 생긴 것이다.

보이차

차마고도

자료: https://www.easytourchina.com

참고문헌

국내 문헌

강근옥·구경형·이형재·김우정, 효소 및 염의 첨가와 순간 열처리가 김치발효에 미치는 영향, 한국식품과학회지, 23, 183, 1991.

강창기, 식육생산과 가공의 과학, 선진문화사, 1992.

구난숙·권순자·이경애·이선영·문세훈, 세계 속의 음식문화, 파워북, 2022.

권훈정·김정원·유화춘, 식품위생학, 교문사, 2003.

김기숙·김미정·안숙자·이숙영·한경선, 식품과 음식문화, 교문사, 1999.

김기숙·한경선, 교양인을 위한 음식과 식생활문화, 대한교과서, 1998.

김덕웅·김두진·김명숙·배국웅·윤교희·이재우·최부돌·박성수, 식품가공저장학, 광문각, 2003.

김두진·김영휘·배태진·최형택·현재석·홍종만, 식품가공저장학, 지구문화사, 2001.

김병묵, 식품저장학, 진로연구사, 1999.

김병철 외, 근육식품의 과학, 선진문화사, 1998.

김상순·최홍식·변광의, 식품가공저장학, 수학사, 1998.

김영교·김영주·김현욱·성삼경·송계원·이우방, 축산식품학, 선진문화사, 1996.

김완수·신말식·이경애·김미정, 조리과학 및 원리, 라이프사이언스, 2004.

김은실·김병기·정철원, 식품가공학, 문지사, 2000.

김재욱, 식품가공학, 문운당, 1993.

김재욱·이택수·김관유·금종화, 식품가공저장학, 광문각, 2003.

김재욱·조성환·지의상·차원섭, 농산식품가공학, 문운당, 2001.

김정목·정동옥·장형수·장기, 식품가공저장학, 신광문화사, 2003.

김종규·강대호, 한국재래식 간장의 맛 성분에 관한 연구, 한국영양식량학회지, 7, 21 - 28, 1978.

김청·박근실, 식품포장의 기초와 응용, 도서출판(주)포장산업, 2003.

김형열·오문헌·이경혜·이수한·장학길, 식품가공기술학, 효일, 2003.

문수재·손경희, 식품학 및 조리원리, 수학사, 1986.

박무현·이동선·이광호, 식품포장학, 형설출판사, 2003.

박원종·오경철·정문용·조남지·주현규, 식용유지학, 유림문화사, 1999.

박헌국·안장우·윤재영·조효현·주난영, 식품가공저장학, 진로, 2002.

배만종·윤상홍·최청, 개량메주의 숙성과정 중 protein 및 amino acid 변화에 관한 연구, 한국식품과학회지, 15, 370, 1983.

국외 문헌

Abdelazim Sayed and Abdelazim Abdellatif (2018). The Beverages. Agri Res & Tech: Open Access J 14(5): 555933. DOI: 10.19080/ARTOAJ.2018.14.555933.

Ashurst P. R. (2005). In Chemistry and Technology of Soft Drinks and Fruit Juices. Sheffield Academic Press, England, pp. 90-128.

Ashurst P. R. (2016). Chemistry and Technology of Soft Drinks and Fruit Juices. 3rd ed. Wiley Blackwell.

Barker G. S., Jefferson B., and Judd S. J. (2002a). The control of bubble size in carbonated beverages. Chemical Engineering Science 57: 565–573.

Barker G. S., Jefferson B., and Judd S. J. (2002b). Domestic carbonation process optimization. Journal of Food Engineering 52: 405–412.

웹사이트

help4addiction.co.uk

http://eqs.gwtp.or.kr

https://koreanfood.rda.go.kr

http://www.anotherpintplease.com

http://www.fnnews.com

http://www.rda.go.kr

http://www.seoulmilk.co.kr

http://www.shinhanwater.com

http://www.westfalia-separator.com

https://doi.org

https://en.wikipedia.org

https://www.beveragemaster.kr

https://www.dongsuh.co.kr

https://www.easytourchina.com

https://www.latorta.com

https://www.reddit.com

https://www.vegheet.jp

www.ehospitalitystudies.com

찾아보기

ㅈ

기타